户外未知环境中的
自主移动机器人

朱晓蕊

［韩］金福岩（Youngshik Kim）

［美］马克·安德鲁·迈纳（Mark Andrew Minor）　著

邱纯鑫

朱晓蕊　译
尹　路

机械工业出版社

本书探讨了户外自主移动机器人系统的很多方面，包括机构设计、运动控制、定位和制图等。首先，从户外移动机器人的运动机构开始讨论，通过移动性和可操纵性介绍和分析了具有柔性梁结构的轮式模块化移动机器人（CFMMR）原型；然后，引入了一个通用的协作运动控制和传感器架构，并定义了架构中每个子系统及其相应的设计要求，包括运动学控制子系统、动力学控制子系统和传感子系统；最后，讨论了如何设计这些子系统以满足机器人控制系统的设计要求，并详尽阐述了具体的算法且在 CFMMR 上进行了实验验证。

本书针对户外未知环境中的自主移动机器人讨论架构和算法设计，希望激发自主移动机器人、人工智能甚至自动驾驶技术的研发人员去开展更多新的研究。

译　者　序

移动机器人被越来越多地应用在许多不同的领域，如搜索和救援及太空探索等，而这些领域都要求机器人能在户外崎岖路面甚至极端环境下自主移动。本书为设计这类自主移动机器人系统提供了完整的架构和算法，是率先聚焦户外机器人领域的作品。

作为本书英文版第一作者和中文版译者，我从 2000 年开始从事移动机器人方向的研究，也是国际上最早一批聚焦户外机器人领域的学者。从最初关注机器人柔性机构、机器人鲁棒控制到机器人户外导航，我和我的科研伙伴们在长期科研过程中积累了大量的研究成果，在机器人领域的国际顶级期刊 IJRR、TRO 和 JFR 发表了一系列的高水平论文。然而，遗憾的是我们当时未将这些研究成果进行系统讲解和阐述。2015 年我在美国西雅图参加机器人领域顶会 ICRA 的时候，很荣幸入选了"Notable Women in Robotics"。也是在那次会议上，我遇到了美国 CRC 出版社的编辑。我和他聊过之后，认为是时候将我们之前有关户外移动机器人的长期研究成果汇总起来，形成一本著作。于是我联合了来自美国犹他大学、哈尔滨工业大学（深圳）和韩国国立韩巴大学的几位重要科研合作伙伴，历时两年半时间，形成了本书最初的英文版书稿，并交由 CRC 出版社出版。我们的初衷是希望本书会在一定程度上启发并激励从事移动机器人的青年研究者，或者给移动机器人感兴趣的读者提供必要的基础知识和方法论。

当机械工业出版社买下本书中文版版权后，编辑第一时间联系到我，询问是否有兴趣翻译本书。我想没有人比我更熟悉本书内容了，再加上认为翻译成中文应该是件容易的事情，就很痛快地接下了翻译工作。然而，当我和我在哈尔滨工业大学（深圳）指导的研究生开始这项工作之后，发现其实这是专业性要求很高的工作，尤其是翻译这种艰涩的学术类著作，需要对每个专业词汇的中英文切换都非常熟悉。于是我断断续续利用业余时间，花了近两年时间才将其成稿。这里特此感谢协助我工作的学生们，感谢机械工业出版社对本书翻译工作的支持。另外也向所有从事学术翻译工作、意在促进学术交流的译者们致敬。

本书探讨了户外机器人系统的很多方面，包括机构设计、运动控制、定位和制图等。本书涉及的大部分方法被整合进一个原型轮式机器人——具有柔性梁结构的轮式模块化移动机器人（CFMMR），进行了实验验证。本书涉及的架构和算法均服务于在未知户外环境中的自主移动机器人系统设计。我相信这些技术能帮助和激发读者去开展更多户外机器人领域的新研究。

本书从户外移动机器人的运动机构开始讨论，通过移动性和可操纵性介绍和分析了原型机器人；随后，引入了一个通用的协作运动控制和传感器架构，并定义了架构中每个子系统及其相应的设计要求，包括运动学控制子系统、动力学控制子系统和传感子系统；然后，讨论了如何设计这些子系统以满足机器人控制系统的设计要求，并详尽阐述了具体的算法且在原型机器人 CFMMR 上进行了实验验证。

本书的定位和制图部分，探讨了对于户外移动机器人更具有普适性的方法论。这部分可以被认为是移动机器人系统更上层的设计。本书最后讨论的是长期一致导航中的机器人自定位问题，探讨了一个云机器人架构，并进行了实际场景验证。

朱晓蕊

作 者 简 介

朱晓蕊，于1998年和2000年分别在哈尔滨工业大学取得学士和硕士学位，于2006年在美国犹他大学取得博士学位，专业均为机械工程；2007年至2020年为哈尔滨工业大学（深圳）自动化系教授；现为珠海岭南大数据研究院院长；同时，是包括深圳大疆创新和深圳速腾聚创在内的几家知名高科技公司的首席科学家和联合创始人；主要研究领域包括移动机器人、无人机、自动驾驶和三维建模。

金福岩（Youngshik Kim），于1996年在韩国仁荷大学取得学士学位，于2003年和2008年分别在美国犹他大学取得硕士和博士学位，专业均为机械工程；现在是韩国国立韩巴大学机械工程系的副教授；主要研究领域包括记忆合金驱动器、仿生机器人、传感器融合以及柔性机器人系统的运动控制、机动性和操纵。

马克·安德鲁·迈纳（Mark Andrew Minor），于1993年在美国密歇根大学机械工程系取得学士学位，于1996年和2000年分别在美国密歇根州立大学机械工程系取得硕士和博士学位；自2000年任教至今，现在是美国犹他大学机械工程系的终身教授；主要研究领域包括移动机器人系统的设计和控制、自主移动机器人、飞行机器人、康复系统和虚拟现实系统。

邱纯鑫，于2007年在燕山大学取得学士学位，于2010年和2014年分别在哈尔滨工业大学（深圳）取得硕士和博士学位，专业均为自动化；现在是深圳速腾聚创科技有限公司的首席执行官。

目　　录

第1章 引 言

1.1 户外移动机器人

如果用一句话来描述的话，那么机器人就是指具有一定智能的机器。在机器人领域发展的初期，大部分研究都集中在机械手臂上。20 世纪80 年代汽车工业的迅速发展促使了商业化机械手臂快速发展，从那时起，机械手臂便成了汽车制造业的重要组成部分。

与机械手臂相比，移动机器人仍处于起步阶段。人们对移动机器人产生巨大兴趣是因为它们具有移动性，如无人机（Unmanned Aerial Vehicle，UAV）、太空登陆车和自动驾驶汽车。与机械手臂极为不同的是，移动机器人最基础的部分是运动机构，而现存的每种类型的运动机构都对移动机器人系统的控制提出了不同程度的挑战。

自主性，是决定移动机器人系统复杂性的另一个重要因素。自主性指的是，系统在不受任何外部干扰的情况下在真实世界环境中工作的能力[1]。以前人们认为移动机器人的最终目标是实现类似生命系统的完全自主性。但近年来，机器人学界有了不同观点，已将其重点转向半自主性，这被认为是机器人和人类可以发挥自身优势和分担任务的最有效方式。无论如何，自主度仍然被认为是衡量移动机器人性能的重要指标。值得注意的是，由于应用环境不同，本章提到的不同类型的移动机器人，分别具有不同水平的自主度。

移动机器人必须在不同的环境条件下工作。机械手臂和移动机器人之间的根本区别是后者必须与周围环境进行交互。这些周围的物体组成的场景可以从高度结构化变化到高度非结构化，而且地形可以是平坦的，也可以是崎岖不平的。此外，环境可以是小面积的，也可以是横跨非常大范围的。不同的工作环境对移动机器人系统的设计提出了不同的挑战。在各种不同类型的环境中，户外环境通常是最具挑战性的，如非结构化的环境、不平坦的地形和大范围的勘探区域。大多数事情在户外都变得复杂起来，因此在室外工作的移动机器人系统也被统称为野外机器人。野外机器人自近十几年来一直是一个活跃的研究领域。虽然这类机器人可以在陆地上、空中或水下工作，但本书将主要介绍在陆地工作的野外机器人。

移动机器人，特别是户外移动机器人，在许多场景中都有着应用需求。在户外，人们需要机器人帮助进行条件艰难、危险或长期烦琐的工作。这种真实世界的应用已经覆盖了政府驱动的需求（如行星探索、军事应用和考古学勘探）、工业驱动的需求（如林业、农业和采矿业），以及人为驱动的需求（搜索和救援）。

户外移动机器人最早应用在行星探索上，其中最典型的是 2011 年发射的好奇号火星探测器。它是为探索火星的盖尔陨石坑而设计的，并作为美国国家航空航天局（NASA）火星科学实验室的一项重要工作[2]，如图 1-1 所示。好奇号火星探测器有 6 个轮子，中间的两个是直行轮，拐角轮是全向轮。由于漫游车可能穿越崎岖的地形，因此底盘的摇臂转向架设计允许漫游车将其所有车轮保持在不平坦的地形上。美国喷气推进实验室（JPL）表示，与其他悬架系统相比，这种摇臂转向架系统已经减少了车身一半的运动。好奇号还配备了惯性测量单元（IMU）以支持安全移动。由于太空探索的特殊性，好奇号的自主性保持在较低水平，大多数活动如拍照、行驶和操作仪器都会在飞行小组的指挥下执行。

森林工业是另一个一直渴望应用移动机器人系统的领域。瑞典于默奥大学于 2002 年发起了一个名为"森林机器的自主导航"（Autonomous Navigation for Forest Machines）的项目。其长期目标是开发一种将木材从伐木区运输到路边的无人驾驶车辆，并解决在森林地形环境中的定位问题和避障问题[3]。此外，瑞典农业科学大学还提出了一种清洁移动机器人，用于改善幼林中剩余树木的生长条件[3]，要求这种移动机器人能够在动态和非确定性的环境中独立、无人值守地运行数小时。然而，由于森林是典型的非结构化环境，所以这一领域还

图 1-1　好奇号，设计用来探索火星上的盖尔陨石坑[2]

存在许多未知的挑战。从林业工作人员的角度来看，没有一个机器人在森工企业中得到成功应用。2010 年新西兰最有前途的移动机器人之一是收割机器人凯利[4]，如图 1-2 所示。该系统采用加长的轨道，可以在 45°陡峭的地形上运动。

图 1-2　凯利收割机器人[4]

在全球范围内，军事应用部门已经资助许多研究团队对移动机器人进行研究。例如，DARPAR 机器人挑战赛已经举办了几年，旨在鼓励和支持现实世界移动机器人技术的进步和实施。"大狗"（BigDog）是 2005 年研制的一种四足移动机器人，可能是 DARPAR 各机器人项目中最为成功的[5]，如图 1-3 所示。它作为士兵的同伴，要自主地穿越各种崎岖的地形，同时保持适当的速度。在"大狗"上搭载了大约 50 个传感器，通过机载计算机与执行器进行交互，以实现自动化的运动控制、自平衡控制和自主导航。在 2012 年，"大狗"的发明者声称，"大狗"应用于军事的腿部支撑系统变体有能力在崎岖不平的地形上行走。在 2013 年 2 月底，美国波士顿动力公司发布了一个升级过的"大狗"的视频片段，它的手臂可以捡起物体并扔出它们，机器人依靠腿和躯干来帮助控制手臂的运动[6]。

图 1-3　大狗（BigDog）机器人[5]

考古学家也喜欢用移动机器人来协助他们完成传统和艰苦的工作。哈尔滨工业大学（深圳）研究团队于 2009 年研发了一个模块化机器人系统，用于记录地下古墓的内部环境[7]，如图 1-4 所示。为了适应勘探中的不同情况，该考古勘探机器人可以组装成机械手臂或移动机器人。该机器人可以通过常规考古勘探的狭长洞穴进入墓穴。所记录的数据被用于保存古墓内的古董和壁画，以及为考古调查提供有价值的参考。由于古墓内的脆弱环境，所以它被要求具有较低程度的自主度。

图 1-4　考古勘探机器人[7]

在"9·11"事件中，美国 iROBOT 公司和南佛罗里达大学[8]首次在真实的场景中应用了搜索和救援机器人。尽管这些移动机器人在进入对人类危险区域时表现出一定程度的移动性，但它们仍然容易被卡住或断裂。由于地震在日本比其他国家发生得更频繁，所以几十年来，日本的许多机器人学家把重点放在救援机器人上。例如，日本东京工业大学的研究人员设计了不同类型的蛇形机器人来适应崎岖的地形，如"Genbu"或"Souryu"[9]，如图 1-5 所示。"Genbu"是具有被动弯曲关节的模块轮式移动机器人，而"Souryu"使用了具有主动弯曲关节的履带。

无人机也是移动机器人家族的成员之一。从大型、军用无人机到消费电子无人机，这些飞行机器人已经被应用于各种各样的场景中。2015 年的一个研究项目中启动了使用配备先进传感器的机器人直升

　a) "Genbu"　　　　　　　　　　　b) "Souryu"

图 1-5　蛇形机器人[9]

机进行电网检查[10]。哈尔滨工业大学（深圳）于 2015 年研发了配备激光扫描仪的无人机对中国明长城遗址进行三维图测绘，以帮助记录和保存文化遗产[11]，如图 1-6 所示。

图 1-6　用于构建中国明长城遗址三维模型的无人机
[由哈尔滨工业大学（深圳）提供]

近十几年来越来越受学术界和工业界研究人员关注的自动驾驶汽车，也认为是一种典型的户外机器人系统。2007 年发起的"DARPA城市挑战赛"被广泛认为是自动驾驶汽车的竞赛。由美国卡内基梅隆大学开发的自动驾驶汽车 Boss 是该比赛的第一个获胜者，其速度可达 22.53km/h[12]，如图 1-7 所示。由意大利帕尔马大学的 VisLab

研发团队开发的两辆自动驾驶客车花了三个月的时间从意大利帕尔马出发，前往上海世博会，行驶总长约为 13000km[13]，如图 1-8 所示。截至 2016 年 3 月，谷歌自动驾驶汽车已行驶 2400000km，如图 1-9 所示[14]。

图 1-7　赢得 2007 年"DARPA 城市挑战赛"的自动驾驶汽车 Boss[12]

图 1-8　VisLab 研发的自动驾驶汽车[13]

图 1-9 谷歌自动驾驶汽车[14]

前面提到的一些应用需求已经成为开展户外移动机器人技术研究的强大动力，目标是研究和开发更先进和实用的系统。因此，不同的户外移动机器人研究平台也已经开始成为商业产品，包括 Pioneer（3-AT）、Summit XL（Robotnik）和 Clearpath（Robotics HUS-KY）等[15-17]，如图 1-10 所示。

a) Pioneer(3-AT)

b) Summit XL(Robotnik)

c) Clearpath(Robotics HUSKY)

图 1-10 研究平台

总之，为了设计一个完整的户外移动机器人系统，通常会面对以下挑战：

1）穿越粗糙自然地形的运动机构设计；

2）精确的自主运动控制使得机器人移动到特定位置或跟随特定路径；

3）通过感知非结构化环境和自我定位来提高机器人的自主性程度。

尽管研究人员和科学家为移动机器人设计了各种运动机构，但不得不承认，迄今为止最有效的方法仍然是使用轮子进行陆地运动。从生物学启发的角度来看，车轮可以被看作是简化而有效的腿。因此，本书作者设计了一个具有柔性梁的轮式模块化移动机器人（Compliant Framed Wheeled Modular Mobile Robot，CFMMR）作为原型机器人，如图1-11所示，它可以代表一类户外移动机器人。同时，作者提出了一种通用的方法来完成机器人的精确运动控制，即使在崎岖的地形上也能实现机器人自定位和周边环境制图。

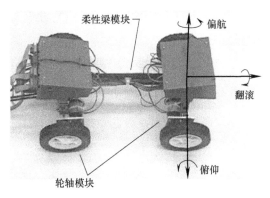

图 1-11 双轴 CFMMR 实验构型

1.2 本书概述

本书讨论了机构设计、运动控制、定位和制图等移动机器人系统的若干子领域，其中大多数方法都是通过原型轮式机器人集成和测试的。在未知的户外环境中设计自主移动机器人所涉及的框架和算法有望激发读者研究机器人领域的更多技术。

第 2 章讨论了户外移动机器人的运动机构，并对本书介绍的原型机器人在移动性和可操纵性方面进行了介绍和分析。第 3 章主要介绍了一个具有通用性的协作控制和传感器架构，定义了架构中每个子系统及其对控制系统的相应要求，包括运动学控制子系统、动力学控制子系统和传感子系统。第 4~7 章讨论了如何分别设计这些子系统以满足第 3 章提出的要求。前面的章节将 CFMMR 作为例子对相关技术进行了详细说明和实验验证。第 7 章之后提出的方法对户外机器人更具有普适性。第 8 章的主题是定位和制图，可以将其视为更高级别的移动机器人系统设计。如果户外机器人在大范围的环境中移动，如何处理更多的数据需求和更大的计算负荷呢？第 9 章将讨论基于云构架的体系结构，以处理在大范围环境中移动机器人由长期连续导航引起的自定位问题。

第2章 运动机构

2.1 概述

移动机器人最重要的特点是它的运动性。运动机构是任何自主移动机器人系统的基础。运动机构是简单还是复杂，会影响运动控制的设计方法。在机构设计与运动控制设计之间要进行某种程度的平衡。更简单的机构可能需要更复杂的控制，反之亦然。

当移动机器人在室外工作时，可能会遇到崎岖或颠簸的越野地形。这就要求户外移动机器人的设计能适应这种非平坦的地形。很多有关户外机器人的研究文献报道了多种设计方法。在这些运动机构设计方法中，有腿机构、履带机构和轮式机构是最流行的。

受生物学的启发，带腿的机器人更容易在粗糙和非结构化的地形上行走，因为人类和大多数动物都是这样移动的。然而，要在现实世界中进行移动，需要更高的自由度控制和更大的机械复杂度。履带机构可以应用在陆军坦克或其他室外场景中，因为它们具有更大的接地面积，因此具有很强的机动能力，以及在崎岖和松散地形上的较大摩擦力。但是，由于转弯过程中打滑会引起在不同地形上严重的和不可预知的滑动，因此很难实现精确的运动控制[18]。由于机构简单且效率高，轮式机构对移动机器人最适用，尤其是对于室内平坦路面而言。但问题是，如何将这个优势扩展到地形环境复杂的户外机器人。在过去的几年，这些轮式机构的变体已经在户外场景中得到应用。其中，柔性构件是使移动机器人能够适应崎岖地形且效率损失非常小的最有前途的机构之一。事实上，如果轮式移动机器人不得不在非常柔软或光滑的地面上移动，其效率会大大降低。但是轮式户外机器人是一门非常广泛的交叉学科，一本书不能涵盖所有的技术方面。因此，本书没有提到处理软体地面的相关问题。

2.2 轮式移动机器人中的柔性设计

最早记录在案的柔性运载工具是用于行星探索的系统，该系统使用柔性构件来提供用于悬挂车轴的翻滚和俯仰自由度（DOF）[19]。这个概念后来被扩展应用到一种车辆的车架（梁）中，车架带有控制偏转的液压缸和螺旋弹簧[20]。值得注意的是，为了适应地形，上面两个例子都引入了柔度这一概念。

1995 年的另一篇参考文献引入了柔性设计以适应位置测量误差，并防止服务机器人上独立控制的车轴单元之间发生车轮滑动[21]。该机器人允许相对轴的偏航，这是由分别连接一个具有有限轴向移动的柔性梁两端的两个旋转关节而产生的。其他柔性机器人使用驱动铰接接头来提供车轴之间的相对运动，如玛索科德号（Marsokhod）火星探测车[22]和其他具有较高相对自由度的六轮漫游车原型[23]。这些带有驱动的主动运动结构可以对机器人的状态变量进行更直接地控制，但是它是以系统复杂性为代价来实现的。

柔性设计也可以应用在一些由串联模块链组成的蛇形移动机器人中[24]。受一些连续体机械手臂机构的启发，一些学者设计了活动关节铰接式蛇形移动机器人[25,26]，使得串联链与地面相互作用以推动机器人移动。这些模块中许多都带有轮子以减少摩擦或有利于建立明确的运动学特性。在某些情况下，铰接关节是主动的，车轮是被动的[27]；而在其他情况下，车轮是主动的，而关节运动则是部分主动的[28,29]或完全被动的。主动轮直接控制前进速度，适合在地面上行驶。主动关节可以对机器人形状进行直接控制，从而帮助机器人爬过非常大的障碍物，但是由于高转矩需求和有限的空间，这个过程通常是缓慢的。因此，学者们开发出被动柔性关节来适应自然地形，以减少冲击载荷对主动关节的破坏，并有利于在崎岖的地形上快速行驶。CFMMR 就是这样具有柔性设计的移动机器人原型机，研究人员以简单且符合成本效益的柔性设计代替具有更高失效可能性的复杂且昂贵的机械接头。CFMMR 使用被动柔性技术，在没有附加的硬件或执行机构的情况下，在轴之间提供独立的悬架和先进的转向控制。同时，CFMMR 也是模块化的，方便实施多种构型和应用。CFMMR 提供了类似的适应地形的能力，但是却具有最简化的运动构件，通过轮子之间的协调驱动来控制高度柔性梁的挠度。该机构极大地减少了构建现场机器人系统所需的组件数量，降低了组件故障的可能性，并允许在模块化方面进行相关探索。接下来，在本章的其余部分中，将使用 CFMMR 的例子来分析户外机器人系统的运动学和动力学特性。

2.3 具有柔性梁结构的轮式模块化移动机器人（CFMMR）

2.3.1 机械结构

CFMMR 的运动机构被设计为具有可重构性和同质性的模块化系统，使得整体机器人系统可以形成不同的构型，如双轴侦察器、四轴列车和四轴阵列移动平台，如图 2-1 所示。过去的几十年，众多研究者致力于可重构模块化机器人系统的研究，如对可重构操作[30-33]、移动性[25,26,34]或两者结合的研究[35-40]。这种可重构性可以提高机器人翻越障碍和用同一硬件平台执行多种任务的能力。与此同时，同质性可以减少维护，通过冗余增加鲁棒性，便于紧凑有序地进行组件贮存，并增加适应性[25,41]。CFMMR 是将这些概念应用于轮式移动机器人的一个例子。因此，通过 CFMMR 的各种构型可以实现多个任务。例如，双轴构型适于侦察和探测；定制的多轴列车可以用来运输有效载荷并延长运输距离；四轴阵列移动平台可以用来移动大型物体。众所周知，大多数户外机器人都需要在资源有限的环境中工作，如太空探索、军事行动、农业、林业和采矿。因此，CFMMR 的运动机构设计方法对于资源受限的应用场景是非常有启发性的。

双轴侦察器可以被看作是最小的功能单元，如图 1-12 所示。该

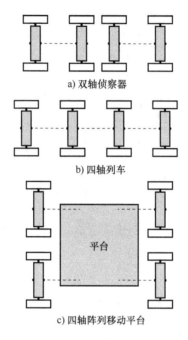

a) 双轴侦察器

b) 四轴列车

平台

c) 四轴阵列移动平台

图 2-1　模块化构型

双轴侦察器使用简单的柔性梁元件结构作为悬架并提供高度可控的转向能力，而无需向系统添加任何额外的硬件。更准确地说，柔性梁结构可以在车轴之间提供一定程度的翻滚和偏航自由度。其具有的相对翻滚特性可以实现悬架的功能，以适应不平坦的地形，偏航允许车轴独立改变方向进行转向。因此系统的转向和操纵就可以通过差动转向车轴的协调控制来完成。由于每个车轴都可以独立转向，因此该系统可以控制柔性梁的形状，从而提高受限环境下的可操纵性。

从设计寿命和维护的角度来看，其机械设计简单。从最基本的层面上来说，车轴模块是基本的差动操纵移动机器人；车轴模块本身属于刚性结构，并且为柔性梁两端提供连接两个独立控制车轮的接口。除了车轮驱动系统之外，车轴模块没有其他运动部件。柔性梁在轴之间提供柔性耦合，以允许它们独立地转向并顺应地形变化，从而减轻了对转向和悬架系统的典型复杂连接和相关硬件的需求。因此，柔性梁显著降低了机械结构的复杂性和成本。由于 CFMMR 的唯一移动部件是轮式驱动系统,所以通常很少有部件会磨损。因此,CFMMR 设计得比较简单可以直接降低机械故障概率。

由于 CFMMR 具有转向、移动和重新构型的能力,所以需要完成系统建模来为后续章节中的运动控制设计提供基础。柔性元素使得大多的转向算法都可以得到应用,但它也使运动学模型变得极其复杂,并且使运动控制算法设计面临严峻挑战。为了简化运动控制任务,在以下章节中,转向约束将通过前轴和后轴方位角的比例来确定。这些约束可以使运动学显著简化并允许应用现有的独轮运动控制算法。在设计如移动性和可操纵性这样的性能指标时,这些简化的效果也会体现出来。

2.3.2 通用运动学模型

CFMMR 中的每个轴模块都可以视为一种差动操纵的轮式移动机器人,如图 2-2 所示。与可通过车轴前后附加脚轮获得稳定性的独轮车机器人不同,柔性车架构件被用于连接和稳定多个车轴。柔性梁为车轴的悬架,使系统适应不平坦的地形,因为这样车轴可以偏转以适应地形的起伏变化。因为必须考虑车轴之间的整体协调性,所以该系统的运动学模型将比传统的刚性移动机器人更复杂。

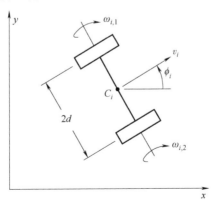

图 2-2　单轴运动模型

下面从单轴单元，即系统最基本的组成部分，开始讨论。在不考虑任何滑动的情况下，方位角 ϕ_i 和前进速度 v_i，可以用下式由轮速来确定：

$$\begin{bmatrix} v_i \\ \dot{\phi}_i \end{bmatrix} = \frac{r_w}{2} \begin{bmatrix} 1 & 1 \\ -\dfrac{1}{d} & \dfrac{1}{d} \end{bmatrix} \begin{bmatrix} \omega_{i,1} \\ \omega_{i,2} \end{bmatrix} \tag{2-1}$$

式中，r_w 为车轮半径；$\omega_{i,j}$ 为第 j 个车轮的角速度；i 为系统中的车轴位置。由此得到的非完整笛卡儿运动方程表示为

$$\dot{x}_i = v_i \cos(\phi_i)$$
$$\dot{y}_i = v_i \sin(\phi_i) \tag{2-2}$$
$$\dot{\phi}_i = \omega_i$$

式中，ω_i 为轴 i 围绕其中心点 C_i 的角速度。取决于机器人移动的线速度、角速度及非完整性约束，每个轴会在柔性梁构件上施加不同的位移边界条件。因为经常需要大角度的转向以适应户外环境中常见的一些粗糙或不平坦的地形，这种位移会产生作用于车轴的不可忽视的反作用力。因此，与柔性梁耦合相关的不同转向策略会极大影响运动学模型的建立。下面，会首先定义几个简化系统运动学的转向策略，然后将在这些情况下分别讨论柔性梁耦合的影响。

2.3.2.1 转向构型

如图 2-2 所示，每个轴可以沿着 ϕ_i 确定的方向向前移动，并围绕其中心点 C_i 瞬时转向。这种情况类似材料力学中描述的绕固定点的轨迹类型的边界条件[42]。因此，可以将机器人看作一端被固定，而另一端被绕固定点的轨迹约束的情况，以便可以不丧失一般性地分析由于变化的轴向方位角引起的轴间距变化。然后，在点 C_1 和 C_2 之间绘制一条直线 $\overline{C_1C_2}$，这可以用来表示机器人的方位，以及相对 $\overline{C_1C_2}$ 的轴的偏转。

根据模型简化特性和与现有转向系统的相似性，选择图 2-3 所示的三种转向构型，其中 ψ_1 和 ψ_2 是相对于水平定向轴 $\hat{x}$ 的轴偏转。为了简化对这些构型的评估，引入转向比 a 作为相对轴向方位角之间及

角速度之间的比，是 ψ_2 和 ψ_1 的比，角速率 $\dot{\psi}_2$ 和 $\dot{\psi}_1$ 的比，即

$$\psi_2 = a\psi_1 \qquad \dot{\psi}_2 = a\dot{\psi}_1 \qquad (2\text{-}3)$$

在 $a = -1$ 的情况下，每个轴的转向角度相同但方向相反，这种情形被定义为 I 型运动学构型，如图 2-3a 所示。这种构型可以最显著地降低模型复杂度和牵引力大小，同时简化运动控制，并提供良好的可操作性。它可以将系统的运动学简化到简单的由基于曲率路径定义的单轮车运动学，并且易于用这类运动控制算法来完全控制机器人的姿态。该转向装置与铰接式车辆类似，但不需要额外的接头或执行器。

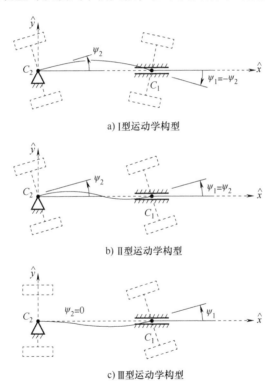

a) I 型运动学构型

b) II 型运动学构型

c) III 型运动学构型

图 2-3　边界条件和运动学转向方案

在 $a = 1$ 的情况下，每个轴之间具有角度相等且方向相同的偏转，使得连接车轴之间的柔性梁呈现出类似正弦曲线的形状。这种构型为图 2-3b 所示的 II 型运动学构型。该模型提供了简化的运动学特性和

出色的侧向移动性，但减少了方向控制的同时牵引力需求也会更高。因此，这种构型具有更好的侧向移动性，并提供了在考虑机器人转向情形下的最小化运动控制器，但是最终会导致较大的牵引力需求。

在 $a = 0$ 的情况下，图 2-3c 所示的Ⅲ型运动学构型与阿克曼（Ackermann）转向模型（汽车）相似，因为后轴总是指向前轴的转向中心，并且机器人上的每一个车轮大致围绕一个共同的瞬时转向中心（ICR）运动，该旋转中心位于从后轴延长线上。但这与严格的阿克曼模型还是有区别的，因为 CFMMR 的转向几何结构是通过操纵整个前轴而不是使用复杂的曲柄连杆来单独控制每个前轮。该模型也能使运动学特性部分简化，但运动控制的简化程度没那么高，并必须考虑严格控制机器人姿态。它需要更高的牵引力，并需要平衡机器人的可操纵性和侧向移动性。

2.3.2.2 柔性梁耦合

由于是车轴转向，点 C_1 和 C_2 之间的距离将变化以适应柔性梁的新形状，而速度约束被施加在车轴上，使得 $\overline{C_1C_2}$ 的长度与运动轨迹边界条件下的柔性梁长度相匹配。本书将 $\overline{C_1C_2}$ 长度的减少被称为缩短效应。为了计算这种缩短效应，首先考虑用欧拉-伯努利梁方程对柔性梁的偏转形状进行建模，以得出易处理的速度约束表达式。然后，施加固定点和运动轨迹边界条件推导出三阶多项式来描述侧向柔性梁偏转 u，其为 ψ_1 和 ψ_2 的函数。

$$u = x^3 \frac{\psi_1 + \psi_2}{L^2} - x^2 \frac{\psi_1 + 2\psi_2}{L} + \psi_2 x \qquad (2\text{-}4)$$

式中，L 为柔性梁的原始长度；x 为沿 $\hat{x}$ 方向的柔性梁位置。接下来，这个横向偏转函数可用于计算缩短效应 δL[43]，

$$\delta L = \frac{1}{2}\int_0^L \left(\frac{\mathrm{d}u}{\mathrm{d}x}\right)^2 \mathrm{d}x = \frac{L}{30}(2\psi_2^2 - \psi_1\psi_2 + 2\psi_1^2) \qquad (2\text{-}5)$$

缩短后的长度 $\overline{C_1C_2}$ 可以表示为 L_f，有

$$L_f = L - \delta L = L\left(1 - \frac{2\psi_1^2 - \psi_1\psi_2 + 2\psi_2^2}{30}\right) \qquad (2\text{-}6)$$

因为每种构型下柔性梁具有不同的转向状态，前面提到的Ⅰ型、Ⅱ型和Ⅲ型运动学构型会使$\overline{C_1C_2}$的长度有不同的缩短效应。如图2-4所示，将缩短效应描述为ψ_1的函数，并将由式（2-5）提供的缩短估计值与通过表2-1所示参数表征的实验确定值进行比较。实验中用夹具来保持ψ_1和ψ_2，其中一个夹具使用了直线轴承以允许自由轴向偏转，从而可以测量缩短效应。在整个运动过程中，角度边界条件由线性度为±2%单圈电位器测量，而该电位器使用精度为±0.2°的角度尺来进行校准。另外，实验中使用具有±4%线性度的Litton RVT K25-3线性电位器来测量轴向移位。

如图2-4所示，当$\psi_1 \in [-40°, 40°]$时，对于Ⅰ型、Ⅱ型和Ⅲ型的约束下在5.0mm、1.7mm和0.2mm范围内用式（2-5）分别对δL进行预测。尽管Ⅰ型的约束会产生较大误差，但柔性梁处于轻微压缩状态，这比柔性梁处于拉伸时所需的力小得多。相反，式（2-5）在Ⅲ型的约束下理论上产生的误差最小，柔性梁处于轻微拉伸状态。

表2-1　原型参数

参　　数	数　　值	单　　位	描　　述
r_w	0.073	m	车轮半径
d	0.172	m	轴宽（一半）
L	0.350	m	柔性梁原始长度
E	2.10×10^{11}	Pa	柔性梁弹性模量
I	5.47×10^{-13}	m^4	围绕$\hat{y}$轴的柔性梁的截面惯性矩
M	9.53	kg	机器人的质量

图2-5分别给出了在三种不同约束条件下由于柔性梁移位实际长度缩短而产生的轴向力。这些轴向力已通过实验确定，实验中使用前面介绍过的夹具来进行拉伸或压缩，利用Chatillon DPPH 100型测力计测得施加在线性轴承上的这些力。如果回归线接近实验数据，表明柔性梁处于拉伸（正位移）时的刚度远远高于压缩状态时的刚度。零位移附近的死区表明线性轴承中存在少量静摩擦。如图2-4所示，

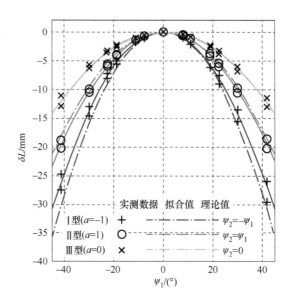

图 2-4　柔性梁缩短效应（$L = 0.350\mathrm{m}$）

在航向角 $\psi_1 = 22.5°$ 的情况下，理论上计算出的缩短效应误差为 $[-0.82\mathrm{mm}\quad -0.20\mathrm{mm}\quad 0.39\mathrm{mm}]$。如图 2-5 所示，对于 I 型、II 型和 III 型的约束，所产生的轴向力分别为 $[-3.0\mathrm{N}\quad -0.2\mathrm{N}\quad 14.6\mathrm{N}]$。据观察，少量拉伸（正误差）即可产生较大的力，而少量的压缩产生的力小得多，这是由于柔性梁的后屈曲构型特性决定的[44]。此外，这些实验数据表明，$\psi_1 > 10°$ 时 δL 是不可忽略的。因此，可以得出的结论是，保持轴间距的速度约束对于最小化牵引力是至关重要的。

为了使轴之间保持适当的间距，对满足式（2-5）的轴建立速度约束。为了确定速度约束，柔性梁长度随时间的变化可表示为

$$\frac{\mathrm{d}L_f}{\mathrm{d}t} = -\dot{\psi}_1 \frac{L}{30}(4\psi_1 - \psi_2) - \dot{\psi}_2 \frac{L}{30}(4\psi_2 - \psi_1) \qquad (2\text{-}7)$$

以上函数建立了通用速度约束为

$$v_1 \cos(\psi_1) - v_2 \cos(\psi_2) = \frac{\mathrm{d}L_f}{\mathrm{d}t} \qquad (2\text{-}8)$$

结合式（2-7）和式（2-8），轴 2 的速度约束可用 v_1 表示为

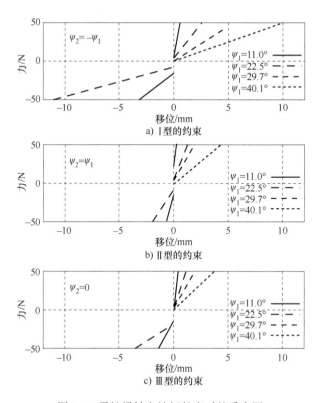

图 2-5 柔性梁轴向缩短长度时的受力图

$$v_2 = \frac{30v_1\cos(\psi_1) + (4\psi_1 - \psi_2)L\dot{\psi_1} + (4\psi_2 - \psi_1)L\dot{\psi_2}}{30\cos(\psi_2)} \qquad (2\text{-}9)$$

接下来，该速度约束将完全表示为速度 v_1 和运动状态变量的函数。

2.3.2.3 极坐标中的通用运动学模型

图 2-6 所示的运动学模型是机器人在通用的双轴构型中的示意，其中 ψ_1 和 ψ_2 尚未特别约束或耦合。作者努力通过控制机器人上一个关键点的位置（如 C_1 或 O）和用 $\overline{C_1C_2}$ 的角度 γ 描述的机器人方位角，使得机器人达到姿态调节（位置和方向）、路径跟踪或一般轨迹跟踪。根据 Brockett 定理[45]，平滑时不变控制律不能用来为连续非完整系统提供全局渐近稳定性。然而，如果引入运动学的非连续极坐

标描述，则可以应用平滑时不变控制律[46]。如图 2-6 所示，在极坐标描述中，选择一个沿着 $\overline{C_1C_2}$ 的点，简化起见可选择 C_1，其速度轨迹的方向可由以下变量表示：

$$e=\sqrt{x_1^2+y_1^2} \qquad \theta=\arctan\frac{-y_1}{-x_1}$$

$$\alpha=\theta-\phi_1 \qquad \gamma=\arctan\frac{y_1-y_2}{x_1-x_2} \qquad (2\text{-}10)$$

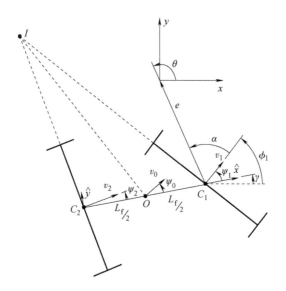

图 2-6　通用转向运动学模型（为了清楚起见，省略了柔性梁描述）

因此，极坐标运动方程表示为

$$\dot{e}=-v_1\cos\alpha$$

$$\dot{\alpha}=-\omega_1+v_1\frac{\sin\alpha}{e}$$

$$\dot{\theta}=v_1\frac{\sin\alpha}{e} \qquad (2\text{-}11)$$

$$\dot{\gamma}=\frac{v_1\sin\psi_1-v_2\sin\psi_2}{L_f}$$

显然，当 $e=0$ 时，上述微分方程将会变得不连续。考虑基于曲率的控制器设计，需要将轴 1 的角速度分别描述为路径半径 r_1 或曲率 κ_1 和前向速度 v_1 的函数：

$$\omega_1 = \dot{\phi}_1 = \frac{v_1}{r_1} = v_1 \kappa_1 \tag{2-12}$$

对式（2-11）中的 $\dot{\gamma}$ 引入式（2-9）的速度约束，并利用转向比 a 来消除 ψ_2，得出机器人方位角的变化率为

$$\dot{\gamma} = -\frac{L\tan(a\psi_1)}{15L_f}\psi_1(2a^2-a+2)\dot{\psi}_1 + v_1\frac{\sin(\psi_1(1-a))}{L_f\cos(a\psi_1)} \tag{2-13}$$

式中的 v_1 和 κ_1 可以被视为系统输入。然后，ψ_1 可以表示为机器人方位角 γ 和其他极坐标的函数：

$$\psi_1 = \theta - \alpha - \gamma \tag{2-14}$$

因此，结合式（2-11）、式（2-12）和式（2-14）可以得到

$$\dot{\psi}_1 = v_1\kappa_1 - \dot{\gamma} \tag{2-15}$$

然后将式（2-13）带入式（2-15），求解 $\dot{\gamma}$，并应用于式（2-14）。由此运动状态方程变为了含有输入速度和路径曲率 v_1 和 κ_1 的纯极坐标函数，

$$\dot{e} = -v_1\cos\alpha$$

$$\dot{\alpha} = -v_1\left(\kappa_1 - \frac{\sin\alpha}{e}\right)$$

$$\dot{\theta} = v_1\frac{\sin\alpha}{e} \tag{2-16}$$

$$\dot{\gamma} = v_1\left(\frac{15}{15L_f+bL}\right)\left(\frac{bL\kappa_1}{15} + \frac{\sin((\theta-\alpha-\gamma)(1-a))}{\cos(a(\theta-\alpha-\gamma))}\right)$$

式中，$b = -\psi_1\tan(a\psi_1)(2a^2-a+2)$ 和 L_f 由式（2-6）确定。实际的车轴 1 航向可以通过以下等式来估计：

$$\phi_1 = \theta - \alpha = \psi_1 + \gamma \tag{2-17}$$

可以得到角速率为

$$\dot{\phi}_1 = \omega_1 = \dot{\theta} - \dot{\alpha} = v_1\kappa_1 \tag{2-18}$$

给定式（2-3），轴 2 的角度可以描述为

$$\phi_2 = \psi_2 + \gamma = a\psi_1 + \gamma \qquad (2\text{-}19)$$

式（2-19）中的 ψ_1 可以通过带入式（2-14）来消除，这样只有极坐标和 γ 保留下来。车轴2的角度因此变为

$$\phi_2 = a(\theta - \alpha) + \gamma(1 - a) \qquad (2\text{-}20)$$

轴2的角速度可以通过微分得到，且为运动学变量的函数：

$$\dot{\phi}_2 = a(\dot{\theta} - \dot{\alpha}) + \dot{\gamma}(1 - a) \qquad (2\text{-}21)$$

将式（2-15）带入式（2-3）并结合式（2-9），可得车轴2速度约束为

$$v_2 = \frac{v_1}{\cos(a\psi_1)}\left(\cos\psi_1 + \frac{L\psi_1}{15}(2a^2 - a + 2)\left(\kappa_1 - \frac{\dot{\gamma}}{v_1}\right)\right) \qquad (2\text{-}22)$$

到目前为止，轴2的前向速度和角速度可以通过式（2-14）和式（2-16）表示为纯状态变量的函数。

因此，对于由式（2-16）描述的系统，给定具有控制输入 v_1 和 κ_1 的运动控制器可以确定每个轴的速度。虽然式（2-16）提供了运动学的通用性描述，但是由于式（2-16）中 $\dot{\gamma}$ 的复杂性，运动控制仍是复杂的。

2.3.3 简化的运动学模型

如上节所述，正确选择转向比 a 可以显著降低运动模型的复杂性，这将有助于在接下来的章节讨论如何进行运动控制。

Ⅰ型：基于曲率的转向，$\psi_1 = -\psi_2$

如2.3.2.1节所述，如果约束 $a = -1$，则发生Ⅰ型转向。这种转向方案显著简化了运动学模型，如下一段所述其无须考虑 $\dot{\gamma}$，并允许使用标准的单轮运动规划器进行完整的运动控制。这一定程度上是因为 $\psi_1 = -\psi_2$，那么在柔性梁上施加的是恒定力矩，梁呈理想的弧状。然后，便可以使用几何特性来轻松描述轴的姿态。

如图2-7所示，可以观察到，点 O 的运动（$\overline{C_1C_2}$ 的中间点）在Ⅰ型转向构型下是唯一的。这是因为它可以被视为简单的差动转向轴运动，并且方向 γ 与速度方向角 ϕ_0 和方向 α 最终相同。这样，$\overline{C_1C_2}$ 在点 O 处的姿态最终具有由式（2-2）的运动方程确定。其中，v_0 和

ϕ_O 描述了机器人的速度轨迹。其原因是，由于 $\psi_1 = -\psi_2$ 的对称性，描述 v_O 方向的角 α，也描述了 $\overline{C_1 C_2}$ 的机器人方向 γ。γ 的消除大大简化了运动控制任务，且极坐标 θ 和 α 分别描述了机器人的方向和速度方向。因此，受 I 型约束的机器人的简化运动学模型变为

$$\dot{e} = -v_O \cos\alpha$$

$$\dot{\alpha} = -v_O\left(\kappa_O - \frac{\sin\alpha}{e}\right) \tag{2-23}$$

$$\dot{\theta} = v_O \frac{\sin\alpha}{e}$$

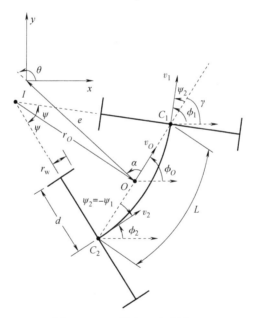

图 2-7　I 型转向运动学模型

其中控制输入分别是点 O 的速度 v_O 和路径曲率 κ_O。

值得注意的是，在任何时候，点 O 都大约围绕一个瞬时转向中心运动，这个瞬时转向中心可以表示为含有路径曲率 κ_O 和半径 r_O 的点 I。那么有

$$r_O = \frac{L}{2\psi}\cos\psi, \quad \kappa_O = \frac{1}{r_O} = \frac{2\psi}{L\cos\psi} \tag{2-24}$$

式中，$\psi = \psi_1$，为轴与 $\overline{C_1 C_2}$ 的角度。请注意，曲率 κ_0 和半径 r_0 都是柔性梁的实际弧长 L 而不是 L_f 的函数，这样将大大简化运动控制任务。

然后，可以使用控制输入 v_0、κ_0 和极坐标来确定每个轴的期望轨迹。基于 κ_0，用式（2-24）可以确定相对航向角 ψ。由此确定了绝对轴航向角为

$$\phi_1 = \phi_0 + \psi \quad \phi_2 = \phi_0 - \psi \tag{2-25}$$

上式通过 $\phi_0 = \theta - \alpha$ 用极坐标表示。轴航向角和速率为

$$\phi_1 = \theta - \alpha + \psi \quad \phi_2 = \theta - \alpha - \psi \tag{2-26}$$

$$\dot{\phi}_1 = \dot{\theta} - \dot{\alpha} + \dot{\psi} \quad \dot{\phi}_2 = \dot{\theta} - \dot{\alpha} - \dot{\psi} \tag{2-27}$$

通过式（2-24），可以确定相对航向角变化率 $\dot{\psi}$ 为

$$\dot{\psi} = \dot{\kappa} \frac{L \cos^2 \psi}{2 (\cos\psi + \psi \sin\psi)} \tag{2-28}$$

然后速度 v_0 的大小与轴的速度大小相关，有

$$v_1 = \frac{v_0}{\cos\psi} - \frac{1}{2} \frac{\mathrm{d}L_f}{\mathrm{d}t} \quad v_2 = \frac{v_0}{\cos\psi} + \frac{1}{2} \frac{\mathrm{d}L_f}{\mathrm{d}t} \tag{2-29}$$

式中，$\psi = \psi_1 = -\psi_2$，代入式（2-3）、式（2-7）和 $a = -1$，轴速由下式确定：

$$v_{1,2} = \frac{v_0}{\cos\psi} \mp \frac{1}{6} L\psi \dot{\psi} \tag{2-30}$$

因此，上述获得的降阶运动学模型能够充分描述系统姿态，同时基于曲率的运动控制器更易于实现。如果放宽速度约束以忽略小转向角的缩短效应，则可以实现更大的简化，由此可知，有

$$v_{1,2} = \frac{v_0}{\cos\psi} \tag{2-31}$$

这与作者在本书参考文献［47］中的工作得出的结论相同。

Ⅱ型：$\psi_1 = \psi_2$

对于Ⅱ型构型，可以通过 $\psi_1 = \psi_2$（即 $a = 1$）获得不同简化版本的运动学模型，如图 2-8 所示。将约束 $a = 1$ 代入式（2-13）可得

$$\dot{\gamma} = -\frac{1}{5}\dot{\psi}_1\psi_1\tan(\psi_1) \qquad (2\text{-}32)$$

这个非零分量是由于轴 2 相对于轴 1 必须修正速度以补偿缩短效应而产生的。如果忽略速度约束，则缩短效应会成为一个问题且牵引力会增加，同时 $\dot{\gamma}=0$。这使状态变量 γ 无效并得到类似式（2-23）但参照点为 C_1 的简化模型。

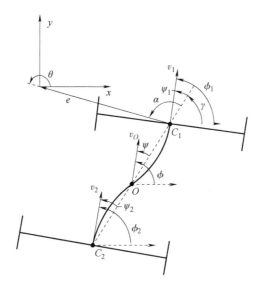

图 2-8　Ⅱ型转向运动学模型

Ⅲ型：$\psi_2 = 0$

如果施加约束 $a=0$，则应用Ⅲ型构型且 $\psi_2=0$，其中后轴始终指向 C_1。运动学模型可以明显简化，但相关变量不会完全消除，因为有

$$\dot{\gamma} = v_1\frac{\sin\psi_1}{L_f} \qquad (2\text{-}33)$$

由于状态变量 γ 没有像Ⅰ型转向那样全部减掉，因此采用简单的单轮运动控制算法是不会使 γ 为零的。

2.3.4　移动性和可操纵性

为了评估不同转向模式的性能，可以基于可实现的机动性和可操纵性来引入评价指标。柔性梁所施加的力在评估这些能力方面起着关键作用，因为它们直接影响车轮牵引力和可实现的转向角。这些能力还受到机器人部件的物理硬件干扰影响，这些干扰可能限制转向角度并导致系统潜在的不稳定构型。在研究这些性能指标的过程中，本书会利用具有表2-1所示的参数表征的实验平台进行评估。

2.3.4.1　限制因素

物理硬件干扰。根据机器人机构的设计比例，干扰可能发生在两个极端的场景中：机器人一侧的前后轮子之间可能彼此接触，或者其中一个轮子可能接触到柔性梁。车轮间的干涉容易限制 I 型构型下的转向，根据图2-7所示的几何形状可以得到以下方程：

$$\tan\psi = \frac{2\psi r_{\mathrm{w}}}{L - 2\psi d} \qquad (2\text{-}34)$$

式中的 ψ 必须进行数值求解。基于机器人参数（见表2-1），取值极限是 $|\psi_i| \leqslant 36.5°$。

如果柔性梁足够长，则车轮和柔性梁之间的干涉可以在任何转向模式中发生。由于在这些情况下柔性梁的弯曲形状和碰撞点很难用解析方法计算，所以当车轮的前缘或后缘干涉 $\overline{C_1 C_2}$ 时，该边界近似轴的角度。这将导致以下限制条件：

$$|\psi_i| \leqslant \arctan\frac{d}{r_{\mathrm{w}}} \qquad (2\text{-}35)$$

这对应实验平台上的 $|\psi_i| \leqslant 67.0°$。

牵引力。假定柔性梁处于不考虑动态相互作用的准静态，需要对柔性梁上施加边界条件所需的牵引力进行评估。假设在速度约束中已经考虑过缩短效应，边界条件力可由车轴方向产生的柔性梁的横向反作用力 R_i 和力矩 M_i 来描述[48]：

$$M_1 = \frac{2EI}{L_{\mathrm{f}}}(2\psi_1 + \psi_2) \quad M_2 = -\frac{2EI}{L_{\mathrm{f}}}(\psi_1 + 2\psi_2) \qquad (2\text{-}36)$$

$$R_1 = -\frac{M_1 + M_2}{L_{\mathrm{f}}} \quad R_2 = -R_1 \qquad (2\text{-}37)$$

式中，E 为柔性梁的杨氏弹性模量；I 为柔性梁绕弯曲轴线的截面惯性矩[42]。这些力和力矩可以用来计算车轮牵引力：

$$F_{M,i} = \frac{M_i}{2d}(\hat{x}_i\cos\psi_i + \hat{y}_i\sin\psi_i) \quad F_{R,i} = \frac{R_i}{2}\hat{y} \quad (2\text{-}38)$$

式中，$F_{M,i}$ 和 $F_{R,i}$ 分别为第 i 轴上轮胎相对于柔性梁坐标的力矩和反作用力的力。从而第 i 轴轮胎的净牵引力（−和+分别表示左轮和右轮）可以表示为 $F_{T,i}$：

$$F_{T,i} = \pm F_{M,i} + F_{R,i} \quad (2\text{-}39)$$

在第 i 轴上的最大牵引力 $F_{T,i}^{\max}$ 为

$$F_{T,i}^{\max} = \| \, |F_{M,i}| + |F_{R,i}| \, \|_2 \quad (2\text{-}40)$$

然后，这些轴力的最大值决定了机器人上的最大轮胎上的力：

$$F_T^{\max} = \max(F_{T,i}^{\max}, i = 1, \cdots, n) \quad (2\text{-}41)$$

最后，可实现的牵引力受到机器人质量和车轮滑移特性的限制[51]。假设机器人具有均匀分布的质量 m，每个车轮可支持的法向力为 $mg/4$，同时给定轮胎表面相互作用的摩擦系数 μ，则最大牵引力可近似为[49,50]

$$F_{\max} = \frac{\mu mg}{4} \quad (2\text{-}42)$$

然后可以求解式（2-40）和式（2-42）以确定在转向比 a 下可以实现的理想最大转向角 ψ_1。根据表 2-1 所示的参数，图 2-9 给出了几种不同的轴方向角情况下的转向比函数 $F_T^{\max}$。这些结果表明，理想情况下，Ⅰ 型转向需要最小牵引力，其次是Ⅲ型，然后是Ⅱ型。

根据已知的轮胎-表面相互作用的结论，这些结果预测所有上面提到的转向模式都可在沙壤土[50]甚至积雪覆盖的冰[49]上有效运行。但要记住的一点是，这些估算的牵引力不包括缩短效应计算中由误差 δL^{err} 引入的力。如果包括这些力，明显可知包括缩短误差在内的最大牵引力将会增大，且其取决于缩短效应的预测值，见表 2-2。当 $\delta L^{err} > 0$ 时，柔性梁会处于张力状态，如Ⅲ型转向的情况一样，牵引力会显著地增加，并且很明显车轮将在光滑的表面上打滑。然而，在Ⅰ型和Ⅱ型转向的情况下，具有缩短误差的牵引力仍然足够小，从而使机器人在光滑的表面上也可以良好地工作。

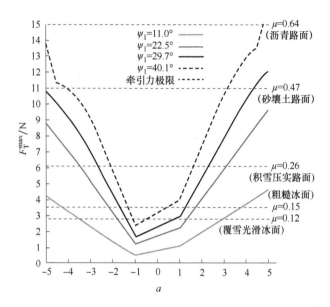

图 2-9　理想的最大车轮牵引力和基于典型表面的可用牵引力[50,51]

表 2-2　理想的最大车轮牵引力 F_T^{max}，预期的缩短效应误差 δL^{err}，以及预期的带缩短效应误差的最大车轮牵引力 F_T^{err}

转向模式	$\psi_1 = 11°$			$\psi_1 = 22.5°$		
	F_T^{max}/N	$\delta L^{err}/mm$	F_T^{err}/N	F_T^{max}/N	$\delta L^{err}/mm$	F_T^{err}/N
I ($a=-1$)	0.56	-0.18	1.51	1.24	-0.82	2.42
II ($a=1$)	1.10	0.02	2.29	2.26	-0.02	2.35
III ($a=0$)	0.79	0.06	6.53	1.68	0.39	8.74

　　配置不稳定性。如果轴是共线的，则不稳定性可能表现为翻车。在准静态情况下，当轴方向满足下式时会发生这种情况：

$$\psi_1 = \pm\frac{\pi}{2} \quad \psi_2 = \pm\frac{\pi}{2}$$

物理硬件干扰限制表明，翻倒不稳定性不是本书研究的限制因素，但针对不同机构，它可能被看作约束。

2.3.4.2 性能标准

可操纵性。通过操纵机器人的方向来使得机器人绕过障碍物的能力，可以用 $\dot{\gamma}$ 来进行评估，其通常根据式（2-16）来进行评价。注意，这个表达式是转向比 a，相对轴航向 ψ_1，路径曲率 κ 的复杂函数。通常，ψ_1 实际上由机器人的当前构型决定，其由运动学方程式（2-16）的不同演变式确定。

侧向移动性。在狭窄的环境中，机器人在没有显著操作的情况下进行侧向移动的能力非常重要。这种移动性可以通过平均相对航向角 ψ_{avg} 来量化，描述如下：

$$\psi_{avg} = \frac{1}{2}(\psi_1 + \psi_2) \tag{2-43}$$

缩放性能指标（SPM）。由于需要施加作用力来偏转柔性梁，因此车轮牵引力和能量的评估是必要的。通过检查每单位最大牵引力所需的 $\dot{\gamma}$ 和 ψ_{avg} 来完成对性能标准的客观评估，其分别由 $P_{\dot{\gamma}}$ 和 P_{ψ} 表示，有

$$P_{\dot{\gamma}} = \frac{\dot{\gamma}}{F_{T,max}} \qquad P_{\psi} = \frac{\psi_{avg}}{F_{T,max}} \tag{2-44}$$

SPM 的评价是基于相同的实验平台进行的。通常，希望获得更好的性能参数，那么就需要最大化地利用可用的车轮牵引力。但这里同时还必须考虑图 2-9 和表 2-2 所示的牵引力需求和运动学简化程度。

在相对转向角 $\psi_1 = 30°$ 和几个不同的路径曲率 $\kappa = [-3, 0, 3]$ 的情况下，图 2-10 给出了作为转向比 a 函数的可操纵性的 SPM 图。对于较小的 ψ_1，曲线之间的变化变得较小，且不能说明 SPM 对路径曲率的敏感性。在这三个案例研究中，可以注意到 $P_{\dot{\gamma}}$ 在 $a = -1$（Ⅰ型）时最大，$a = 0$（Ⅱ型）时最小。SPM 的实际最大值约为 $a = -2$，但在这个峰值上需要的牵引力实际上要大得多，并且运动学简化并不显著。

如图 2-10 所示，可以注意到，在 $\kappa > 0$ 的情况下，$a = 1$ 时 $P_{\dot{\gamma}} < 0$。如图 2-8 所示，机器人方向角 γ 在减小，而车轴方向角 ϕ_1 和 ϕ_2 却在增加，表明了潜在的不稳定情况。ψ_1 也因此增加而 $\dot{\gamma}$ 的负值更大。

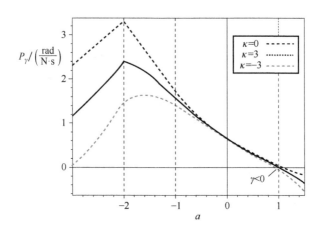

图 2-10 可操纵性 SPM 图（表示每单位牵引力改变机器人
旋转量的能力，$\psi_1 = 30°$）

如果 $\kappa>0$ 保持足够的时间，那么 $\psi_1 \to 90°$ 且式（2-22）变为奇异点。然而，在此之前，如果使得 $\kappa<0$ 则不稳定情况可以得到纠正。类似的不稳定情况和重新稳定情况分别在 $\psi<0$ 和 $\kappa<0$ 或 $\kappa>0$ 时发生。

因此，对于机器人构型稳定性，希望保持 ψ_i 有界且收敛到与路径曲率成比例的稳态值。如果 $\psi_1>0$，则可以通过 $\dot\gamma>0$ 实现，或者在 $\psi_1<0$ 时通过 $\dot\gamma<0$ 实现。因此，如果下式成立，则可以保证构型的稳定性：

$$a_{\min}<a<a_{\max} \tag{2-45}$$

式中，$a_{\max} \in [0.91, 1.14]$，为基于图 2-10 所示的 $\kappa \in [-3,3]$、$\psi_1 = \pm30°$ 的数值推导。注意，当 ψ_1 接近零时 $a_{\max} \to 1$，但是上面给出的 $a_{\max}$ 范围表明 $a_{\max}$ 的标称范围依赖 κ。相反，发现 $a_{\min}$ 是物理限制的函数式（2-35），并由下式决定：

$$a_{\min} \approx -\frac{\psi_{\max}}{|\psi_1|} < \frac{67°}{|\psi_1|} \tag{2-46}$$

基于式（2-3）和式（2-35）可知，$\psi_1 = \pm30°$ 时 $a_{\min} \approx -2.23$。对于较小的 ψ_1，这个下限数值实际上会变得更负来允许更大范围的转向比，但这提供了保守的静态边界。转向范围在较短时间内超过式（2-45）

定义的范围肯定是可行的，但通常需要遵守式（2-45）。在式（2-45）的边界附近转向的可能性是存在的，如在 II 型转向，但这可能导致极端机动中的稳定性问题。

作为转向比 a 的函数，当 $\psi_1 = 11°$ 和 $30°$ 时，侧向移动性的 SPM 图如图 2-11 所示。可以发现，II 型转向（$a=1$）可以提供最佳的侧向移动性，而 I 型（$a=-1$）是最差的。对于 $a>1$，P 实际上更大，所以稳定性将会成为一个问题。当 $a<-1$ 时，P 会变为负数，表明其行为对侧向移动产生反作用。这种行为是由更大的后轴转向操纵引起的，如前所述，这种操纵实际上更适合操纵机器人。

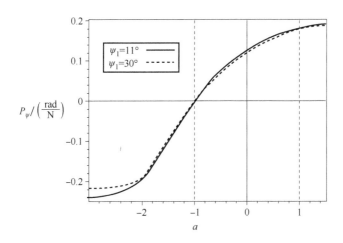

图 2-11　侧向移动性的 SPM 图（表示在没有复杂机动的情况下，
每单位牵引力侧向移动机器人的能力）

如 SPM 所指出的，I 型转向（$a=-1$）有着最佳的机动性，而 II 型（$a=1$）有着最佳的侧向移动性。III 型（$a=0$）提供了侧向移动性和机动性的标称混合，但是这种构型的运动学模型不能简化到与其他构型模型相同的程度，并且它引入了显著的牵引力来代替缩短效应误差。I 型和 II 型自带能简化运动学模型的特性，大大简化了运动控制，从而可以通过简单的单轮运动控制器来提供全姿态调节控制。

综上所述，双轴柔性梁移动机器人的通用运动学特征在于转向比 a。基于 a 的三个特例，这里推导并评估了简化的运动学模型。在这些模型中，只有由点 O 引导的Ⅰ型转向可以对姿势调节进行完全控制。由 C_1 引导的Ⅰ型和Ⅲ型转向提供了全位置控制，但对方向 γ 的控制有限。Ⅱ型转向虽然可以提供对位置的控制，但是在初始条件需要激烈机动的情况下，方向 γ 将变得不稳定。一些实验评估证实，Ⅰ型转向需要最小的牵引力，可以提供最准确的姿势调节，并提供最大的机动性。类似的方法也可以应用并扩展到多轴柔性梁移动机器人。

2.3.5 通用动力学模型

前面讨论的移动机器人 CFMMR 的运动学模型描述了移动机器人如何响应每个轴模块的动作而移动。然而，轴模块的任何运动的实现都与施加在该模块上的相应的力/转矩有关。特别是对于像 CFMMR 这样的户外机器人，与崎岖或岩石地形的相互作用可以给整个机器人系统引入额外的力/转矩，而这也突出了机器人动力学在户外机器人中的作用。因此，本节将描述 CFMMR 的通用动力学模型，为接下来的几章提供模型基础。

由于双轴是最小功能单元，所以考虑图 2-12 所示的双轴侦察器模型。首先定义一个固定的全局参考系 $G(X,Y)$，以及一个以第 i 轴中点处的点 C_i 为坐标原点的移动坐标系 $f_i(x_i,y_i)$，其中 $i=1,2$。在任何时刻，第 i 轴模块都围绕瞬时中心（IC）旋转，使得 IC 在每个 x_i 上的投影正好在每个轴的中点处点 C_i。然后，将每个模块的配置矢量 $q_i=[X_i\quad Y_i\quad \phi_i]$ 附加到每个轴的点 C_i。由此可以得到如下的动力学模型：

$$M_i(q_i)\ddot{q}_i+V_i(q_i,\dot{q}_i)\dot{q}_i+F_i(\dot{q}_i)+G_i(q_i)+\tau_{d,i}$$
$$+F_{K,i}(q_i,q_{i\pm1})=E_i(q_i)\tau_i-A_i^T(q_i)\lambda_i \tag{2-47}$$

式中，$M_i(q_i)\in R^{3\times3}$，为第 i 轴模块的对称正定惯性矩阵；$V_i(q_i,\dot{q}_i)\in R^{3\times3}$，为向心力和科里奥利力矩阵；$F_i(\dot{q}_i)\in R^{3\times1}$，为摩擦力矩阵；$G_i(q_i)\in R^{3\times1}$，为重力向量；$\tau_{d,i}$ 为包括非结构化非模型动力学的有界未知扰动；$E_i(q_i)\in R^{3\times2}$，为输入变换矩阵；$\tau_i\in R^{2\times1}$，为输入转矩矩阵；$\lambda_i\in R^{1\times1}$，为非完整约束力的向量；$A_i(q_i)\in R^{1\times3}$，为与非完整

约束相关的全局矩阵；$\boldsymbol{F}_{K,i}(q_i,q_{i\pm 1}) \in \boldsymbol{R}^{3\times 1}$，为柔性梁产生的作用力矩阵，其施加取决于柔性梁相互作用的附加物理约束。物理约束包括由车轮施加的非完整约束 $\boldsymbol{A}_i(q_i)\dot{q}_i = \boldsymbol{0}$，以及根据第 2.3.2 节由柔性梁施加的曲率和速度约束。

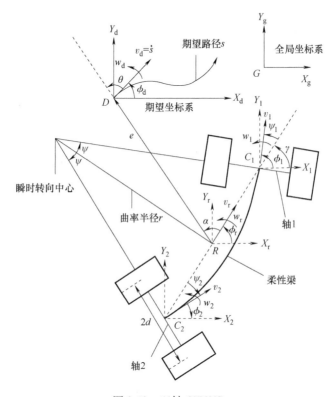

图 2-12　双轴 CFMMR

　　扩展到更通用的情形，可以考虑 n 轴 CFMMR 的第 i 轴。定义一个固定的全局参考系 $F(X,Y)$，任何瞬间，第 i 轴模块围绕瞬时中心旋转，使得瞬时中心在每个 x_i 上的投影在每个轴的中点处点 C_i。然后将每个模块的构型矢量 $\boldsymbol{q}_i = \begin{bmatrix} X_i & Y_i & \phi_i \end{bmatrix}$ 附加到该点。为了在本书描述此构型，将每一个构型向量组合到系统配置向量 $\boldsymbol{Q} = \begin{bmatrix} \boldsymbol{q}_1, \cdots, \boldsymbol{q}_n \end{bmatrix}^{\mathrm{T}}$ 中。然后，可以进行如下系统描述：

$$M(Q)\ddot{Q}+V(Q,\dot{Q})\dot{Q}+F(\dot{Q})+G(Q)+\tau_{d}+F_{K}(Q)=E(Q)\tau-A^{T}(Q)\lambda$$

$$(2\text{-}48)$$

式中，$M(Q)\in R^{3n\times3n}$，为由各个轴模块惯性矩阵组合成的对称正定惯性矩阵。这里利用同样的原理，将单个轴模块动力学特性也组合到系统模型中，即得到向心力和科里奥利力矩阵 $V(Q,\dot{Q})\in R^{3n\times3n}$，摩擦力矩阵 $F(\dot{Q})\in R^{3n\times1}$，重力矢量 $G(Q)\in R^{3n\times1}$，包括非结构化非模拟动力学的有界未知扰动矩阵 τ_{d}，输入变换矩阵 $E(Q)\in R^{3n\times2n}$，输入转矩 $\tau\in R^{2n\times1}$，约束力向量 $\lambda\in R^{n\times1}$。$A(Q)\in R^{n\times3n}$ 是与非完整约束相关的全局矩阵。柔性梁作用力合由组合成的全局定义的刚度方程 $F_{K}(Q)\in R^{3n\times1}$ 描述。

第3章 协作运动控制和传感器架构

3.1 概述

早期,轮式移动机器人的运动控制领域的主要平台,为刚性轮式移动机器人;大多数研究都是基于输入为速度的轮式移动机器人的运动学模型。然而,在实际使用过程中,机器人能否跟踪速度命令并消除产生的漂移偏差,并不是一个可以忽视的问题。因此,本书参考文献〔52 53〕提出了基于机器人的运动学和动力学模型的一致动力学控制器,使得机器人可以使用车轮转矩命令进行控制。正如本书第2章提到的,在如CFMMR这样的户外工作移动机器人在机构上不同于其他类型的移动机器人,这相应地会导致不同的运动控制问题。例如,CFMMR的运动控制在两个方面是不同的。首先,物理约束,尤其是由柔性梁施加的轴速度和曲率约束,这显然不同于典型的带有一致动力学控制器的刚体轮式移动机器人。其次,轴之间的相互作用力是相对轴姿的高度非线性函数。因此,协调相对轴姿态是一个关键问题,一致动力学控制器一般不考虑这一问题。相比之下,本章讨论的运动控制结构更适合协调各轴的运动而不是交互约束,这种情形会经常出现在户外机器人系统中。

协同,是多机器人协作中的常见问题,研究人员已经提出了各种解决方法和技术[54-59]。有些方法只是关注了运动规划和协同控制而没有涉及传感器架构[54,58]。有些研究者只考虑了运动规划和传感器架构而忽略了机器人动力学问题[54,57]。还有其他一些研究只关注了动力学运动控制和协同控制,而不考虑运动规划和传感器问题[55,56,59]。近几十年来,学者们对协作轮式移动机器人进行了大量的研究。最著名的协作轮式移动机器人是蛇形机器人"Genbu",它完全使用被动关节来允许轮轴之间的协作以适应不平坦的地形。然而，"Genbu"的运动控制只关注简单的姿态对齐和功能能力[60]。然而，以上方法都没有考虑通用导航问题，以及结合运动规划、动态运动控制和传感器融合的精确运动控制，也没能同时解决三个方面问题的通用方案。而在现实中，运动规划、动力学控制和传感器体系结构等问题都在影响协同运动控制的效率。

Burdick 和他的学生们提出了多模型系统的可控性和运动规划问题。多模型系统包括过度约束的轮式车辆，这里传统的非完整运动规划和控制理论不再适用[61]。他们提出了一种功耗方法（Power Dissipation Method，PDM），并讨论了这种多模型系统的运动可还原性条件。然后，他们发现 PDM 解决方案实际上是运动可还原性的解决方案。这里，PDM 技术被用来简化完全拉格朗日框架的运动控制分析。然而，正如他们所说，完整的拉格朗日框架仍然在分析机械系统方面发挥了重要作用。因此，本章提供了基于通用的完全拉格朗日分析的运动控制和传感体系结构，从而将传统的非完整控制理论应用于协同非完整系统。如本书第 2 章所述，CFMMR 使用柔性梁构件将刚性轴模块与独立控制的车轮连接。车轮指令用于使车梁变形以获得高级转向能力。车梁的柔性还允许机器人扭曲其形状并适应崎岖的地形。本章将使用 CFMMR 作为示例平台，来说明协同移动机器人系统的运动控制和传感问题。

本章还会讨论协同传感器和控制架构，以使系统具有可扩展性、可分布性和协作性。该架构适用于任何协同移动机器人系统，而模块中的特定算法可能需要针对特定应用进行定制。此外，由于架构的模块化结构，所以可以轻松定制特定组件以满足机器人的导航要求，以允许团队并行设计组件以加快实施速度。该架构（见图 3-1）由运动学控制 K，动力学控制 D 和传感系统 S 组件组成。在该架构中，每个轴模块被单独地视为一个自主移动机器人单元。因此，相同的算法可以应用于系统的每个单元，这样整个系统自然呈现出分布式的计算消耗。然而，柔性耦合使该任务复杂化，因为每个轴在其相邻的柔性梁元件上会施加边界条件并且产生相互作用力。

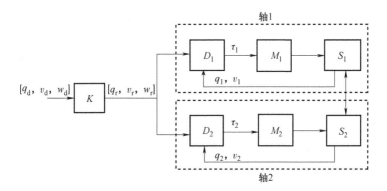

图 3-1　分布式传感和控制（K 代表运动学控制，D 代表动力学控制，
S 代表传感器系统，M 代表机器人的模块）

　　为了减少轴间的交互作用力，轴的协作可以通过集中式运动学控制器来协调控制。运动学控制器基于理想运动学模型，考虑柔性梁边界条件，提供有界姿态和速度指令，使得系统能遵循参考轨迹或渐近地调节到最终姿态。然后，分布式动力学控制器跟踪这些参考命令，从而使得机器人运动期间满足物理约束以消除干扰。由于相邻轴之间的偏离跟踪会增加相互作用力，因此分布式传感系统采用了具有分层融合算法的相对位置传感器，从而可以提供准确的姿态和速度估计。

3.2　运动控制和传感策略

　　对于给定的双轴 CFMMR，控制目标是使用一个通用方法解决多个导航任务。这些任务包括姿态调节、路径跟踪和轨迹跟踪。

　　首先分析目标系统。与传统的轮式移动机器人相比，CFMMR 除了具备非完整约束之外，还有由柔性车梁施加的额外的物理约束。该车梁引入的高度非线性柔度也使系统动力学变得复杂。这导致其受力相当程度上依赖测量系统预测相对轴姿态的能力，因此必须仔细设计数据融合和传感装置以改善相对位置传感系统。

　　为实现控制目标，本章提出了一种运动控制和传感架构，如图 3-1 所示。为了表征该架构的性能，将由运动学控制器、动力学控制器和

传感算法引起的跟踪误差分别定义为

$$q_r - q_d = e_k$$
$$q_s - q_r = e_d \qquad\qquad (3\text{-}1)$$
$$q - q_s = e_s$$

参考图 2-12 所示，式中的 q_d 为相对于虚拟期望坐标系 D 的期望轨迹，$q_d = [x_d, y_d, \phi_d]$；q_r 为由运动学控制器创建，并提供给动力学控制器的参考轨迹，$q_r = [x_r, y_r, \phi_r]$；q_s 为传感系统估计的轨迹；q 为车轴的实际轨迹。然后，期望最小化总跟踪误差，e_{tot} 可表示为

$$e_{tot} = q - q_d = e_k + e_d + e_s \qquad\qquad (3\text{-}2)$$

总跟踪误差的范数 $\|e_{tot}\|$ 可以表示为

$$\|e_{tot}\| = \|e_k + e_d + e_s\| \leq \|e_k\| + \|e_d\| + \|e_s\| \qquad\qquad (3\text{-}3)$$

因此，为了最小化总跟踪误差，每个分量误差应该被最小化，即

$$\min(\|e_k\| + \|e_d\| + \|e_s\|) = \min(\|e_k\|) + \min(\|e_d\|) + \min(\|e_s\|) \qquad (3\text{-}4)$$

运动学控制器、动力学控制器和传感系统的设计目标分别是最小化 $\|e_k\|$、$\|e_d\|$ 和 $\|e_s\|$，以补偿由于协作构型（即 CFMMR 上的柔性梁）引起的物理约束。

3.3 运动学控制器

根据 3.1 节提到的控制架构，运动学控制器考虑物理约束并为动力学控制器提供参考速度输入。参考图 2-12 所示，假设期望的轨迹由期望的线速度 v_r 和角速度 ω_r 产生，并且使得路径具有曲率 κ_d，那么运动学控制器设计需要满足以下条件：

1. 通过参考速度输入 v_r 和 ω_r 将机器人渐近地驱动到期望的轨迹，使得 $\|e_k\| = 0$。

2. 由参考速度输入产生机器人路径，并且保证在路径的任何点都不会违反物理约束。然后，柔性梁曲率被限制到与物理可行构型相关的特定值。由于柔性梁的作用力是两个轴姿态的函数，因此在给定运动学控制器的导航过程中，它们对于所有机器人构型都是有界的。

3. 运动学控制器应基于理想的运动学，如不应从实际机器人中引入反馈信号，因为这会干扰运动学控制器的收敛性。

4. 柔性梁应承受纯弯曲（$\psi = \psi_1 = -\psi_2$），如图 2-12 所示。这最大限度地减少了作用在动力学控制器上的干扰力[62]，并改善了传感系统的性能[63]。

如本书第 2 章所述，极坐标（e, θ, α）被用于描述参考构型 q_r，同时参考速度输入根据要求 1 和 2 设计为

$$v_r = u_1(e, \theta, \alpha)$$
$$\omega_r = u_2(e, \theta, \alpha) \tag{3-5}$$

由此控制系统可变为

$$\dot{e} = f_1(e, \theta, \alpha, v_r, \omega_r) = f_1'(e, \theta, \alpha)$$
$$\dot{\theta} = f_2(e, \theta, \alpha, v_r, \omega_r) = f_2'(e, \theta, \alpha) \tag{3-6}$$
$$\dot{\alpha} = f_3(e, \theta, \alpha, v_r, \omega_r) = f_3'(e, \theta, \alpha)$$

在该控制系统下，随着时间趋向无穷大，即 $\|e_k\| = 0$，机器人的极性构型将趋近平衡点（$e = \theta = \alpha = 0$）。如果速度输入有小的扰动，即 $\hat{v}_r = v_r + \delta v_r$，$\hat{\omega}_r = \omega_r + \delta \omega_r$，其中 $\delta v_r \neq 0$ 且 $\delta \omega_r \neq 0$，则 3 被违反，从而无法保证要求 1。在扰动速度输入下，受控系统变为

$$\dot{\tilde{e}} = f_1'(\tilde{e}, \tilde{\theta}, \tilde{\alpha}) + g_1(\tilde{e}, \tilde{\theta}, \tilde{\alpha}, \delta v_r, \delta \omega_r)$$
$$\dot{\tilde{\theta}} = f_2'(\tilde{e}, \tilde{\theta}, \tilde{\alpha}) + g_2(\tilde{e}, \tilde{\theta}, \tilde{\alpha}, \delta v_r, \delta \omega_r) \tag{3-7}$$
$$\dot{\tilde{\alpha}} = f_3'(\tilde{e}, \tilde{\theta}, \tilde{\alpha}) + g_3(\tilde{e}, \tilde{\theta}, \tilde{\alpha}, \delta v_r, \delta \omega_r)$$

其中

$$g_1(\tilde{e}, \tilde{\theta}, \tilde{\alpha}, 0, 0) = 0$$
$$g_2(\tilde{e}, \tilde{\theta}, \tilde{\alpha}, 0, 0) = 0 \tag{3-8}$$
$$g_3(\tilde{e}, \tilde{\theta}, \tilde{\alpha}, 0, 0) = 0$$

然后，对于 $\delta v_r \neq 0$ 和 $\delta \omega_r \neq 0$，新的平衡点是非零的，这违反了要求 1。因此证明了要求 3。为了满足上述要求，集中式运动学控制器[64]可表示为

$$v_r = \frac{\{k_1 e\sqrt{\zeta-\cos2\theta}\tanh(e-r\sqrt{2}\sqrt{\zeta-\cos2\theta})+v_d e\cos\theta\sqrt{\zeta-\cos2\theta}+v_d r\sqrt{2}\sin2\theta(\sin\theta+\kappa_d e)\}}{e\sqrt{\zeta-\cos2\theta}+r\sqrt{2}\sin2\theta\sin\alpha}$$

$$\omega_r = k_2\tanh(\theta+\alpha)+\frac{2}{e}(v_r\sin\alpha-v_d\sin\theta)-v_d\kappa_d \tag{3-9}$$

式中，r 为圆形路径流形的半径；$\zeta = 1+\varepsilon$ 和 ε 为一个足够小的扰动。请参阅本书参考文献［64］中此控制器的详细推导。

由于上述运动学控制器是集中式的，因此这里采用了级联连接以向每个轴提供指令[65]。为了满足纯弯曲要求 4，可以用点 R 的路径半径的表达式来数值求解 ψ，有

$$\frac{1}{r} = \frac{2\psi}{L\cos\psi} \tag{3-10}$$

式中，L 为柔性梁长度。因此，每个轴的线速度 $v_{r,i}$ 和角速度 $\omega_{r,i}$ 可通过下式得到：

$$\left. \begin{aligned} v_{r,i} &= \frac{v_r}{\cos\psi}+\frac{(-1)^i}{6}L\psi\dot\psi \\ \omega_{r,i} &= \omega_r+(-1)^{i-1}\dot\psi \end{aligned} \right\} \quad \begin{cases} i=1 \text{ 前轴} \\ i=2 \text{ 后轴} \end{cases} \tag{3-11}$$

上式满足柔性梁所施加的物理约束。

在集中式运动学控制器中，引入前后轴单元中间点 R 的速度（v_r,ω_r）作为集中式辅助状态变量。然后，使用上述级联连接在轴单元之间传递这些集中式状态变量。集中式运动学控制器的局限性在于，前述控制器对多轴构型的可扩展性并非易事[63]，本书第 4 章将讨论这个问题。

3.4　动力学控制器

动力学控制器基于来自运动学控制器的参考轨迹（$q_{r,i},v_{r,i},\omega_{r,i}$）向机器人提供车轮转矩命令。动力学控制器设计应该满足以下条件：

1. 动力学控制器为分布式的，以实现可扩展性并减少轴级计算负担。

2. 控制器中加入了基于模型的柔性梁相互作用力估计，从而减

小了柔性梁对 e_d 的力干扰。

3. 每个轴使用车轮转矩命令鲁棒地跟随来自运动学控制器的各个参考轨迹。当 CFMMR 工作在崎岖的地形或更复杂的环境时，可能无法准确估计柔性梁作用力。因此，动力学控制器必须对复杂的相互作用力和其他动态干扰引起的不确定性具有鲁棒性和自适应性。轨迹跟踪误差应该根据柔性梁作用力大小保持一致有界，即 $\|e_d\| \leq \varepsilon_d$，$\varepsilon_d > 0$。

为了满足所有这三个要求，分布式运动学控制器由本书参考文献 [64，66] 给出，有

$$\boldsymbol{\tau}_i = -(\boldsymbol{S}_i^{\mathrm{T}}\boldsymbol{E}_i)^{-1}\boldsymbol{K}_i\boldsymbol{e}_{\mathrm{c},i}\|\boldsymbol{\xi}_i\|^2 \tag{3-12}$$

式中

$$\boldsymbol{\xi}_i^{\mathrm{T}} = \{\|\boldsymbol{v}_i\|\|\boldsymbol{v}_i\|,\|\boldsymbol{v}_i\|,\|\boldsymbol{v}_{\mathrm{r},i}\|,\|\dot{\boldsymbol{v}}_{\mathrm{r},i}\|,1,\|\boldsymbol{F}_{K,i}(q_{\mathrm{s},i},q_{\mathrm{s},i\pm1})\|\} \tag{3-13}$$

$$\boldsymbol{e}_{\mathrm{c},i} = \boldsymbol{v}_i - \boldsymbol{v}_{\mathrm{c},i} \tag{3-14}$$

$$\boldsymbol{v}_{\mathrm{c},i} = \begin{bmatrix} v_{\mathrm{r},i}\mathrm{cose}_{\phi,i}+k_{X,i}e_{X,i} \\ \omega_{\mathrm{r},i}+k_{Y,i}v_{\mathrm{r},i}e_{Y,i}+k_{\phi,i}v_{\mathrm{r},i}\mathrm{sine}_{\phi,i} \end{bmatrix} \tag{3-15}$$

$$\begin{bmatrix} e_{X,i} & e_{Y,i} & e_{\phi,i} \end{bmatrix}^{\mathrm{T}} = \boldsymbol{R}_{\phi,i}(q_{\mathrm{r},i}-q_{\mathrm{s},i}) \tag{3-16}$$

式中，$\boldsymbol{\xi}_i$ 为已知的正定向量；$\boldsymbol{K}_i = \begin{bmatrix} K_{1,i} & 0 \\ 0 & K_{2,i} \end{bmatrix}$，为控制增益矩阵，且 $K_{1,i}$，$K_{2,i}$，$k_{X,i}$，$k_{Y,i}$ 和 $k_{\phi,i}$ 为正常数；$\boldsymbol{v}_i = \begin{bmatrix} v_{\mathrm{s},i} & \omega_{\mathrm{s},i} \end{bmatrix}^{\mathrm{T}}$，为从传感器系统获得的估计的轴速度矢量；$r_{\mathrm{w}}$ 和 d 分别为车轮半径和半轴长度，如图 2-12 所示；$\boldsymbol{F}_{K,i}$ 为估计的柔性梁力向量[66]。以上这些方程的详细推导，请参阅本书第 6 章。

3.5　传感系统

如图 3-2 所示，根据本章提到的协同传感器和控制架构，传感器系统提供姿态和速度反馈给动力学控制器。传感系统设计应该遵从以下条件：

1. 每个轴上都安装独立的传感器。

2. 协作传感器提供相邻轴之间的相对姿态估计。

3. 融合传感器数据（独立或协作）以最小化姿态估计误差，如图 3-2 所示，即 $\|e_s\| \leqslant \varepsilon_s$，$\varepsilon_s > 0$。

4. 传感器融合是分布式的，具有可扩展性，能减少轴级计算负担。

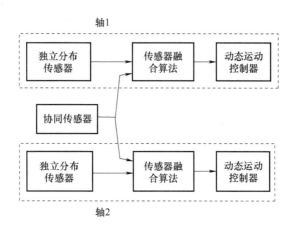

图 3-2　传感器融合算法框图

传统的独立传感器（里程计、惯性测量单元，甚至 GPS 单元）与基于通用模型的扩展卡尔曼滤波器融合，可提供易漂移和具有不确定性的轴姿态估计。这种估计不足以预测可能发生相互作用力的机器人之间的协作。在 CFMMR 的情况下，由于相对轴姿态估计的漂移，车梁柔性可能导致较大的相互作用力。因此，要求 2 指出，将采用协作传感器来约束相对姿势估计误差。

研究人员提出了一种结合相对位置传感器（RPS）的传感系统以满足上述要求[66,67]。协同 RPS 由沿着柔性梁放置在已知位置处的一系列应变仪组成，以便提供应变多项式。通过 dx、dy 和 dϕ 的分段积分计算一个轴与另一个轴的相对位置和姿态（x_{RPS}，y_{RPS}，ϕ_{RPS}）。假设步长 dL 足够小，dx、dy 和 dϕ 可以表示为

$$d\phi = dL/\rho$$
$$dx = \rho\sin(d\phi) \qquad\qquad (3\text{-}17)$$
$$dy = \rho(1-\cos(d\phi))$$

式中的柔性梁曲率半径 ρ 可以直接从应变多项式获得。

　　EKF 被用作传感器融合算法的第一层，以便提供基于独立传感器的轴水平姿态估计。由于这些估计将产生漂移并提供较差的相对轴姿态估计，所以协方差交叉（CI）滤波器被用于第二层数据融合，以便将 EKF 和 RPS 数据组合来约束相对姿态估计。这些相同的融合算法可以在每个轴模块上实现。读者可以参考本书第 5 章来了解传感系统实现的更多细节。

第4章　运动学控制

4.1　概述

在本书第 3 章讨论的运动控制和传感结构中[68]，运动学控制器提供速度指令来作为动力学控制器的参考输入，并负责抑制干扰和跟踪运动参考轨迹，然后动力学控制器产生力/转矩命令来驱动机器人。因此，运动学控制涉及运动学的研究，而不考虑产生运动所需的力。本章将讨论如何设计相应的运动学控制算法，并考虑合理耦合的多机器人系统的物理约束，如 CFMMR，如图 4-1 所示。

换言之，CFMMR 可作为多机器人协作的一个实例。因此，基于 CFMMR 的物理硬件限制本章给出了基于运动学的控制算法推导，其中系统的转向和操纵是通过轴的协调控制来实现的。正如前面章节提到的，CFMMR 的同质性允许它对不同的应用场景进行重新构型，如图 4-1b 所示的多轴列车机器人。然而，柔性梁突显了移动机器人的路径曲率和速度约束的通用问题。

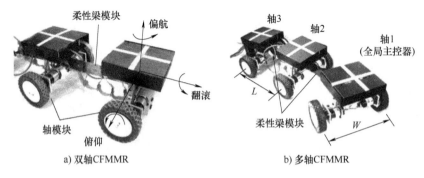

a) 双轴CFMMR　　　　　　　　　　b) 多轴CFMMR

图 4-1　柔性梁模块化移动机器人平台（$L=W=0.366$m，车轮半径为 0.073m）

　　轮式移动机器人[69]中的物理约束一般可以分为执行器限制，以及基于机械设计特征和地形特征的路径曲率和速度限制。正如前两章提到的，真实机器人有限的执行器只能产生有限的速度；轮胎牵引力受轮胎与地面相互作用的限制；可实现的路径曲率受到物理设计和动态效应的限制。然而，大多数运动学控制器忽略了这些物理效应，并且仅考虑非完整约束的控制和规划。在运动学控制器中考虑物理因素是非常重要的，因为这些命令通常用作物理系统的动力学控制器的输入。多机器人系统的移动性和可操纵性也受到耦合模块之间的相互作用及每个模块物理约束的严重影响。为了解决交互影响和物理约束，必须对系统各模块的运动控制进行协同。

　　传统上，姿态调节、路径跟随和轨迹跟踪的主要运动控制任务通常被单独处理。因此，不连续或切换运动算法已被应用于解决可能产生大误差或导致缓慢收敛的这些运动控制任务[70-73]。本章提出了一个单一的平滑时不变控制律，能够在考虑物理约束的同时完成所有三个运动控制任务。因此，本章提出了基于路径流形的控制器，同时解决单轮模型移动机器人在物理约束下的主要运动控制问题[69]。基于路径流形的控制器也可直接应用于任何运动学可等效地简化为单轮模型的双轴机器人。由于有限时间前向光滑路径的收敛性，所以本章所设计的控制器可以，在给定初始条件特定区域及具有约束速度和曲率的路径和轨迹的情况下，提供这种运动控制能力。

　　然后，为多轴 CFMMR 机器人提供分布式主从控制结构，以便保证控制器简单和统一的可扩展性。在该控制结构中，机器人的第一个车轴轴 1（见图 4-1）作为全局主控器引导机器人的运动，其他车轴根据车上的相对位置而成为局部的主控/从属部件。轴 $i(i \geqslant 2)$ 是相对轴 $i-1$ 的从属部件，而它是轴 $i+1$ 的主控部件。然后，从属部件在遵守运动学和动力学约束的同时跟踪其主控部件。

　　由于全局主模块的运动仅由单轮模型（见图 4-2）描述，因此针对单轮机器人的控制器可以作为全局主控制器。本书使用基于路径流形的控制器的主要原因在于，它可以在满足路径曲率和速度约束的同时解决运动控制问题。然后，就可以确定轴的从属控制器，以适应柔性梁的缩短效应和转向改变，同时跟随其主轴。在给定一个全局主控制器来解决路径曲率和速度的物理约束的前提下，轴 i 控制器也被设计为满足物理约束的控制器。

图 4-2　单轮模型移动机器人（$W=0.22$m，$L=0.18$m，$H=0.2$m）

4.2　单轮机器人的控制

自 20 世纪末以来，移动机器人系统的运动控制受到了极大关注，并且许多考虑非完整约束的运动控制方案已经被提出来了。传统上，笛卡儿坐标被用来建模和控制移动机器人[74-77]，但其会导致不连续的或时变的控制规律。这是因为平滑的时不变控制律无法稳定笛卡儿坐标系中的非完整机器人，如本书参考文献［45］所述。不连续的速度轨迹不容易在真实机器人上再现。而时变控制方案通常比较慢并且会出现振荡，如本书参考文献［70］所述。使用非光滑时变控制器[78]可以实现更快的收敛，但是难以确保有界的速度和曲率命令，因为这些方法都是基于链式的转换形式。

值得注意的是，Brockett 定理[45]要求系统在平衡点的邻域中是连续的。因此，引入极坐标系平衡点的不连续性后，Brockett 定理不再适用，但适用平滑的时不变控制律。类似地，圆也可用于不连续坐标变换[79]。Badreddin 和 Mansour[80]引入极性表示法来提供使用时不变控制的姿态调节的局部渐近稳定性。Aicardi 等[71]和 Astolfi[81]随后应用极坐标来推导光滑和全局稳定的状态反馈控制律。虽然奇点出现在极坐标系的原点，但是通过适当地选择初始条件或中间点[81]，或通过应用简单的状态反馈控制律，使闭环系统非奇异来避免奇点问题[80,81]。因此，极坐标的表示方法已被普遍用于姿态调节。

　　由于机械设计和牵引力限制所确定的转向限制，所以路径曲率问题变成移动机器人的一个常见问题。如图 4-3 所示，假定允许的转向路径受到限制，在运动规划中，经常使用弧或圆来构造两个给定点之间的曲率约束路径[82,83]。执行器同样具有有限的能力且可实现的车轮速度也会受到限制。此外，过大的速度指令可能会导致车轮打滑、出现过大的路径曲率或过大的牵引力。在一些运动控制研究[84-86]中，速度和曲率约束被简单地通过使用饱和度或设计控制增益来解决。相比之下，在考虑到对加速度、速度或路径曲率的物理约束时，学者们已经提出了大量的运动规划算法来生成避免危险或障碍的可行参考路径[87-91]。然而，最值得注意的是，在闭环运动控制中需要考虑这些约束，而不是在进行路径规划时考虑。这样有助于确保机器人在收敛到其参考轨迹时不会违反物理约束，而路径规划时则侧重于确保路径本身的约束。

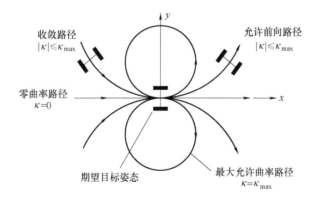

图 4-3　移动机器人相对于路径曲率的允许前向路径和收敛路径

　　为了在执行所有三个运动控制任务时满足速度和曲率限制，本章首先使用路径流形将曲率约束嵌入控制器中。路径流形是一种几何工具，它定义了机器人在收敛到其目标或轨迹时所遵循的路径的形状。路径流形还提供非奇异的均匀坐标以解决主要的运动控制问题。在这种情况下，可以使用具有满足曲率约束半径的圆形路径流形。机器人被类似滑模控制算法的基于李亚普诺夫的控制设计驱动到路径流形[92,93]。这样所得到的基于路径流形的控制器是平滑且连续的，没有滑动模式控制的切换特性。

一旦机器人在有限时间内到达路径流形的邻域，速度和曲率限制就满足姿态调节以及充分约束的路径和轨迹特性。然而，在收敛到路径流形期间的瞬态控制器命令，很大程度上取决于初始条件和路径/轨迹特性。因此，控制器参数被优化使可允许初始条件的区域最大化，同时满足姿态调节的曲率和速度约束。紧邻目标的初始条件受到曲率约束的限制，但这可以通过在允许区域内提供中间目标配置来轻松解决。然后，可以通过扩展控制器动态特性以适应机器人的实际初始条件。接着，证明在给定允许的初始条件和受约束的路径/轨迹特性的情况下，这个时不变控制器可以为所有三个运动控制任务提供平滑的有界命令。

4.2.1　运动学模型

本节将在极坐标下导出单轮机器人的通用运动学模型。为了同时考虑主要运动控制任务，使用参考系 R 表示参考姿态，如图 4-4 所示。参考姿态可用虚拟机器人来描述，该虚拟机器人继承了真实机器人的运动学模型，从而提供机器人可以遵循的参考路径或轨迹。首先考虑用笛卡儿变量 $[x, y, \phi]$ 和 $[x_r, y_r, \phi_r]$ 来分别描述机器人姿态和参考姿态的单周期型运动学模型：

$$\dot{x}=v\cos\phi, \dot{y}=v\sin\phi, \dot{x}_r=v_r\cos\phi_r, \dot{y}_r=v_r\sin\phi_r \tag{4-1}$$

式中，x 和 y 为以点 O 为原点的运动坐标系的笛卡儿坐标。参考位置（x_r, y_r）被附加到移动坐标系 R 的原点上，以描述其相对于全局坐标系 G 的位置。变量 v 表示相对于全局坐标系 G，以航向角 ϕ 移动的坐标系 O 的速度。下标 r 表示参考坐标系。因此，v_r 和 ϕ_r 分别是坐标系 R 的参考速度和参考航向角。本书专注于沿路径的前向运动，

即 $v_r \geqslant 0$。此外，通过使用坐标变换也可以容易地实现向后运动。

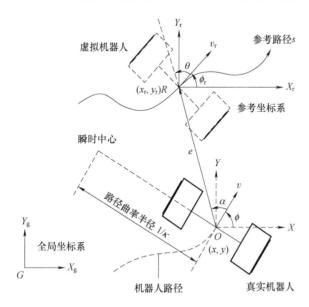

图 4-4　用于运动控制的移动机器人运动学

如果使用相对于姿态 O 的极坐标表示，那么运动学可以用误差坐标写入。极坐标中的误差状态定义为

$$
\begin{aligned}
e &= \sqrt{(x-x_r)^2 + (y-y_r)^2} \\
\theta &= \arctan\left(-(y-y_r), -(x-x_r)\right) - \phi_r \qquad (4\text{-}2) \\
\alpha &= \theta - \phi + \phi_r
\end{aligned}
$$

为了导出极坐标下的状态方程，对式（4-2）进行微分，有

$$
\begin{aligned}
\dot{e} &= \frac{(x_r-x)(\dot{x}_r-\dot{x}) + (y_r-y)(\dot{y}_r-\dot{y})}{e} \\
\dot{\theta} &= \frac{(\dot{y}_r-\dot{y})(x_r-x) - (y_r-y)(\dot{x}_r-\dot{x})}{(x_r-x)^2 \sec^2(\theta+\phi_r)} - \dot{\phi}_r \qquad (4\text{-}3) \\
\dot{\alpha} &= \dot{\theta} - \dot{\phi} + \dot{\phi}_r
\end{aligned}
$$

将式（4-1）和式（4-2）带入式（4-3），并应用三角恒等式，可得状态方程：

$$\dot{e} = -v\cos\alpha + v_{\mathrm{r}}\cos\theta$$

$$\dot{\theta} = v\frac{\sin\alpha}{e} - v_{\mathrm{r}}\frac{\sin\theta}{e} - \dot{\phi}_{\mathrm{r}} \tag{4-4}$$

$$\dot{\alpha} = v\frac{\sin\alpha}{e} - v_{\mathrm{r}}\frac{\sin\theta}{e} - \dot{\phi}$$

点 O 的角速度可以描述为路径曲率 κ 和线速度 v 的函数，使得 $\dot{\phi} = v\kappa$。同样，参考角速度可表示为 $\dot{\phi}_{\mathrm{r}} = v_{\mathrm{r}}\kappa_{\mathrm{r}}$。

　　路径跟随和轨迹跟踪问题可以通过将传统的非线性技术应用到式（4-4）中来解决。然而，当参考坐标固定时，传统的跟踪控制器缺乏将机器人稳定到期望姿态的能力（即姿态调节）。由于这个原因，姿态调节和参考跟踪历来被视为不同的问题。值得注意的是，参考坐标系 R 表示虚拟参考姿态，以便其可以同时描述多个主要运动控制任务。对于姿态调节，坐标系 R 固定在全局坐标系 G 中。对于路径跟随，坐标系 R 沿着由位置和方向轨迹组成的预定几何路径移动，因此可以选择任意但有界的速度作为参考。此外，对于轨迹跟踪，坐标系 R 和期望路径的轨迹都通过时间进行相同的参数化，这样使得在每个位置速度都可以被指定。因此，通过简单地修改参考速度表达式，轨迹跟踪控制器可以轻松地解决所有主要运动控制任务。

4.2.2　路径流形

　　这里引入路径流形作为几何工具，从而可以在收敛到期望的姿态或轨迹期间指定非奇异均匀坐标中的路径形状。本节定义了圆形路径流形来满足曲率约束。然后，将路径流形应用于运动学方程，以导出保证流形稳定的速度表达式。如图 4-5 所示，为了实现圆形路径流形，首先得推导位置和角度条件。参考坐标系中的位置误差由下式确定：

$$\hat{x}_{\mathrm{e}} = \hat{x}_{\mathrm{r}} - \hat{x} = r\sin 2\theta, \hat{y}_{\mathrm{e}} = \hat{y}_{\mathrm{r}} - \hat{y} = r - r\cos 2\theta \tag{4-5}$$

式中，r 为圆形路径流形的半径。将式（4-5）应用到误差定义式（4-2）中，将位置 e 定义为 $e = \sqrt{(r\sin 2\theta)^2 + (r - r\cos 2\theta)^2} = r\sqrt{2}\sqrt{1 - \cos 2\theta}$。其中，$\theta$ 的要求可以从图 4-5 所示推断出。值得注意的是，速度矢量 v

和参考速度矢量 $\boldsymbol{v}_r$ 与圆 I 和 II 相切。位置误差矢量 $\boldsymbol{e}$ 将 $\boldsymbol{v}$ 与 $\boldsymbol{v}_r$ 之间的夹角等分，使得角度 α 和流形上的 θ 相等且相反。定义 $\eta=\sqrt{1-\cos 2\theta}\geq 0$，圆形路径流形可以表示为

$$e=\sqrt{2}r\eta, \alpha=-\theta \tag{4-6}$$

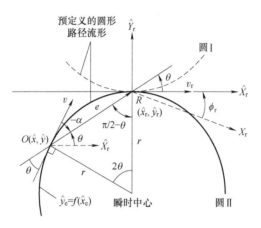

图 4-5 基于圆形路径流形的曲率法

可以注意到，圆形路径流形的几个特征。首先，由于路径流形与轴线 $\hat{X}_r$ 相切，所以 $\theta=\alpha=0$。其次，使用 $r \geq r_{\min}=1/\kappa_{\max}$ 来考虑曲率约束 $|\kappa| \leq \kappa_{\max}$。这里特别选择 $r=1/\kappa_{\max}$ 来阐述机器人在使用最大曲率时的转向能力。最后，所选择的圆形路径流形取决于初始方向 $\theta(0)$，圆 I 表示 $0 \leq \theta(0) \leq \pi$，圆 II 表示 $-\pi \leq \theta(0)<0$，如图 4-5 所示。由于圆 I 和 II 相对于 x 轴对称，所以圆 I 和 II 生成的路径也相对于 x 轴对称。

现在知道，可以通过计算速度来确保误差状态方程式（4-4）沿着路径流形的收敛性。为了确定广义速度表达式，式（4-6）的导数可表示为

$$\dot{e}=2r\dot{\theta}U\cos(\theta)$$
$$\dot{\alpha}=-\dot{\theta}$$
$$U=\begin{cases} 1, 0 \leq \theta(0) \leq \pi \\ -1, -\pi \leq \theta(0)<0 \end{cases} \tag{4-7}$$

式中的 U 是基于机器人的初始条件确定的，$\dot{\theta}$ 具有与 U 相反的符号。将式（4-6）带入式（4-4），可以得到沿圆形路径流形的系统方程：

$$\dot{e} = (-v+v_r)\cos\theta$$

$$\dot{\theta} = -\frac{(v+v_r)}{2r}U - \dot{\phi}_r \qquad (4-8)$$

$$\dot{\alpha} = -\frac{(v+v_r)}{2r}U - \dot{\phi}$$

在给定了 v_r 和 $\dot{\phi}_r$ 的情况下考虑路径跟随和轨迹跟踪任务，使式（4-8）等于式（4-7）然后计算速度表达式，有

$$v = v_r + 2r|\dot{\theta}|$$

$$\dot{\phi} = 2\dot{\theta} + \dot{\phi}_r \qquad (4-9)$$

式（4-9）提供了沿路径流形的稳定性。因此，这些速度可以沿着圆形路径驱动机器人到原点，使得（e，θ，α）收敛到零。一旦到达原点，从式（4-9）可知 $v=v_r$ 且 $\dot{\phi}=\dot{\phi}_r$，所以 $\dot{e}=\dot{\theta}=\dot{\alpha}=0$。误差坐标的原点是轨迹跟踪和路径跟随及姿态调节的平衡点。还需注意的是，给定路径流形后，在式（4-4）中观察到的奇点在式（4-8）中已经不存在了。

4.2.3 控制律

现在推导一个平滑的时不变运动控制器，它将机器人驱动到路径流形，然后将误差坐标引导到它们的原点。结果，机器人被渐近地驱动到期望的姿态、路径或轨迹的任意小的邻域。然后调节控制参数以确保能够满足所有的物理约束。在 CFMMR[69] 的情况下，可以根据执行器限制、机械设计和限制机器人动力学运动的地形特征，建立曲率和速度约束 $|v| \leqslant v_{max}$，$|\dot{\phi}| \leqslant \dot{\phi}_{max}$，$|\kappa| \leqslant \kappa_{max}$。其中，$\kappa_{max} = 3m^{-1}$、$v_{max} = 0.5m/s$、$\dot{\phi}_{max} = 1.5rad/s$。

4.2.3.1 基于李雅普诺夫稳定性的控制器设计

如定理1所示，李雅普诺夫稳定性理论是推导运动控制器，把机器人驱动到路径流形的基础。接着，推论1和2证明了控制器将机器人沿着路径流形驱动到误差坐标的原点。但是，这里还存在着不可接

受的潜在奇点。基于定理 1，最终速度控制器在式（4-27）中给出，对其稍作修改就可消除不可接受的奇点并引入扰动路径流形，以便在平衡点处很好地定义 α 和 θ。定理 2 证明了姿态调节中扰动路径流形的收敛性。扰动路径流形的平衡点在定理 3 中给出，并且在推论 3 中证明了其局部稳定性。推论 4 检验了误差坐标的渐近稳定性。最后，还讨论了吸引区。

极坐标原点的不连续性能导出时不变控制器，而 Brockett 定理的阻碍在此不再适用[71]。由于奇点的原因，基于李亚普诺夫稳定性的方法除了原点之外在任何地方都是有效的，但是在原点进行线性化可用于稳定性验证。因此，实际上可以使用李亚普诺夫函数导出稳定控制律[71,81]。

类似滑模控制技术，这里导出状态反馈控制律以将系统引导到路径流形［式（4-6）］，其中 $z_1 = 0$、$z_2 = 0$，有

$$z_1 = e - \sqrt{2}\,r\eta$$
$$z_2 = \theta + \alpha \tag{4-10}$$

请注意，由于 $e \geq 0$，所以 $z_1 \geq -\sqrt{2}\,r\eta$。一旦机器人到达路径流形，路径流形就能确保机器人稳定到达误差坐标的原点。

定理 1 下面的控制律提供了 $M = \Big\{ (e, \theta, \alpha) \in R^3 \mid e > 0$ 和 $\alpha \neq \arctan\left(\dfrac{e\sqrt{1-\cos 2\theta}}{r\sqrt{2}\sin(2\theta)} \right) \Big\}$ 中状态到路径流形的渐近收敛性，路径流形将 z_1 和 z_2 驱动为零，有

$$v = \frac{k_1\eta(z_1+\sqrt{2}r\eta)\tanh z_1 + v_r\eta(z_1+\sqrt{2}r\eta)\cos\theta + v_r r\sqrt{2}\sin 2\theta(\sin\theta + \kappa_r(z_1+\sqrt{2}r\eta))}{\eta(z_1+\sqrt{2}r\eta)\cos(z_2-\theta) + r\sqrt{2}\sin 2\theta\sin(z_2-\theta)} \tag{4-11}$$

$$\dot{\phi} = \kappa v = k_2\tanh z_2 + 2\dot{\theta} + \dot{\phi}_r \tag{4-12}$$

证明： 首先，定义二次李雅普诺夫候选函数为

$$V = V_1 + V_2$$
$$V_1 \equiv \frac{1}{2}z_1^2, \quad V_2 \equiv \frac{1}{2}z_2^2 \tag{4-13}$$

带入式（4-11）和式（4-12），可知 V_1 和 V_2 的时间导数是负定的，有

$$\dot{V}_1 = z_1\dot{z}_1 = z_1\left(v_r\cos\theta - v\cos(z_2-\theta) - \frac{r\sqrt{2}\sin2\theta}{\eta}\dot{\theta}\right) \qquad (4\text{-}14)$$

$$= -k_1z_1\tanh(z_1) \leqslant 0$$

$$\dot{V}_2 = z_2\dot{z}_2 = z_2(2\dot{\theta}+\dot{\phi}_r-\dot{\phi}) = -k_2z_2\tanh(z_2) \leqslant 0 \qquad (4\text{-}15)$$

式中的 k_1 和 k_2 是确定最大收敛速度的正控制增益，因此 $\dot{V} = \dot{V}_1+\dot{V}_2$ 是负定的，这证明系统状态渐近地接近 $z_1=0$ 和 $z_2=0$ 的路径流形。

值得注意的是，由于分子的有界性，如果式（4-11）的分母是非零的，则所提出的控制律是非奇异的。将 $\eta = \sqrt{1-\cos2\theta}$ 带入式（4-11）的分母，并在误差坐标中重新改写，可以得到

$$\text{den}(v) = e\cos(\alpha)\sqrt{1-\cos2\theta} + r\sqrt{2}\sin(2\theta)\sin(\alpha) \neq 0 \qquad (4\text{-}16)$$

在式（4-16）中求解 α，可知

$$\alpha \neq \arctan\left(\frac{e\sqrt{1-\cos2\theta}}{r\sqrt{2}\sin(2\theta)}\right) \qquad (4\text{-}17)$$

因此，如果给出式（4-17），则 v 是非奇异的。随后，修改控制律 v 以解决该奇点问题，并进一步讨论初始条件。

注意，tanh 函数是为了使李雅普诺夫函数导数为负定，并保证任意大的初始条件下控制输入是平滑有界的。这解决了在初始条件较大的情况下速度命令过大的常见问题。虽然这与本书参考文献［86］的原理相似，但其控制器仅提供姿态调节，而这里可以提供所有三个主要的运动控制任务。

推论 1 控制律式（4-11）和式（4-12）将闭环系统稳定到沿路径流形的极坐标误差坐标系的原点。

证明： 让 $\alpha = (z_3-1)\theta$，其中 $z_3 \in R^1$，有

$$z_2 = z_3\theta \qquad (4\text{-}18)$$

将式（4-18）取微分，并代入式（4-15），可得

$$\dot{V}_2 = z_2(\dot{z}_3\theta+z_3\dot{\theta}) = \theta^2z_3\dot{z}_3 + z_3^2\theta\dot{\theta} = -k_2z_2\tanh(z_2) \leqslant 0 \qquad (4\text{-}19)$$

为了提供一个唯一的平衡点，定义 $S = \{e>0, \theta \in [-\pi, \pi],$

$$\alpha \in [-\pi, \pi], \alpha \neq \arctan\left(\frac{e\sqrt{1-\cos 2\theta}}{r\sqrt{2}\sin(2\theta)}\right) \Bigg\} \subset M$$。然后，定义 S 中的李雅普

诺夫函数来证明 θ 可稳定到零，有

$$V_3 = \frac{1}{2}z_3^2, V_4 = \frac{1}{2}\theta^2 \tag{4-20}$$

首先，考虑第 1 种情况，其中 S 中 $\theta \neq 0$、$t \geq 0$。根据式（4-15）~
式(4-19)，因为 z_2 和 θ 是有界的变量，所以 z_3、$\dot{z}_3$ 和 $\dot{\theta}$ 是有界的。注
意，在 $t \geq 0$ 时，对于任何 θ 和 α 而言，z_2 通过定理 1 渐近收敛为零，
同时，根据式（4-18），当且仅当对于所有的 $\theta \neq 0$、$z_2 = 0$ 时 $z_3 = 0$。为
了让式（4-19）对于任何非零 θ、z_2 和 z_3 都为真，必须满足 $\dot{V}_3 = z_3\dot{z}_3 < 0$
和 $\dot{V}_4 = \theta\dot{\theta} < 0$。此外，由于 $t \to \infty$ 时 $z_2 \to 0$，所以很容易验证 $\dot{V}_3 \to 0^-$ 和
$\dot{V}_4 \to 0$ 使得 θ 和 z_3 渐近取向为零。

现在考虑另外两种 $\theta = 0$ 的情况。在第 2 种情况中，z_3 是有界
的（即 $|z_3| < \infty$），从式（4-18）可以看出，$z_2 = 0$ 为真，$\dot{z}_3$ 的有界性
由式（4-19）表示。结果得到 $\theta^2 z_3\dot{z}_3 = 0$。因此，式（4-19）可化为
$z_3^2\theta\dot{\theta} = -k_2 z_2\tanh(z_2)$，并可以进一步改写为

$$\dot{V}_4 = \theta\dot{\theta} = \frac{-k_2 z_2\tanh(z_2)}{z_3^2} = \frac{-k_2\theta^2\tanh(z_2)}{z_2} \tag{4-21}$$

将 $z_2 = 0$ 和 $\theta = 0$ 应用于式（4-21），根据洛必达规则，可以得到

$$\dot{V}_4 \Big|_{\substack{\theta=0 \\ z_2=0}} = -k_2\theta^2 \Big|_{\theta=0} \cdot \lim_{z_2 \to 0}\frac{\tanh(z_2)}{z_2} = -k_2\theta^2 \Big|_{\theta=0} = 0 \tag{4-22}$$

此外，在第 3 种情况中考虑 $\theta = 0$ 和无界 z_3（即 $z_3 = \pm\infty$），已经证实
$\theta^2 z_3\dot{z}_3$ 和 $z_3^2\theta\dot{\theta}$ 一定会满足式(4-19)。因此，结合第 2 种情况，当 $\theta = 0$ 时，$\dot{V}_4 = \theta\dot{\theta} = 0$ 必须始终为真。

综上所述，结果表明 $\theta \neq 0$ 时 $\dot{V}_4 < 0$，$\theta = 0$ 时 $\dot{V}_4 = 0$。这证明了随
着 $t \to \infty$，θ 渐近收敛到零。此外，由于当 $t \to \infty$ 时 $z_1 \to 0$ 和 $z_2 \to 0$（定
理 1），所以得到了当 $t \to \infty$ 时每个式（4-10）中 $e \to \sqrt{2}r\eta \to$ 和 $\alpha \to -\theta \to 0$。

然后，闭环系统基于推论 2 中的线性化来分析式（4-4）和
式（4-11）~式（4-12）。

推论 2 闭环系统的原点在控制律式（4-11）和式（4-12）下是局部指数稳定的。

证明： 通过定理 1，控制器式（4-12）驱动 $\alpha \to -\theta$，使得系统式（4-4）变为

$$\dot{e} = (-v + v_r)\cos\theta$$
$$\dot{\theta} = -\dot{\alpha} = -(v + v_r)\frac{\sin\theta}{e} - \dot{\phi}_r \quad (4\text{-}23)$$

对于每个式（4-23），在平衡点附近下式一定成立：

$$v \to v_r, e \to -\frac{2v_r}{\dot{\phi}_r}\sin\theta \quad (4\text{-}24)$$

将式（4-24）带入控制律式（4-11）和式（4-12），并且在原点附近线性化，可以得到

$$v = k_1 e + v_r$$
$$\dot{\phi} = k_2(\theta + \alpha) + 2k_1\alpha + \dot{\phi}_r \quad (4\text{-}25)$$

此外，将式（4-25）带入式（4-4）并线性化，然后可得

$$\dot{e} = -k_1 e$$
$$\dot{\theta} = k_1\alpha = -k_1\theta \quad (4\text{-}26)$$
$$\dot{\alpha} = -k_2\theta - (k_1 + k_2)\alpha = -k_1\alpha$$

式（4-26）证明了如果 $k_1 > 0$，控制律则可以提供局部指数稳定性。

虽然上述理论实现了理想的收敛，但必须注意，α 和 θ 在 $e = 0$ 时是任意定义的。为了确保它们在系统的平衡处得到很好的定义，这里通过引入任意小的 $\varepsilon > 0$ 来修改路径流形：

$$\eta = \sqrt{1 + \varepsilon - \cos 2\theta} \quad (4\text{-}27)$$

这会在控制器式（4-11）上产生扰动，此情况将在以下定理和推论中讨论。

此外，可以注意到，在控制律式（4-11）中，在 $[\alpha, \theta] = [\pi/2, \pi/2]$ 处会出现奇异点。因此，也通过修改了式（4-11）即消除其分母中的 $\cos(z_2 - \theta) = \cos\alpha$ 来解决这个问题，有

$$\dot{V}_1 = z_1\dot{z}_1 = -k_1 z_1 \tanh z_1 + z_1 v(1 - \cos\alpha) \quad (4\text{-}28)$$

可以注意到，由于 α 收敛到零，所以式（4-28）与式（4-14）最终相同。因此最终控制律 v 为

$$v = \frac{k_1\eta(z_1+\sqrt{2}r\eta)\tanh z_1 + v_r\eta(z_1+\sqrt{2}r\eta)\cos\theta + v_r r\sqrt{2}\sin 2\theta\left[\sin\theta + \kappa_r(z_1+\sqrt{2}r\eta)\right]}{\eta(z_1+\sqrt{2}r\eta) + r\sqrt{2}\sin 2\theta\sin(z_2-\theta)}$$

（4-29）

这些修改引入了任意小的扰动，接下来将对其进行分析。控制律式（4-11）和式（4-29）产生了几乎相同的输出，它们在较小 α 的情况下，会随着机器人接近路径流形变得相同。现在我们分析这些修改如何影响闭环系统。首先，考虑姿态调节，因为它可进行封闭形式的分析。

定理 2 控制律式（4-12）和式（4-29）将 $D=\left\{(e,\theta,\alpha)\in R^3 \mid e\geq \sqrt{2}r\eta(\text{即} z_1\geq 0), |\theta|\leq\pi, |\alpha|\leq\pi\right\}$ 中定义的状态收敛到姿态调节中的扰动路径流形。

证明： 扰动路径流形是通过在方程式（4-27）中引入 $\varepsilon>0$ 来定义的，有

$$e = r\sqrt{2}\sqrt{1+\varepsilon-\cos(2\theta)}, \theta = -\alpha \qquad (4\text{-}30)$$

带入任意小的 ε，扰动路径流形式（4-30）可以任意接近路径流形式（4-6）。值得注意的是 $z_2=\theta+\alpha$ 不受修正的路径流形的影响。因此，考虑与式（4-13）中 V_2 相同的李雅普诺夫函数，控制律式（4-12）满足式（4-15），如定理 1 所示，它保持 z_2 到零的渐近收敛性。现在提供了 z_1 的状态方程来讨论如何收敛到扰动路径流形。通过微分 $z_1 = e - \sqrt{2}r\eta$，可以得到

$$\dot{z}_1 = -k_1\tanh(z_1) + f(v,\alpha) \qquad (4\text{-}31)$$

式中的 v 满足 $0\leq v\leq v_{max}$，则 $f=f(v,\alpha)=(1-\cos\alpha)v$ 和 $0\leq f\leq 2v_{max}$。注意，非消失 f 将 z_1 的平衡点扰动到一个有限值，该值取决于式（4-31）中 $-k_1\tanh(z_1)$ 的相对大小，这在下一个定理中将进一步讨论。

考虑到姿态调节（$v_r=0$，$\dot{\phi}_r=v_r\kappa_r=0$），式（4-29）可以简化为

$$v = \frac{k_1\eta(z_1+\sqrt{2}r\eta)\tanh z_1}{\eta(z_1+\sqrt{2}r\eta) + r\sqrt{2}\sin 2\theta\sin(z_2-\theta)} \qquad (4\text{-}32)$$

　　注意，$e=z_1+\sqrt{2}\,r\eta>0$，在 M 中。为了显示 z_1 的收敛，必须注意 z_1 和 θ 是耦合的，因此必须同时考虑它们的收敛性。将式（4-32）带入至式（4-31）并将 θ 带入式（4-4）的状态方程，同时注意到 $z_2 \rightarrow 0$，有

$$\dot{z}_1 = -\tanh(z_1)\cos(\theta)F \tag{4-33}$$

$$\dot{\theta} = -\sin(\theta)\tanh(z_1)G \tag{4-34}$$

其中

$$
\begin{aligned}
F &= \frac{k_1(\eta z_1+\varepsilon r\sqrt{2})}{\eta z_1+\varepsilon r\sqrt{2}+2\sqrt{2}\,r(1-\cos\theta)\sin^2\theta}\\
G &= \frac{k_1\eta}{\eta z_1+\varepsilon r\sqrt{2}+2\sqrt{2}\,r(1-\cos\theta)\sin^2\theta}
\end{aligned}
\tag{4-35}
$$

　　需要注意的是，该控制器被应用在状态区域 D 中，其中 $z_1 \geqslant 0$ 或 $e \geqslant \sqrt{2}\,r\eta$，以满足曲率约束 $|\kappa| \leqslant \kappa_{\max}$，该约束不包括路径流形的内部。具体来说，在给定的初始条件（即 $z_1(0)\geqslant 0$）下，渐近收敛可以保证机器人停留在区域 D 内。此外，由于 $\varepsilon>0$ 和 $\eta>0$，所以可以很容易地验证式（4-32）~式（4-34）的分母对于 $z_1 \geqslant 0$ 总是正的。因此可以知道 $v \geqslant 0$、$F>0$ 和 $G>0$，这对于李亚普诺夫分析很有用，并且只保证前向运动。

　　最后，利用式（4-20）中的李雅普诺夫函数 V_4，可以很容易地证明对于 $z_1>0$，V_4 的导数是负定的，而对于 $z_1=0$ 时则是零，这表明有

$$\dot{V}_4 = \theta\dot{\theta} = -\tanh(z_1)(\theta\sin\theta)G \tag{4-36}$$

表明当 z_1 在 D 中有限时 θ 只能减小，同时，对于 $|\theta|<\pi/2$，V_1 的导数是负定的，而对于 $z_1=0$ 的则是零，有

$$\dot{V}_1 = z_1\dot{z}_1 = -(\cos\theta)(z_1\tanh z_1)F \tag{4-37}$$

这表明如果 $|\theta|<\pi/2$，则 z_1 渐近收敛为零。此外，式（4-36）表明，如果 $z_1>0$，那么 θ 将衰减，使得 $|\theta|<\pi/2$ 很容易被实现。因此，在最坏的情况下（$\pi/2 \leqslant |\theta(0)| \leqslant \pi$），式（4-37）和式（4-36）表明 z_1 增加而同时 θ 减少。一旦 $|\theta|$ 变得小于 $\pi/2$，则 z_1 和 θ 都渐近减小

到 $z_1 = 0$。因此，在姿态调节任务中我们证明了对扰动路径流形的收敛。

一般情况下，当 $v_r \neq 0$ 时，z_1 和 θ 的闭环状态方程难以解析分析。因此，首先数值建立一个唯一的平衡点，以显示扰动对系统的影响。然后，使用线性化来证明路径流形附近平衡点的局部收敛。

定理 3　使用式（4-12）和式（4-29）在 D 中创建平衡点（z_1^*，θ^*），可以通过调整 ε，使平衡点任意接近误差坐标的原点。

证明：再次注意，控制器式（4-12）通过定理 1 将 z_2 收敛到零。因此，可以改写式（4-29），有

$$v = \frac{k_1 \eta (z_1 + \sqrt{2}\, r\eta)\tanh z_1 + v_r g}{h} \tag{4-38}$$

其中

$$
\begin{aligned}
&h = \eta z_1 + \varepsilon r\sqrt{2} + 2\sqrt{2}\, r(1 - \cos\theta)\sin^2\theta \\
&g = \eta (z_1 + \sqrt{2}\, r\eta)\cos\theta + r\sqrt{2}\sin 2\theta (\sin\theta + \kappa_r (z_1 + \sqrt{2}\, r\eta))
\end{aligned} \tag{4-39}
$$

将坐标变换 $e = z_1 + \sqrt{2}\, r\eta$ 应用于式（4-4）和式（4-31），用 z_1 表示 e，并且假设 z_2 已经收敛到 0，则 z_1 和 θ 的状态方程变为

$$
\begin{aligned}
&\dot{z}_1 = -k_1 \tanh(z_1) + (1 - \cos\theta)v = -\tanh(z_1)\cos(\theta)F + v_r(1 - \cos\theta)\frac{g}{h} \\
&\dot{\theta} = -\dot{\alpha} = -(v + v_r)\frac{\sin\theta}{z_1 + \sqrt{2}\, r\eta} - \dot{\phi}_r = -\sin(\theta)\tanh(z_1)G - v_r\left(\frac{g}{h} + 1\right)\frac{\sin\theta}{z_1 + \sqrt{2}\, r\eta} - \dot{\phi}_r
\end{aligned} \tag{4-40}
$$

注意，由于封闭系统式（4-40）和式（4-38）的非线性，所以不能通过分析求解平衡点。因此，这些状态方程需在数值上求解以找到平衡点（z_1^*，θ^*），见表 4-1。用三个参考情况来说明参考速度和 ε 的影响。参考情况 A 和 B 用于说明 $v_r \neq 0$ 的一般情况。应该注意的是，尽管参考速度和 ε 的变化很大，但 z_1^* 仍保留在原点的一个小邻域中。参考情况 C 说明姿态调节导致 $z_1^* = 0$，如定理 2 所述。相反，θ^* 与 ε 和 κ_r 成比例变化。最重要的是，z_1^* 和 θ^* 在 D 中是唯一的，并且可以通过减小 ε 而任意地变小。增加 k_1 也可以减弱扰动，但是

k_1 需要足够小以满足 $v_{\max}$。

注意，在平衡点处有 $v = v_r$ 和 $\dot\phi = \dot\phi_r$（即 $\kappa = \kappa_r$），这是因为式（4-40）和式（4-38）按照 $g/h = 1$ 设计。还要注意的是，在路径跟随和轨迹跟踪中，κ_r 由一个参考明确定义。相反，在参考是固定点（$v_r = 0$ 和 $\dot\phi_r = 0$）的姿态调节中，κ_r 是任意定义的。本章有 $\kappa \to \kappa_r$，这样使得根据给定初始条件的控制律产生的轨迹路径 κ 具有有限值。

推论 3　扰动平衡点对于 $v_r \ne 0$ 是局部指数稳定的，并且对于 $v_r = 0$ 渐近稳定。

证明： 局部稳定性可以通过在平衡点线性化式（4-40）来证明，有

$$\dot{z}_1 \approx -\lambda_1(z_1 - z_1^*), \dot\theta \approx -\lambda_2(\theta - \theta^*) \qquad (4\text{-}41)$$

式中的特征值 $-\lambda_1$ 和 $-\lambda_2$ 为

$$\begin{aligned}
\lambda_1 &= \lim_{\substack{\theta \to \theta^* \\ z_1 \to z_1^*}} (\cos(\theta) F) \\
\lambda_2 &= \lim_{\substack{\theta \to \theta^* \\ z_1 \to z_1^*}} \left(\tanh(z_1) G + v_r \left(\frac{g}{h} + 1 \right) \frac{1}{z_1 + \sqrt{2}\, r\eta} \right)
\end{aligned} \qquad (4\text{-}42)$$

值得注意的是，λ_1 总是正的，而 λ_2 对于 $v_r \ne 0$ 是正的，这证明了路径跟随和轨迹跟踪的局部指数稳定性。另外，请注意 λ_1 收敛到 k_1，λ_2 与 $1/\eta$ 成比例增加，因为 ε 在 $v_r \ne 0$ 时减小，见表 4-1，其中 $k_1 = 1$。

对于 $v_r = 0$，有 $z_1^* = 0$，见表 4-1，因此由式（4-42）知 $\lambda_2 = 0$，这不足以证明其渐近稳定性。然而，定理 2 通过李雅普诺夫分析证明 θ 渐近地减小直到 $z_1 = 0$。由于 $z_1 = 0$ 是式（4-33）和式（4-34）的唯一平衡点，因此 θ 在路径流形上处于平衡状态，这证明了姿态调节中的局部渐近稳定性。最终的结果是状态收敛到扰动的路径流形，其中 $z_1 = 0$、$z_2 = 0$，并且 $\theta = \theta^*$。鉴于对扰动路径流形的收敛，现在先评价得到的平衡点（e^*, θ^*, α^*），然后扩展推论 1 以证实新平衡点的渐近稳定性。

表 4-1 $k_1 = 1$ 时平衡点 (z_1, θ) 的数值解（对于 $[v_r$（单位为 m/s），κ_r（单位为 m^{-1}）] 参考情况 A 为 $[0.5v_{max}, 0.33\kappa_{max}]$，B 为 $[0.75v_{max}, 0.75\kappa_{max}]$，C 为 $[0, 0.33\kappa_{max}]$。其中，$v_{max} = 0.5$，$\kappa_{max} = 3$）

参考情况	ε	z_1^*/m	θ^*/rad	λ_1	λ_2
A	1×10^{-1}	7.91×10^{-4}	-0.0796	0.996	3.14
A	1×10^{-6}	7.78×10^{-9}	-2.50×10^{-4}	1	999.9
A	1×10^{-12}	0	-9.16×10^{-11}	1	1.06×10^{6}
B	1×10^{-1}	0.0173	-0.305	0.892	2.81
B	1×10^{-6}	1.21×10^{-7}	-8.02×10^{-4}	1	1.05×10^{3}
B	1×10^{-12}	1.42×10^{-15}	8.72×10^{-8}	1	1.75×10^{6}
C	1×10^{-1}	0	-0.0791	0.996	0
C	1×10^{-6}	0	-2.50×10^{-4}	1	0
C	1×10^{-12}	0	-5.82×10^{-10}	1	0

推论 4 系统渐近稳定到一个新的平衡点 $(e^*, \theta^*, \alpha^*)$，其可通过应用控制定律式（4-12）和式（4-29）任意接近原点。

证明： 如定理 2 和定理 3 以及推论 3 所示，闭环系统的平衡点 $(e^*, \theta^*, \alpha^*)$ 位于扰动路径流形式（4-30）上，有

$$e^* = r\sqrt{2}\sqrt{1 + \varepsilon - \cos(2\theta^*)}, \theta^* = -\alpha^* \qquad (4\text{-}43)$$

从而避免了原点的奇异性问题。使用式（4-24），可以得到

$$e^* = -\frac{2v_r}{\dot{\phi}_r}\sin\theta^* \qquad (4\text{-}44)$$

求解式（4-43）和式（4-44）的同时线性化，可得到

$$e^* = \frac{r\sqrt{2\varepsilon}}{\sqrt{1 - (r\kappa_r)^2}}, \alpha^* = -\theta^* = \frac{r\kappa_r\sqrt{\varepsilon}}{\sqrt{2(1 - (r\kappa_r)^2)}} \qquad (4\text{-}45)$$

其中，因为 $r = 1/\kappa_{max}$ 和 $|\kappa_r| < \kappa_{max}$，故 $|r\kappa_r| < 1$。该结果表明闭环系统的平衡点被扰动到任意小 ε 的原点的任意小邻域。

给出 $\hat{\theta} = \theta - \theta^*$ 和 $\hat{\alpha} = \alpha - \alpha^*$ 证明了状态渐近收敛到 $(e^*, \theta^*, \alpha^*)$。然后，得到 $z_2 = \theta + \alpha = (\theta + \alpha) - (\theta^* + \alpha^*) = \hat{\theta} + \hat{\alpha}$ 和 $\hat{\alpha} = (\hat{z}_3 - 1)\hat{\theta}$，使得

$z_2 = \hat{z}_3\hat{\theta}$。因此，可推论 1 证明 $\hat{\theta}$ 和 $\hat{\alpha}$ 渐近收敛为零（即 $\theta \to \theta^*$ 和 $\alpha \to \alpha^*(=-\theta^*)$）。因为 $z_1 \geq 0$，可知式（4-10）和式（4-27）都有 $e \to e^*$。最后，这些结果证明了控制器渐近地将系统稳定到任意接近原点的平衡点而没有奇点。

在路径跟随和轨迹跟踪中，参考点必须是平滑的并且满足机器人的物理限制（即 $v_r < v_{max}$ 和 $\kappa_r < \kappa_{max}$），使得机器人具有足够的补偿误差的权限。对于较慢的运动基准，机器人有更大的能力赶上基准值，并且允许收敛的初始条件的范围更大。相反，较快的移动参考会导致较小的可允许初始条件集合。考虑系统的非线性，用两组参考速度的相位图来说明这一点，如图 4-6 所示。吸引区域表示可导致平衡点收敛的初始条件 $(e^*, \theta^*, \alpha^*)$。注意，对于较高的参考速度，吸引力区域较小，而对于较慢参考速度的则更大。如果初始条件不满足吸引区域，则可以通过减慢参考速度来实现轨迹跟踪或路径跟随。这样会导致吸引区域扩展以包括初始条件。然后，机器人可以足够接近轨迹，以使其能够恢复正常的速度。给定的轨迹或参考路径通常在开始时接近机器人初始条件，这通常不是问题，并且控制器可以容易地提供路径跟随和轨迹跟踪。

总而言之，通过应用控制律式（4-29）和式（4-12）到系统状态方程式（4-4），随着 $t \to \infty$，有 $(e, \theta, \alpha) \to (e^*, \theta^*, \alpha^*)$（对于足够小的 ε，可认为其约为 $(0,0,0)$），$(\dot{e}, \dot{\theta}, \dot{\alpha}) \to (0,0,0)$，$v \to v_r$，且 $\dot{\phi} \to \dot{\phi}_r$（即 $\kappa \to \kappa_r$），这保证了跟踪、调节和路径跟随功能的实现。特定初始条件和控制增益 k_1 和 k_2 满足速度和路径曲率约束的能力将在下面讨论。

4.2.3.2　初始条件的依赖性

由于基本路径几何约束的存在，必须考虑可允许的初始条件以确保在收敛到路径流形期间满足曲率边界。初始条件分为三个区域，如图 4-7 所示，基于路径流形使用 $r = 1/\kappa_{max}$。区域 3 是由 κ_{max} 定义的圆的内部，并且路径必须打破曲率约束才能渐近地收敛到路径流形。请注意，机器人无法在 $v_r = 0$ 的姿态调节中补偿 $z_1(0) = 0$ 的距离误差，因为每个式（4-29）中有 $v = 0$。因此，$z_1(0) > 0$ 是确保前向运动并且

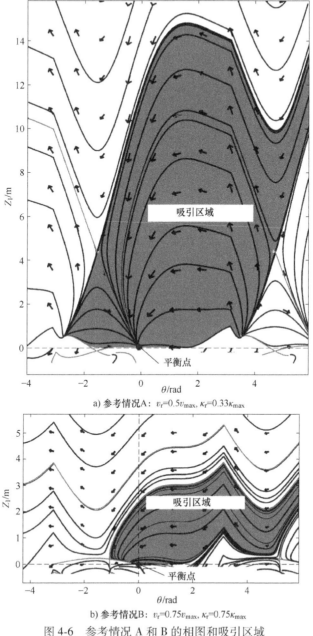

a) 参考情况A：$v_r=0.5v_{max}$，$\kappa_r=0.33\kappa_{max}$

b) 参考情况B：$v_r=0.75v_{max}$，$\kappa_r=0.75\kappa_{max}$

图 4-6　参考情况 A 和 B 的相图和吸引区域

（ $\varepsilon=1\times10^{-6}$ ，$k_1=1$ ，$v_{max}=0.5\mathrm{m/s}$ ，$\kappa_{max}=3\mathrm{m}^{-1}$ ）

在收敛到路径流形期间满足实际机器人曲率约束的必要条件。在区域2中，由于有限的转向空间，某些初始定向违反了曲率约束。在此，通过考虑最大路径曲率来估计区域2。为了保证满足任何初始方向的曲率约束，机器人必须从区域1开始。然而，根据初始方向，区域1可以大得多。此外，通过命令机器人使用中间目标姿态移动到区域1，可以容易地解决在区域2和3中出现的初始条件的问题。

还必须注意的是，当式（4-29）的分母变为零时，需要使用较大的速度指令。利用坐标变换式（4-10），可写出式（4-29）的分母，即

$$\text{den}(v) = \eta e + r\sqrt{2}\sin(2\theta)\sin(\alpha) \tag{4-46}$$

考虑到 $\text{den}(v) = 0$ 的最坏情况，可以求解 e 作为 α 和 θ 的函数，以确定这种奇点可能发生的位置，

$$e = -\frac{r\sqrt{2}\sin(2\theta)\sin(\alpha)}{\eta} = -\frac{r\sqrt{2}\sin(2\theta)\sin(\alpha)}{\sqrt{1+\varepsilon-\cos(2\theta)}} \tag{4-47}$$

如图4-7所示，基于式（4-47）的虚线提供了特定值 α 出现奇点的轨迹。通过绘制 e 作为 θ 的函数来生成轨迹，其中 $\varepsilon = 1 \times 10^{-6}$。请注意，$e$ 在 $|\alpha| = \frac{\pi}{2}$ 和 $\theta \approx 0$ 或者 $\pm\pi$ 时候最大。此外，当 θ 接近 $\pm\pi/2$ 时，e 会和 α 一起减小并变为零。因为式（4-47）的分母中存在 ε，所以在 $\theta = 0$ 或 $\pm\pi$ 处也存在非常小的区域 $e = 0$。重要的是，要注意这些位点很好地包含在区域2内，而大家知道的是这个区域可能会出现初始条件的问题。但最重要的是，控制器式（4-12）快速驱动 $\alpha = -\theta$（即 $z_2 = 0$），这导致轨迹完全收缩到区域3，如图4-7所示。但正如前面所讨论的，这些问题都可以很容易地解决。因此，该奇点问题基本上由控制器驱动系统到路径流形来解决。

4.2.3.3　k_1 和 k_2 设计的有界性

必须设计控制增益 k_1 和 k_2 以确保在收敛到路径流形期间 v 和 $\dot{\phi}$ 的有界性。一旦机器人到达路径流形式（4-6），然后控制定律式（4-29）和式（4-12）收敛到速度式（4-9），使得曲率和速度都是有界的。在该分析中假设已经指定了允许的初始条件。

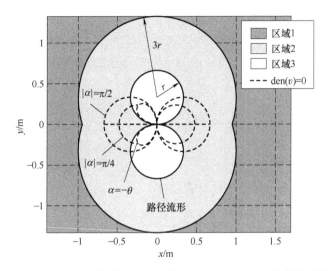

图 4-7　基于最大路径曲率的移动机器人在误差坐标中的初始位置限制

在控制器中采用固定的 k_1，在工作空间分析中观察到最大速度随着 e 的减小而增加。考虑到在较高速度下执行紧急转向操纵的物理限制，这种现象是不理想的。此外，由于速度和曲率表达式是高度非线性的，因此很难找到有界控制输入中 k_1 和 k_2 的简单闭合形式表达式。

用基于最坏情况下分析的优化技术来确定 k_1 和 k_2，以便提供有界曲率和速度。因此，在给定常数 k_1 和 k_2 的情况下，进行工作空间映射以分别找到最坏情况下产生的最大速度和曲率命令。在 $(\theta,\alpha) \approx (0.2557, -1.6047)$ 和 $\theta(0) = \alpha(0) = \pi$ 处观察到 k_1 和 k_2 的最坏情况，这里都采用了各自的最大速度命令并且需要大的方向校正。表 4-2 给出了选定的优化的 k_1 组和当最大速度作为 e 的函数出现时机器人的姿态。这些优化结果表明，k_1 位于约 $0.2 \leqslant k_1 \leqslant 0.5$ 并且与 e 的倒数成比例。因此，k_1 被确定为状态的函数，有

$$k_1 = (k_{1\max} - k_{1\min}) \left(1 - \tanh\left(\frac{g_1}{e} \right) \right) + k_{1\min} \qquad (4\text{-}48)$$

式中的 $g_1 = 1.3$、$k_{1\max} = 0.5$ 且 $k_{1\min} = 0.2$，使得 k_1 与表 4-2 所示的优化结果相关。$k_{1\min}$ 的值决定了 e 的最小收敛速率，g_1 建立了一个边界，超过这个边界 $k_{1\max}$ 将会占主导。

增益 k_2 是控制角速度和曲率命令的参数。与 k_1 类似，参数 k_2 同样基于最差情况进行优化，见表 4-3。这些结果表明 k_2 显著依赖 e。然后将 k_2 的表达式确定为状态 e 和 α 以及初始误差距离 $e(0)$ 的函数，以匹配该数据并提供有界曲率，使得

$$k_2 = 0.3\tanh\left(\frac{1}{e(0)}\right)\tanh\left(\frac{1}{2|\alpha|}\right) + 0.3\tanh\left(\frac{1}{e}\right) \quad (4\text{-}49)$$

与图 4-8a 和 c 所示的应用常数增益的情况相比，图 4-8b 和 d 所示的这些增益提高了有界性。另外，请注意，k_1 和 k_2 始终为正值，并且前面讨论的稳定性证明仍然适用。

表 4-2　为了增加 e，优化后的 k_1 值

e/m	θ/rad	α/rad	k_1
0.84	0.3092	-1.6096	0.2029
1	0.2567	-1.6048	0.2652
3	0.2136	-1.6019	0.3919
10	0.2557	-1.6047	0.4671
30	0.2556	-1.6047	0.4890
100	0.2556	-1.6047	0.4890
300	0.2556	-1.6047	0.4989

注：最大速度下的机器人姿态已被指定。

表 4-3　作为 e 的函数的最优 k_2（其中 $\theta = \alpha = \pi$）

e/m	k_2
1	0.2938
3	0.1971
5	0.1635
10	0.1192
30	0.0601
50	0.0385
100	0.0195
300	0.0054

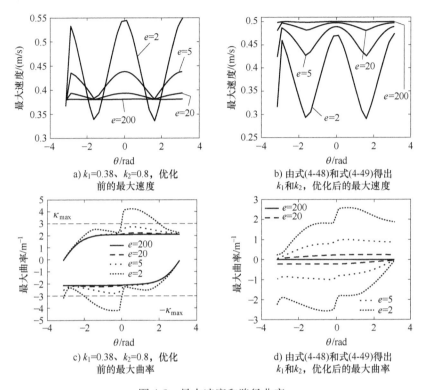

图 4-8 最大速度和路径曲率

4.2.3.4 动态扩展

由式 (4-29) 和式 (4-12) 指定的 v 和 κ 的初始值很少与机器人相匹配。这些问题可以通过引入新状态, 按照 Bacciotti 定理 19.2[94] 以级联方式扩展控制器动态特性来解决。那么有

$$\dot{v} = -k_v(v-v_D) + \dot{v}_D \qquad k_v > 0, k_c > 0$$
$$\dot{\kappa} = -k_c(\kappa - \kappa_D) + \dot{\kappa}_D \tag{4-50}$$

式中, v 和 κ 为用于命令机器人的扩展速度和曲率状态; v_D 和 κ_D 为由式 (4-29) 和式 (4-12) 建立的所需控制速度和曲率。由于动态扩展将额外的伺服环路添加到原始系统式 (4-4), 动态扩展的特征值 k_v 和 k_c 应该比原始系统的特征值快。由于 k_1 和 k_2 都很小 ($k_1 \leq 0.5$ 和 $k_2 \leq 0.3$), 只使用 $k_v = k_c = 1$。

4.2.4 控制器实现与评估

4.2.4.1 方法和步骤

在仿真和实验中，本书对基于路径流形的控制器进行了评价。通过仿真验证了该控制器满足各种初始姿态的曲率和速度约束的能力。在仿真中对姿态调节、路径跟随和轨迹跟踪进行了评估。通过工作空间扫描更精确地定义了有效初始条件的区域。

实验结果表明，该控制器适用于考虑物理约束的实际机器人。实验中考虑了姿态调节和路径跟随。高牵引地毯表面用于说明在理想情况下机器人的性能。仿真和实验结果都是基于理想的单轮运动学模型式（4-4）。如图 4-1a 所示，在实验中，首先将控制器式（4-12）和式（4-29）与式（4-50）结合应用于双轴 CFMMR，接着使用 MATLAB 和 Real-Time Workshop 以及带有 dSPACE™ 的机器人，用于快速控制原型的建立和控制器的评价。如图 4-9 所示，双轴 CFMMR 的复杂运动学模型在单轮等效坐标 O 中通过应用基于曲率的转向而简化为式（4-4），其中如本书第 2 章所述，$\psi = \psi_1 = -\psi_2$。转向角也可以通过下式数值求解：

$$\kappa = \frac{1}{r} = \frac{2\psi}{L\cos\psi} \tag{4-51}$$

给定车梁长度 L 和曲率 κ，然后可以使用在中心姿态点 O 的 v 和 $\dot{\phi}$ 求出每个轴的线速度 v_i 和角速度 $\dot{\phi}_i$ 以及车轮角速度 $\dot{q}_{i,j}$，有

$$
\begin{aligned}
v_i &= \frac{v}{\cos\psi} + \frac{(-1)^i}{6} L\psi\dot{\psi} \\
\dot{\phi}_i &= \dot{\phi} + (-1)^{i-1}\dot{\psi} \\
\dot{q}_{i,j} &= \frac{v_i + (-1)^{j-1}\dot{\phi}_i d}{r_w}
\end{aligned}
\qquad
\begin{cases}
i = 1 & \text{前轴} \\
i = 2 & \text{后轴} \\
j = 1 & \text{右轮} \\
j = 2 & \text{左轮}
\end{cases}
\tag{4-52}
$$

然后，使用基于 C/C++的 Arduino 编程语言将控制器应用于图 4-2 所示的无缆绳单轮型移动机器人，以演示微控制器的实现。有关微控制器实现的更多技术细节，如采样时间和车轮伺服控制器，请参见本书参考文献 [95，96]。

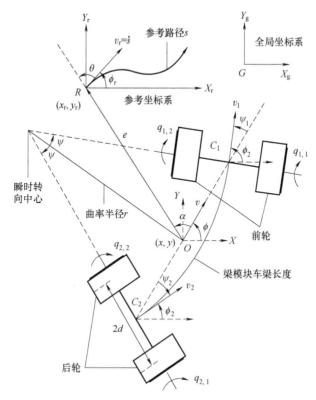

图 4-9　双轴 CFMMR 的通用运动学模型

由于关注的是理想的基于运动学的控制算法，使之可以为后面级联的动力学控制器提供参考信号，因此对于机器人动力学问题和干扰本章暂不考虑，后续章节会详细讨论。实验中，基于滤波轮编码器里程计的传统伺服型轮控制器，被用于驱动机器人。在最坏的情况下，车轮里程计直接馈入运动学控制器，而不是使用理想的运动模型。机器人最终位置是相对悬挂在机器人上方带尺度的网格获得的实际性能，并通过车轮里程计测算来估计。使用卷尺进行测量，这些位置的测量精度为±1mm。这些实验最终证明该运动学控制器对干扰也具有鲁棒性，并且还可以用于传统的伺服回路配置。

由于参考路径或轨迹生成不是本书的重点，所以实验中采用了具有常曲率的典型简单路径[83]。在路径跟随中，参考路径是 $v_r = v_{des} \tanh(0.1/$

e)，$\kappa_r = \kappa_{des}$，v_{des} 和 κ_{des} 分别表示期望的路径段速度和曲率。在轨迹跟踪中，参考轨迹为 $\dot{x}_r = v_{des}\cos(\phi_r(t))$，$\dot{y}_r = v_{des}\sin(\phi_r(t))$ 和 $\dot{\phi}_r(t) = \kappa_{des}v_{des}$。其中，$x_r(0) = y_r(0) = 0$m。

4.2.4.2 结果与讨论

图 4-10 所示的姿态调节是给定不同初始方位、具有相同初始误差距离 $e(0) = 2$m 的控制器的姿态调节响应曲线。点 O 的路径、状态、速度和曲率分别如图 4-10a ~ d 所示。这些结果证实了路径具有光滑的有界曲率，并且只需要设计向前运动即可。在最坏的情况下，曲率为 2.9m^{-1}，速度为 0.37m/s，小于 $\kappa_{max} = 3$m^{-1} 和 $v_{max} = 0.5$m/s。对于对称的正负初始方向，曲率轮廓和机器人路径相对于 x 轴对称，而速度轮廓是相同的。进一步来说，误差状态在有限时间内逼近原点的小邻域并渐近收敛到扰动平衡点。请注意，在所有情况下，z_1 和 z_2 的收敛速度都比设计的误差状态快，如图 4-10b 和 c 所示。这验证了机器人首先接近扰动路径流形，然后沿路径流形稳定误差状态，这已经在 4.2.3.1 节的定理和推论中得到了证明。

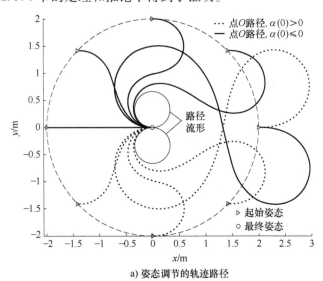

a) 姿态调节的轨迹路径

图 4-10　姿态调节 [初始条件为 $e(0) = 2$m，
$\theta(0) = \alpha(0) = \pm n\pi/4 (n = 0,1,2,3,4)$]

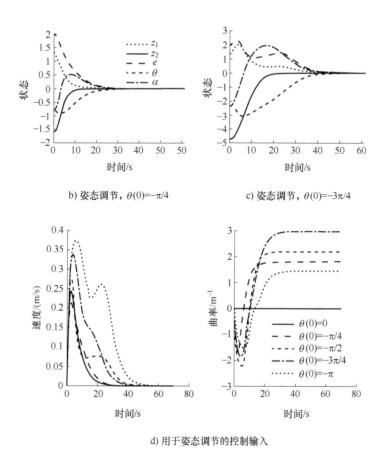

b) 姿态调节，$\theta(0)=-\pi/4$

c) 姿态调节，$\theta(0)=-3\pi/4$

d) 用于姿态调节的控制输入

图 4-10　姿态调节〔初始条件为 $e(0)=2\text{m}$，

$\theta(0)=\alpha(0)=\pm n\pi/4(n=0,1,2,3,4)$〕（续）

　　路径跟随演示了类似的平滑路径和误差状态的收敛。图 4-11 所示的针对半径为 1m 的圆形参考路径说明了路径曲率和速度的有界性。速度和曲率轮廓根据其与姿态调节类似的初始定向角度而变化。在姿态调节和路径跟随中，对于较大的初始定向误差，要求较大的速度和路径曲率。同样，在 $\alpha(0)=-\pi$ 处检测到最大速度，而在 $\alpha(0)=-3\pi/4$ 时观察到最大曲率。

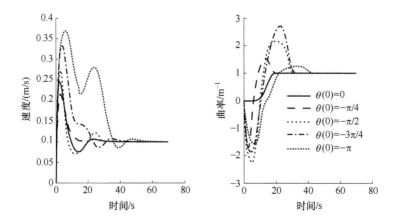

图 4-11　路径跟随情况下的控制输入 ［初始条件为 $e(0)=2\mathrm{m}$，
$\theta(0)=\alpha(0)=\pm n\pi/4(n=0,1,2,3,4)$；参考路径为 $x^2+(y-1)^2=1$，
$v_{\mathrm{des}}=0.1\mathrm{m/s}$，$\kappa_{\mathrm{des}}=1\mathrm{m}^{-1}$］

如图 4-12 所示，即使最糟糕的初始姿态 $\alpha(0)=\pi$，无论 $e(0)$ 的大小如何，速度和曲率也是有界的。然而，随着 $e(0)$ 的增加，曲率的变化是相当大的。因此，图 4-12 所示的姿态基于表 4-4 所示的数据进行了无量纲化。按照设计，最大速度时 $e(0)$ 较大，速度接近 $0.5\mathrm{m/s}$，并且保持较长的周期。对于较小的 $e(0)$ 最大速度降低约 25%，并且维持较短的时间，这样的设计对于这种紧密移动是理想的。

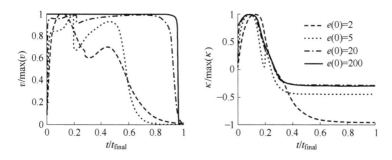

图 4-12　姿态调节：比较困难转弯的情况下的控制输入
（其中，$\theta(0)=\alpha(0)=\pi$，同时 $e(0)$ 随之增加）

表 4-4　姿态调节的仿真结果：$\theta(0) = \alpha(0) = \pi$

e/m	运行时间 t_{final}/s	$\max(v)$/(m/s)	$\max(\kappa)$/(m^{-1})
2	50	0.3735	1.5218
5	100	0.4811	0.7987
20	290	0.4960	0.2040
200	2700	0.4996	0.02

如图 4-12b 所示，无量纲曲率在无量纲时间 $t/t_{final} = 0.3$ 之前几乎相同，之后它们根据其接近路径的半径不同，而接近不同的稳态值。这种现象是由控制器引导路径渐近收敛到路径流形引起的。对于较大的 $e(0)$，最大曲率减小导致路径变长，并且需要更多的空间。因此，对于大的 $e(0)$，使用控制器来跟踪针对特定工作空间优化的路径是合适的。这里要指出的是，无论初始条件如何，即使在最糟糕的初始条件下，控制器也能很好地建立速度和曲率的界限。

表 4-5 所示的姿态是作为 ε 的函数的两个不同初始位置姿态调节的最终姿态，用于比较数值模拟和分析估计。这些结果验证了几个重要的控制器特性：（1）控制律式（4-12）和式（4-29）将 z_1 和 z_2 渐近地收敛为零，与 ε 无关，正如定理 3 所示；（2）平衡点（$e^*, \theta^*,$ α^*）随 ε 的变化而变化；（3）模拟的最终姿态与平衡点式（4-45）相同并通过在推论 4 中求解闭环系统来估算。根据表 4-1 和表 4-5 所示的分析、数值和模拟结果，$\varepsilon = 1 \times 10^{-6}$ 对于 CFMMR 足够小，所以能在实验中进一步实现。

表 4-5　姿态调节仿真中，作为 ε 的函数的最终姿态误差　[其中对于[$e(0)$,
$\theta(0), \alpha(0)$]允许的初始条件 A 为[1m, π/4rad, π/4rad]、允许的
初始条件 B 为[2m, π/4rad, π/4rad]，仿真时间 $t_f = 200$s，积分公差 1×10^{-12}]

IC	e	仿真					使用式（4-45）进行解析估计	
		z_1	z_2	$\kappa(t_f)$/m^{-1}	e^*/m	$\theta^* (=-\alpha^*)$ /rad	e^*/m	$\theta^* (=-\alpha^*)$ /rad
情况 A	1×10^{-12}	1.18×10^{-12}	0	−2.28	7.26×10^{-7}	8.27×10^{-7}	7.26×10^{-7}	8.27×10^{-7}
情况 A	1×10^{-6}	2.15×10^{-14}	0	−2.28	7.26×10^{-4}	8.27×10^{-4}	7.26×10^{-4}	8.27×10^{-4}

（续）

IC	e	仿真					使用式（4-45）进行解析估计	
		z_1	z_2	$\kappa(t_f)/\mathrm{m}^{-1}$	e^*/m	$\theta^*(=-\alpha^*)$ /rad	e^*/m	$\theta^*(=-\alpha^*)$ /rad
情况 A	1×10^{-1}	2.03×10^{-14}	0	-2.17	0.216	0.237	0.216	0.235
情况 B	1×10^{-12}	3.56×10^{-14}	0	-1.69	5.71×10^{-7}	4.84×10^{-7}	5.71×10^{-7}	4.84×10^{-7}
情况 B	1×10^{-6}	7.94×10^{-14}	0	-1.69	5.71×10^{-4}	4.84×10^{-4}	5.71×10^{-4}	4.84×10^{-4}
情况 B	1×10^{-1}	3.49×10^{-14}	0	-1.59	0.176	0.141	0.176	0.140

通过允许向后运动可以容易地消除由于难以实现的初始条件而导致的冗长迂回的路径。如4.2.1节所示，通过在I、IV象限进行坐标变换（如当 $x(0)>0$ 时）生成后向运动。具有前向和后向运动延伸工作空间指出了可行的初始条件，即区域1和2，如第4.2.3.2节所述。由于对称性，这里仅显示 $y\geqslant0$ 的区域。前向运动结果如图4-13a~b所示，而图4-13c、d给出了允许向后运动时的结果。

在前向和后向运动中，结果表明区域1实际上比最初估计的要大得多。初始条件再次在确定这些区域的大小方面扮演着重要的角色。如果机器人始终指向 $\phi(0)=\theta(0)$ 的原点，则可行的初始条件会增加，因为区域2显著减小，如图4-13b和d所示。如果允许后向运动，则区域2几乎会被消除，区域1则几乎最大化，如图4-13d所示。因此，可行的初始条件的实际范围远大于图4-7所示的最初估计的范围。由于控制器渐近地收敛到路径流形，因此区域3中的任何初始条件都将违反曲率约束。如果机器人在区域3内启动，则需要在区域1中选择一个中间目标点。

当考虑使用移动参考系的轨迹跟踪时，满足速度和曲率约束的可行初始条件更复杂。工作空间映射用于说明初始条件如何受参考轨迹影响，如图4-14所示。使用具有相同的初始航向角 $\phi(0)=0$ 的线性和圆形参考基准。这些结果验证了对于具有较小路径曲率的较慢移动参考系，机器人具有更大的能够赶上基准的能力，并且允许收敛的初始条件范围更大，如第4.2.3.1节所讨论的。注意，原点的合理邻域（轨迹开始的位置）和目标后面的位置是允许的初始条件，这对于大多数现有的跟踪问题是足够的。

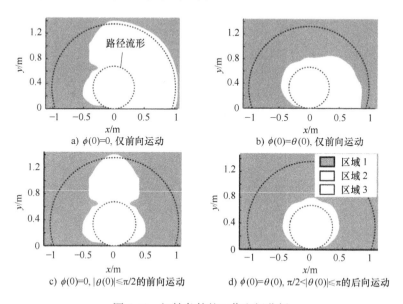

a) $\phi(0)=0$, 仅前向运动

b) $\phi(0)=\theta(0)$, 仅前向运动

c) $\phi(0)=0$, $|\theta(0)|\leqslant\pi/2$ 的前向运动

d) $\phi(0)=\theta(0)$, $\pi/2<|\theta(0)|\leqslant\pi$ 的后向运动

区域 1
区域 2
区域 3

图 4-13　初始条件的工作空间分析

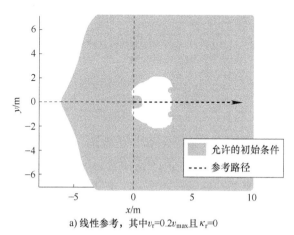

允许的初始条件

参考路径

a) 线性参考，其中 $v_r=0.2v_{max}$ 且 $\kappa_r=0$

图 4-14　轨迹跟踪仿真中的允许初始条件

$$\left[\phi(0)=0,\ v_{max}=0.5\text{m/s},\ \kappa_{max}=3\text{m}^{-1}\right]$$

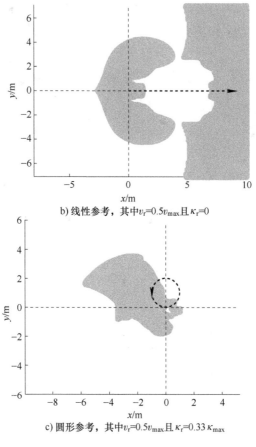

b) 线性参考，其中v_r=0.5v_{max}且κ_r=0

c) 圆形参考，其中v_r=0.5v_{max}且κ_r=0.33κ_{max}

图 4-14　轨迹跟踪仿真中的允许初始条件
$[\phi(0)=0,\ v_{max}=0.5\mathrm{m/s},\ \kappa_{max}=3\mathrm{m^{-1}}]$（续）

对于在区域 1 中具有初始条件的线性轨迹，轨迹跟踪仿真如图 4-15
和图 4-16 所示。选择点 (Q_1,Q_2,Q_3) 和 (P_1,P_2,P_3) 以显示具有良
好界定的和不理想的初始条件的性能。这些结果表明，路径、状态和
控制输入是平滑的，并且机器人能够很好地跟踪参考轨迹。这些结果
验证了控制器设计的轨迹跟踪能力（定理 3、推论 3 和推论 4）。对于
良好界定的初始条件 (Q_1,Q_2,Q_3)，控制输入按照设计具有良好界
限。但是对于不理想的初始条件 $(P_1$ 和 $P_3)$，控制输入可能会超出

所需的最大限制，如图 4-13 所示。

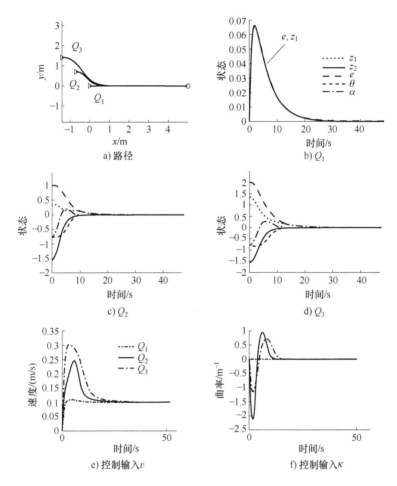

图 4-15　线性参考路径的轨迹跟踪 $[v_{des}=0.1\mathrm{m/s}$，并使用良好设定的初始条件

$[e(0),\theta(0),\alpha(0)]$，$Q_1=[\sim0,0,0]$，$Q_2=[1\mathrm{m},-\pi/4\mathrm{rad},-\pi/4\mathrm{rad}]$，

$Q_3=[2\mathrm{m},-\pi/4\mathrm{rad},-\pi/4\mathrm{rad}]$

为了解决在轨迹跟踪中发现的初始条件问题，可以将参考轨迹设计为缓慢移动，直到机器人接近参考的小邻域。结果，在该接近阶段期间的初始轨迹变为类似姿态调节的初始轨迹，其中需要区域 1 中的

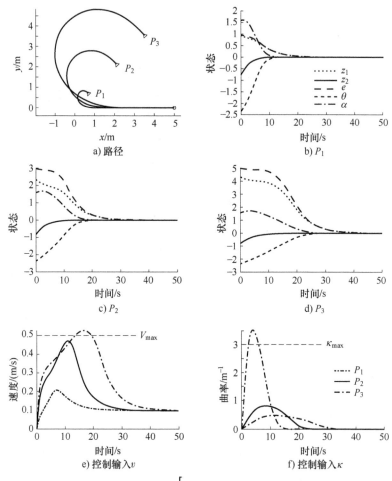

图 4-16 线性参考路径的轨迹跟踪 $\left[\, v_{\mathrm{des}}=0.1\mathrm{m/s}\,,\right.$ 输入条件较差,固定朝向为

$$\left(\theta(0)=-\frac{4}{3}\pi\mathrm{rad},\alpha(0)=\pi/2\mathrm{rad}\right):P_1(e(0)=1\mathrm{m}),P_2(e(0)=3\mathrm{m}),P_3(e(0)=5\mathrm{m})\right]$$

初始条件以确保有界的控制输入。通过简单地将参考轨迹修改为 $\dot{x}_{\mathrm{r}}=$ $v_{\mathrm{des}}\tanh(t/30)\cos(\phi_{\mathrm{r}}(t))$,$\dot{y}_{\mathrm{r}}=v_{\mathrm{des}}\tanh(t/30)\sin(\phi_{\mathrm{r}}(t))$,可以将接近阶段包括在轨迹跟踪算法中。因此,该轨迹跟踪算法在 P_1、P_2 和 P_3 中提供有界控制输入,如图 4-17 所示。由于已经讨论了如何避免让

初始条件出现在区域 1 之外，这样便解决了主要运动控制任务中的初始条件问题。

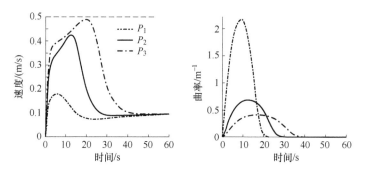

图 4-17　基于参考轨迹修正的轨迹跟踪，与图 4-16 有着
相同的初始条件 (P_1, P_2, P_3)

通过在需要高牵引力的地毯表面上使用车轮测距法获得了图 4-18 所示的实验结果，其与仿真结果相符。表 4-6 所示的误差是地毯上和沙子上的最终姿态误差，这是通过使用车轮测距和实际测量获得的。速度和曲率按设计界定。正如所预期的，根据实际测量，与需要较低牵引力的表面（沙子）相比，在需要较高牵引力的表面（地毯）上机器人获得了更好的性能。在需要较低牵引力的表面上，尽管车轮测距值一直保持较小误差，但实际的最终位置误差是增加的。这些结果证实，在需要较低牵引力的表面沙面上会发生较严重的车轮打滑，导致较大的测距误差进而导致较大的实际误差，如图 4-19 所示。此外，使用基于路径流形的控制器式（4-12）和式（4-29）来进行测试 2 和测试 3。而测试 4 和测试 5 是通过使用不同的运动控制器进行的，其初始条件与本书参考文献［62］中相同。这些结果表明，在地毯上，基于路径流形的控制器将实际距离误差 e 减少了约 28%，在沙子上减少了约 44%。误差的改进归因于减小了车轮滑移和牵引力。因此实验结果证明，基于路径流形的控制器可以提供更好的性能和更有效的运动控制。此外，基于路径流形的控制器在原点附近是具有鲁棒性的，而传统方法需要切换控制器以保证原点附近的命令值是有界的。

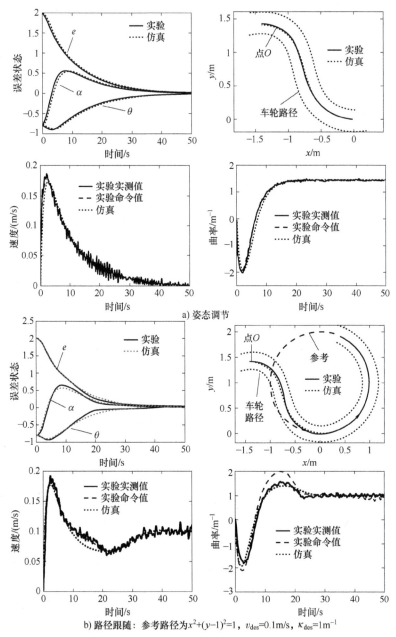

a) 姿态调节

b) 路径跟随: 参考路径为 $x^2+(y-1)^2=1$, $v_{des}=0.1\text{m/s}$, $\kappa_{des}=1\text{m}^{-1}$

图 4-18 基于车轮里程计的实验结果 [初值为 $(e,\theta,\alpha)=(2,-\pi/4,-\pi/4)$]

表 4-6 **CFMMR 在姿态调节中的基于车轮里程测量和实际测量最终姿态误差**
$\left[\right.$初始值为 $(e,\theta,\alpha)=(1.9\text{m},40°,40°)\left.\right]$

序号	表面	车轮测距值					实测值		
		$e\pm\sigma_e$ /cm	$\theta\pm\sigma\theta$ /(°)	$\alpha\pm\sigma\alpha$ /(°)	Max(v) /(m/s)	Max(κ) /m⁻¹	$e\pm\sigma_e$ /cm	$\theta\pm\sigma\theta$ /(°)	$\alpha\pm\sigma\alpha$ /(°)
1	仿真	0.0	0.0	0.0	0.19	1.1	—	—	—
2	地毯	2.4± 0.7	0.4± 0.2	-0.4± 0.2	0.16	1.7	7.7± 1.6	133.0± 3.7	133.0± 3.7
3	沙子	1.0± 0.6	-2.7± 4.0	-2.8± 4.2	0.15	2.5	13.9± 4.6	-34.8± 17.9	20.2± 11.1
4	地毯	—	—	—	—	—	10.7± 0.7	139.6± 1.0	148.5± 1.0
5	沙子	—	—	—	—	—	24.8± 9.7	134.7± 4.3	145.6± 6.2

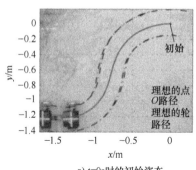

a) t=0s时的初始姿态

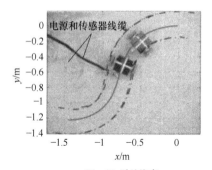

b) t=12s时的姿态

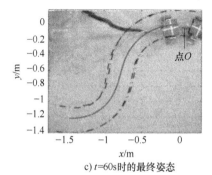

c) t=60s时的最终姿态

图 4-19 在沙子上进行姿态调节实验的连续快照
$\left[\right.$初始值为 $(e,\theta,\alpha)=(1.9\text{m},40°,40°)\left.\right]$

图 4-20 所示的实验结果显示了使用廉价的微控制器对单轮模型机器人进行姿态调节后得到的实际轨迹路径。机器人从给定的初始姿态 $P_0(x_0,y_0,\phi_0)=(0\mathrm{m},0\mathrm{m},90°)$ 稳定到几种不同的最终姿态 P_i。对于所有设计的场景，实现了有限时间的平滑路径收敛并很好地满足了物理约束。如上所述，最终姿态误差严重依赖初始和表面条件。特别是，最后的距离误差 $e(t_f)\approx1.1\mathrm{cm}$ 是通过最终姿态 $P_4(2\mathrm{m},0\mathrm{m},-90°)$ 测量的。这些实验结果验证了具有相对有限能力的微控制器能够用于解决运动控制问题而不损失控制性能。

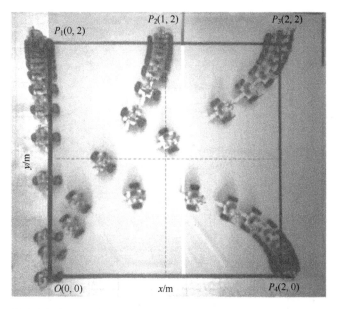

图 4-20　带有微控制器的单轮模型机器人的姿态调节［使用初始姿态 $O(x_0,y_0,\phi_0)=$
（$0\mathrm{m},0\mathrm{m},90°$）和几个最终姿态 $P_1(0\mathrm{m},2\mathrm{m},90°)$、$P_2(1\mathrm{m},2\mathrm{m},90°)$、
$P_3(2\mathrm{m},2\mathrm{m},90°)$ 以及 $P_4(2\mathrm{m},0\mathrm{m},-90°)$ 来稳定机器人］

这里给出的控制算法在执行姿态调节、路径跟随和轨迹跟踪的同时，涉及各种初始条件的物理约束。同样要注意的是，实验中的所有误差状态渐近地收敛到零，这意味着机器人会收敛到原点或沿平滑路径跟随参考轨迹。这些结果验证了本节的控制算法对姿势调节和路径

跟随，特别是当机器人的动力学被忽略时，都是有效的。对于姿态调节和路径跟随，尽管由于车轮间隙和伺服环动态特性会产生更多的噪声，但线速度和路径曲率分别受到 v_{max} 和 κ_{max} 的限制。最终，该运动学控制器可用于为稳定的动力学控制器提供理想的参考输入，以减少实验中的错误。但最重要的是，注意到本章介绍的运动学控制器提供了满足物理约束的曲率和速度指令，即使对于非理想的传感器系统和基本的伺服型动力学控制器也是如此。

4.3　多轴机器人的控制

本节将讨论考虑系统物理约束的协作多机器人系统的运动控制，因此提出了分布式主从控制法则，以提供能够满足多轴 CFMMR 物理约束的速度和曲率命令。这里还设计了转向指令来最小化蠕动式运动中的牵引力或最小化侧向蜿蜒所需的工作空间。

研究文献介绍的大多数多机器人采用了非柔性或铰接的元件来实现模块化。一些蛇形机器人使用多个轮式模块来模仿蛇的运动。这些蛇形机器人通常使用主动或被动铰接接头连接的主动轮或被动轮。CFMMR 可以代表主动轮被动关节机器人。这些机器人的控制使用基于正弦函数的路径规划前馈，或者通过远程人工操作方式。本节给出的分布式闭环运动学控制算法，也可以用于协调考虑物理约束的柔性蛇形机器人。

串联式的卡车-拖车系统也可以被视为与 CFMMR 类似的主动轮和被动式接头。这些系统的运动规划可以追溯到 20 世纪 90 年代，当时的重点是运输和行李处理问题[97]。这些系统使用拖拉机来拉动具有固定几何特性且仅具有被动行为的拖车。这些系统允许将运动方程转换为链式形式，并通过一系列离散动作来轻松控制[75]。与 CFMMR 类似，一些消防车在拖车的后轴上增加额外的转向输入以改善机动性，但由于消防车的几何特性是固定的，所以仍然可以使用链式形式进行规划。由于系统的不同几何特性，在如 CFMMR 的柔性耦合系统中，这种转换是不可能的。与前面提到的前馈运动规划研究相比，本书主要关注闭环无漂移运动控制。

在用于多体自主机器人及如 n 个挂车的铰接式车辆的路径跟随中，传统方法集中于车辆的理想中心点到路径（如前轴或后轴的中点或中间关节）的收敛。然而，这种方法导致了机器人其他部分偏离跟踪误差[98]。Altafini 考虑 n 个挂车的多轴距离误差而不是单个距离误差[99]。然而由于在被动转向机构中仅允许一个转向输入，这一方法仍然会产生偏离跟踪。相比之下，具有主动转向机构的蛇形机器人可以提供理想的跟踪，但它们需要复杂的控制。本节将介绍主动轮被动关节机器人的闭环运动学运动控制，并解决路径收敛的问题。

在主从控制结构中，作为全局主控器，机器人的第一轴通常会引导机器人的运动。作为局部从动机构，其他车轴随后在遵守运动学和动力学约束的同时跟踪其主动轴。许多研究人员用于为多个移动机器人提供运动规划的"领队-跟随"技术也类似该主从结构[100,101]。再次说明，其最显著的区别是 CFMMR 的轴模块是柔性耦合的。在这类比较典型的研究中[100,101]，机器人没有物理连接，而且只要避免碰撞，机器人之间的相对距离和转向角度就可能发生很大变化。在 CFMMR 和其他蛇形机器人中，其关键是考虑几何约束且必须结合到从控制器中。因此，本书提出考虑这些约束的分布式运动控制算法。该分布式方法减少了计算负担并降低了控制器的复杂性，且已根据"领队-跟随"技术进行了验证[101]。

领队-跟随技术也被用于多机器人操纵，其应用领域包括移动机械手臂[102,103]和移动机器人[104,105]，为了承载有效载荷，其机身部分也为柔性的。在本书参考文献［55］中，完整轮用于机器人之间的简单几何关系，并且跟随部分可以容易地跟踪领队部分的运动。本书参考文献［103］通过主动控制复杂的连锁系统来提供柔性。与 CFMMR 相似，非完整车轮被用于上述大部分研究中。这些研究人员中的大多数都努力通过在操纵其有效载荷的同时在系统中引入柔性来最小化耦合相互作用，而本节将最小化考虑了物理限制和耦合相互作用的柔性力。虽然上述大多数研究使用了开环控制，但在本书参考文献［102，103］中，提出了针对一些移动机械手臂的闭环运动控制。在这些操纵器中，上层轨迹规划用于为每个移动基础模块提供参考轨迹，然后应用较低级别的运动控制器来跟踪该轨迹。可采用比例控制器[103]和时变稳定控制器[102]作为下位控制器。

在该分布式主从控制结构中，运动学控制器被用于解决典型的运动控制问题。在相关算法中，任何单轮模型机器人衍生的控制器都可以用作全局主控制器，但重要的是，控制器需要考虑物理限制。如前所述，在过去几十年中已经提出了许多运动控制方案来解决单轮模型机器人的非完整约束。然而，传统上速度饱和被用来考虑物理限制的方法，使得它们的方法仅限于姿态调节，且不能保证有界路径曲率。注意，4.2 节的基于路径流形的控制律可以解决轮式移动机器人的运动控制问题，同时满足以速度和曲率限制为特征的物理约束。因此，为了满足物理约束，本节将采用基于路径流形的控制器作为全局主控制器。

然后，在考虑运动学和物理约束的时候，从属部件会跟随主要部件。同时，为了协调车轴和车梁模块的控制，这里提出了两种转向算法来指定从动控制器的转向角。基本的蠕动式转向被提出来使得运动控制中所需的车轮牵引力最小化，并最终将机器人配置收敛到由主控制器执行的路径。随后，还提出了扩展的类蠕动和类侧向转向算法，以展示沿直线对齐的最终姿态的姿态调节。扩展蠕动控制器在基本蠕动控制器上增加了一个接近段，使得它以最小的力提供附加的完整姿态调节能力，但其需要更大的工作空间。侧向蜿蜒控制器也提供全姿态调节能力，但是需要较小的工作空间和较高的牵引力。最重要的是，这里将重点放在闭环运动控制，以配合蛇形构型中柔性耦合的轴运动，并为后续级联的动力学控制器提供参考指令，而其他研究人员则仅更关注动力学控制以最小化柔性影响。

4.3.1 运动学模型

首先，建立同时考虑柔性梁和非完整约束的 n 轴（即多轴）CFMMR 运动学模型。图 4-21 给出了 n 轴 CFMMR 的通用转向运动学模型。表 4-7 总结了轴 i 和梁 i-1 的所有符号。使用基于单轮模型[69]的极坐标表示，轴 $i(i=1,\cdots,n)$ 的运动学方程为

$$\dot{e}_i = -v_i\cos\alpha_i + v_{\mathrm{r},i}\cos\theta_i$$

$$\dot{\theta}_i = v_i\frac{\sin\alpha_i}{e_i} - v_{\mathrm{r},i}\frac{\sin\theta_i}{e_i} - \dot{\phi}_{\mathrm{r},i} \qquad (4\text{-}53)$$

$$\dot{\alpha}_i = v_i\frac{\sin\alpha_i}{e_i} - v_{\mathrm{r},i}\frac{\sin\theta_i}{e_i} - \dot{\phi}_i$$

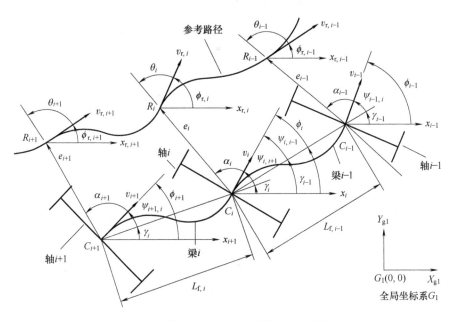

图 4-21　n 轴 CFMMR 的通用转向运动学模型

表 4-7　机器人运动学的符号表示

变量	描　述	变量	描　述
e_i，θ_i，α_i	轴 i 的距离和方向误差	x_i，y_i	车轴 i 位置
v_i	前向轴 i 速度	ϕ_i	轴 i 方向角
$\psi_{i-1,i}$	车轴 i-1 相对于车轴 i 的转向角	$L_{\mathrm{f},i-1}$	缩短的第 i-1 坐标系的长度
$\psi_{i,i-1}$	车轴 i 相对于车轴 i-1 的转向角	γ_{i-1}	相对第 i-1 坐标系的方向

使用图 4-21 所示的符号，下标 i 表示轴 i，v_i 表示坐标系的速度，C_i 相对于固定的全局坐标 G_1 以航向角 ϕ_i 移动。本节将重点放在沿着没有尖点的路径上的前向运动，以简化和平稳调节。下标 r 表示参考姿态的参考系。因此，$v_{r,i}$ 和 $\phi_{r,i}$ 和分别是参考坐标系 R_i 的参考速度和航向角。角速度可以描述为路径曲率 κ 和线性速度 v 的函数，这样分别得到 $\dot{\phi}_i = v_i \kappa_i$ 和 $\dot{\phi}_{r,i} = v_{r,i} \kappa_{r,i}$。极性坐标下的误差状态定义为

$$
\begin{aligned}
e_i &= \sqrt{(x_i - x_{r,i})^2 + (y_i - y_{r,i})^2} \\
\theta_i &= \arctan\left(\frac{-(y_i - y_{r,i})}{-(x_i - x_{r,i})}\right) - \phi_{r,i} \qquad (4\text{-}54) \\
\alpha_i &= \theta_i - \phi_i + \phi_{r,i}
\end{aligned}
$$

式中，x_i 和 y_i 为连接到点 C_i 的移动坐标系的笛卡儿坐标。参考位置 $(x_{r,i}, y_{r,i})$ 连接到移动参考系 R_i。参考坐标系可被认为是虚拟机器人，其继承真实机器人的运动学以产生逼真的参考轨迹。

为了描述每个梁模块的前轴和后轴之间的相对姿势，除了 (e, θ, α) 之外，还引入相对梁方向 γ 作为新的状态变量。因此，在轴 $i-1$ 和轴 i 之间定义 $\gamma_{i-1} (i = 2, \cdots, n)$，有

$$
\gamma_{i-1} = \arctan\left(\frac{y_{i-1} - y_i}{x_{i-1} - x_i}\right) \qquad (4\text{-}55)
$$

观察图 4-21 所示的速度关系，γ_{i-1} 的状态方程为

$$
\dot{\gamma}_{i-1} = \frac{v_{i-1}\sin\psi_{i-1,i} - v_i\sin\psi_{i,i-1}}{L_{f,i-1}} \qquad (4\text{-}56)
$$

式中，$\psi_{i-1,i}$ 为轴 $i-1$ 相对于轴 i 的转向角；$\psi_{i,i-1}$ 为反过来定义的转向角；$L_{f,i-1}$ 为由于梁的弯曲，轴 $i-1$ 和轴 i 之间缩短的梁长度。通过应用前面章节提到的缩短效应概念[43]，可以得到

$$
L_{f,i-1} = L\left(1 - \frac{2\psi_{i-1,i}^2 - \psi_{i-1,i}\psi_{i,i-1} + 2\psi_{i,i-1}^2}{30}\right) \qquad (4\text{-}57)
$$

式中，L 为未变形的梁的长度。此外，考虑图 4-21 所示的中轴 i 和轴 $i-1$ 模块的航向和转向角，有

$$\psi_{i-1,i} = \phi_{i-1} - \gamma_{i-1} = \theta_{i-1} + \phi_{r,i-1} - \alpha_{i-1} - \gamma_{i-1}$$

$$\alpha_i = \theta_i - \phi_i + \phi_{r,i} = \theta_i + \phi_{r,i} - \psi_{i,i-1} - \gamma_{i-1} \qquad (4\text{-}58)$$

$$\phi_i = \gamma_{i-1} + \psi_{i,i-1}$$

参照式（4-53）和式（4-56）并应用式（4-58），整个系统的运动学状态方程可以表示为

$$\dot{\boldsymbol{q}}_i = \boldsymbol{F}_i(\boldsymbol{q}_i) + \boldsymbol{G}_i(\boldsymbol{q}_i, \boldsymbol{u}_i) \qquad i = 1, \cdots, n \qquad (4\text{-}59)$$

式中的状态和控制输入分别由 $\boldsymbol{q}_i = [e_i, \theta_i, \alpha_i, \gamma_{i-1}]^{\mathrm{T}}$，和 $\boldsymbol{u}_i = [\kappa_i, v_i, \psi_{i,i-1}]^{\mathrm{T}}$ 表示，并且 $\gamma_0 = \kappa_0 = v_0 = \psi_{10} = 0$。如式（4-53）和式（4-56）所示，$\boldsymbol{F}_i$ 和 $\boldsymbol{G}_i$ 是高度非线性的。

4.3.2 控制律

为了解决考虑物理约束的 CFMMR 的主要运动控制任务，这里提出了一种分布式控制律。首先，设计得到了轴 1 主控制器，然后考虑柔性梁施加的速度约束，将用从属轴控制器来协调其他轴的运动。

4.3.2.1 轴 1 上的全局主控制器

在主从控制方案中，轴 1 独立于其他模块而作为全局总控来进行操纵。因此，轴 1 仅可由熟知的单轮运动模型式（4-4）或式（4-53）来描述。之前，基于路径流形的控制器式（4-12）和式（4-29）是根据单轮模型机器人的物理约束推导出来的。在该算法中，圆形路径流形沿着满足曲率约束的弯曲路径引导机器人进入轨迹或姿态。因此，这种基于路径流形的控制器用于引导全局主控制器的运动，现在由轴 1 表示：

$$v_1 = \frac{v_{r1} e_1 \eta_1 \cos\theta_1 + v_{r1} r\sqrt{2}\,(\sin\theta_1 + \kappa_{r1} e_1)\sin 2\theta_1 + k_1 e_1 \eta_1 \tanh(e_1 - r\eta_1\sqrt{2})}{e_1 \eta_1 + r\sqrt{2}\sin 2\theta_1 \sin\alpha_1}$$

$$\kappa_1 = \frac{k_2 \tanh(\theta_1 + \alpha_1) + 2\dot{\theta}_1 + \dot{\phi}_{r1}}{v_1} \qquad (4\text{-}60)$$

注意，$\eta_1 = \sqrt{1 - \cos 2\theta_1 + \varepsilon}$，是一个任意小的扰动，如 4.2.2 节所述 r 是圆形路径流形的半径。因此，由定理 2 和定理 3 及 4.2.3.1 节的推论 3 可知，轴 1 沿路径流形渐近收敛到原点或参考轨迹，使得随着 $t \to \infty$，有 $v_1 \to v_{r1}$，$\dot{\phi}_1 \to \dot{\phi}_{r1}$（即，$\kappa_1 \to \kappa_{r1}$），且 $(e_1, \theta_1, \alpha_1) \to (0, 0, 0)$。

另请注意，CFMMR[69] 的物理约束先前已确定为 $\kappa_{max} = 3m^{-1}$，$v_{max} =$ 0.5m/s，和 $\dot{\phi}_{max} = 1.5rad/s$，因此得到 $r = 1/\kappa_{max} = 0.33m$。然后通过 $k_1 = 0.3[1-\tanh(1.3/e_1)]+0.2$ 和 $k_2 = 0.3\tanh(|\alpha_1|/2)/(e_1(0)+\varepsilon)+$ $0.3\tanh(1/e_1)$ 来写入控制增益式（4-48）和式（4-49），并且 $k_1 =$ $0.3\left[1-\tanh\left(\dfrac{1.3}{e_i}\right)\right]+0.2$，$k_2 = 0.3\tanh(|\alpha_1|/2)/(e_1(0)+\varepsilon)+0.3\tanh(1/$ $e_1)$，同时它们被调整以确保在收敛到路径流型期间的有界速度和曲率。本书还应用动态扩展方程式（4-50）来匹配机器人由式（4-60）指定的初始值和控制输入 v 和 κ。有关该控制律推导和证明的更多细节见 4.2.3.1 节。

4.3.2.2　轴 $i(i=2,\cdots,n)$ 上的从属控制器

下面推导一般的从属控制器，使得轴 i 跟踪轴 $i-1$，其最终全部跟踪主轴轨迹。从属控制器基于轴 $i-1$ 的运动，柔性梁施加的几何约束和转向命令为轴 i 提供速度命令。因此，使用在 n 轴 CFMMR 中的广义坐标来扩展在[62]中引入的速度约束。

轴和柔性梁的运动必须满足联轴器施加的边界条件。基于柔性梁缩短效应方程式（4-57）和转向方程式（4-58），柔性梁的相对正向速度和角速度描述可为

$$\dot{L}_{f,i-1} = \frac{L}{30}\left[\dot{\psi}_{i-1,i}(\psi_{i-1,i}-4\psi_{i,i-1})+\dot{\psi}_{i,i-1}(\psi_{i-1,i}-4\psi_{i-1,i})\right] \tag{4-61}$$

$$\dot{\phi}_i - \dot{\phi}_{i-1} = \dot{\psi}_{i,i-1} - \dot{\psi}_{i-1,i}$$

考虑到边界条件，有

$$v_{i-1}\cos\psi_{i-1,i} - v_i\cos\psi_{i,i-1} = \dot{L}_{f,i-1} \tag{4-62}$$

使用式（4-61）和式（4-62），可以很容易地确定轴 i 的速度 v_i 和 $\dot{\phi}_i$ 来作为 v_{i-1} 和 $\dot{\phi}_{i-1}$ 以及转向角的函数。因此，每个轴的从属控制器指定 v_i 和 κ_i 为

$$v_i = \frac{\left[30v_{i-1}\cos(\psi_{i-1,i})+(4\psi_{i-1,i}-\psi_{i,i-1})L\dot{\psi}_{i-1,i}+(4\psi_{i,i-1}-\psi_{i-1,i})L\dot{\psi}_{i-1,i}\right]}{30\cos(\psi_{i,i-1})}$$

$$\kappa_i = \frac{\dot{\phi}_i}{v_i} = \frac{\dot{\phi}_{i-1}+\dot{\psi}_{i,i-1}-\dot{\psi}_{i-1,i}}{v_i} \tag{4-63}$$

基于 4.3.3 节得出转向指令，用 $\psi_{i,i-1}$ 来进一步减小牵引力并确保稳定性。

4.3.3　转向算法

本节介绍两种转向算法，用于在特定机器人构型形状下协调从属轴，使得牵引力最小化并确保稳定性，同时能跟踪主轨迹。请注意，转向命令指定了柔性梁的偏转和方位，如式（4-56）~ 式（4-58）所示。因此，可以通过在从属控制器方程式（4-63）中指定转向命令来实现机器人构型形状。基本蠕动类转向算法将首先在 4.3.3.1 节中提出，以提供有效的主跟踪能力，同时最小化所需的车轮牵引力。为实现这一目标，在考虑柔性梁偏转的情况下评估牵引力，并将其最小化。然后在 4.3.3.2 节介绍扩展的类似蠕动和侧向蜿蜒式转向算法，以展示沿直线对齐的最终姿态的姿态调节。扩展蠕动控制器为基本蠕动控制器增加了一个接近段，使其能够以最小的力提供额外的完整姿态调节能力，但其需要更大的工作空间。侧向蜿蜒控制器能提供完整的姿态调节功能，但需要更小的工作空间并且牵引力更高。

4.3.3.1　基本蠕动式转向算法

基本类似蠕动的转向类似于蛇的蠕动式运动，以提供有效的主跟踪能力，同时最小化车轮牵引力。转向指令 $\psi_{i,i-1}$ 用于协调后续轴模块的转向角，但会严重影响牵引力。由于可允许的转向指令受到可用车轮牵引力的物理限制，首先需要评估车梁施加的牵引力；然后提出一个转向命令来最大限度地减少最大所需牵引力。由此，可通过将该转向命令用于从属控制器式（4-63）来实现基本的蠕动式转向算法。进一步地，还证明了该算法中机器人构型收敛于恒定曲率路径或可跟踪由平衡转向角描述的路径。

4.3.3.1.1　牵引力

现在将车轮牵引力表示为转向角的函数。考虑到柔性梁的动态可忽略不计，可以考虑车梁反作用力和准静态平衡中的偏转来评估在柔性梁上施加边界条件所需的牵引力。图 4-22 给出了准静态平衡中车梁和轴模块的自由体图和边界条件。车梁的横向反作用力 R 和力

矩 M 可以确定为转向角的函数，将图 4-22a 所示的边界条件应用于弹性理论，可以得到

$$\begin{bmatrix} M_{i-1,i} \\ M_{i,i-1} \end{bmatrix} = \frac{2EI}{L} \begin{bmatrix} 2 & 1 \\ -1 & -2 \end{bmatrix} \begin{bmatrix} \psi_{i-1,i} \\ \psi_{i,i-1} \end{bmatrix}$$

$$R_{i-1,i} = -R_{i,i-1} = \frac{M_{i,i-1} - M_{i-1,i}}{L} \tag{4-64}$$

式中的机器人参数如下：弹性模量 $E = 2.10 \times 10^{11} \mathrm{Pa}$，弯曲轴截面惯性矩 $I = 1.5 \times 10^{-12} \mathrm{m}^4$，车梁长度 $L = 0.366\mathrm{m}$，半轴长度 $d = 0.183\mathrm{m}$。接着使用这些力和力矩计算轴 i 上的力矩和反作用力 $F_{\mathrm{M},i}$ 和 $F_{\mathrm{R},i}$（$i = 1, \cdots, n$）。在轴 i 上施加力和力矩平衡，如图 4-22b 所示，得到

$$F_{\mathrm{M},i} = \frac{M_{i,i+1} - M_{i,i-1}}{2d} (\hat{x}_{i-1} \cos\psi_{i,i-1} + \hat{y}_{i-1} \sin\psi_{i,i-1})$$

$$F_{\mathrm{R},i} = 0.5 [R_{i,i+1} \sin(\psi_{i,i-1} - \psi_{i,i+1})] \hat{x}_{i-1} + \tag{4-65}$$

$$0.5 [R_{i,i-1} + R_{i,i+1} \cos(\psi_{i,i-1} - \psi_{i,i+1})] \hat{y}_{i-1}$$

其中边界条件是 $M_{1,0} = M_{n,n+1} = R_{1,0} = R_{n,n+1} = 0$，$\psi_{10} = \psi_{12}$，$\hat{x}_0 = \hat{x}_1$，和 $\hat{y}_0 = \hat{y}_1$。注意，与双轴机器人相比，n 轴机器人中的耦合相互作用更加复杂，如式（4-65）所示的反作用力。此外，作用在轮胎上的牵引力是这些反作用力的结果 $F_{\mathrm{T},i} = F_{\mathrm{R},i} \pm F_{\mathrm{M},i}$。考虑到每个车轴上的净牵引力，理想情况下需要最大车轮牵引力为

$$F_{\mathrm{T}}^{\max} = \max(\|F_{\mathrm{R},i} \pm F_{\mathrm{M},i}\|_2; i = 1, \cdots, n) \tag{4-66}$$

式中的 - 和 + 分别代表左右轮。

4.3.3.1.2　最小牵引力的转向比

本书第 2 章应用转向比作为一个简单的度量标准，定义了运动过程中双轴 CFMMR 的转向形状。类似地，这里引入转向比 a_{i-1} 来描述转向命令 $\psi_{i,i-1}$，其为转向角 $\psi_{i-1,i}$ 的函数，有

$$\psi_{i,i-1} = a_{i-1} \psi_{i-1,i} \tag{4-67}$$

同样需要注意，通过将该转向命令应用于从属控制器式（4-63）来实现转向算法。在双轴 CFMMR 中，将 $i = 1, 2$ 应用于式（4-64）~式（4-66），$F_{\mathrm{T}}^{\max}$ 成为 ψ_{12} 和 $\psi_{21}(= a\psi_{12})$ 的函数，使得在给定转向角

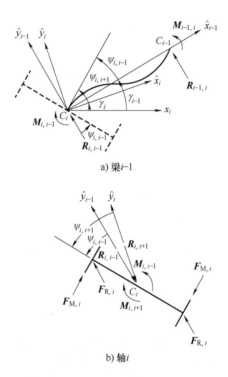

a) 梁i-1

b) 轴i

图 4-22　作用在梁 i-1 和轴 i 模块上的反作用力和力矩

ψ_{12}的情况下，可以容易地确定转向比来使 $F_T^{\max}$ 最小化。因此，如本书第 2 章所述，通过 $a=-1$ 的转向使所需的牵引力最小化并提供有效的机动性和转向能力。

现在，确定转向比以使 n 轴 CFMMR 中的牵引力最小化。注意，$F_T^{\max}$ 是分段连续的，$F_{T,i}^{\max}$ 是两个相邻转向角 $\psi_{i-1,i}$ 和 $\psi_{i,i+1}$ 以及每个式（4-64）~式（4-66）的转向命令 $\psi_{i,i-1}$ 的函数。因此，与双轴机器人相比，很难解析地找到这些转向比。然而，应用优化技术，可以很容易地建立转向比，从而在给定的转向工作空间中提供最小的 $F_T^{\max}$，如图 4-23 所示。得到的最佳转向比 a^* 几乎一致按照近似平均值为-1 分布。具体来说，当轴模块具有相同的转向角（$\psi_{i,i+1}=\psi_{i-1,i}$）时，$a^*=-1$，这是机器人与恒定曲率路径对齐的情况。图 4-23 中，a_1 在 $\psi_{12}=0$ 时是不连续的，因为对于每个式（4-67），a_{i-1} 在 $\psi_{i-1,i}=0$ 和

$\psi_{i,i-1} \neq 0$ 时定义不明确。然而，在小转向角下，牵引力相当小，更重要的是，对于力可能变大的大转向角，仍然有 $a^* \approx -1$。因此，为简单起见，假设所有转向角都为 $a^* \approx -1$。可以通过将 $a_{i-1} = -1$ 应用于有关力矩和力的式（4-64）~式（4-65）来评估该决定的效果。这样可以得到

$$M_{i-1,i} = M_{i,i-1} = \frac{2EI}{L}\psi_{i-1,i}, R_{i,i-1} = R_{i-1,i} = 0, \boldsymbol{F}_{R,i} = \boldsymbol{0}$$

（4-68）

$$\boldsymbol{F}_{M,i} = \boldsymbol{0} \text{ 除了 } \|\boldsymbol{F}_{M,1}\|_2 = \frac{EI}{Ld}|\psi_{1,2}| \text{ 和 } \|\boldsymbol{F}_{M,n}\|_2 = \frac{EI}{Ld}|\psi_{n-1,n}|$$

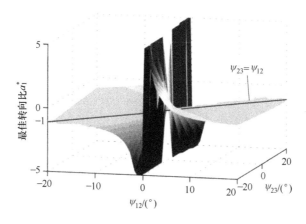

图 4-23　作为转向角函数的最佳转向比 a_1^*

请注意，当 $a = -1$ 时，牵引力仅作用于第一个和最后一个轴。因此，最大牵引力式（4-66）可表示为

$$F_T^{max}(a = -1) = \max(\|\boldsymbol{F}_{M,1}\|_2, 0, \cdots, 0, \|\boldsymbol{F}_{M,n}\|_2)$$

$$= \frac{EI}{Ld}\max(|\psi_{1,2}|, |\psi_{n-1,n}|)$$

（4-69）

考虑到车轮和车轮之间以及车轮和车梁之间的干涉，可以确定转向角限制 $|\psi| \leq 0.637\text{rad}$（即 $36.5°$）。每当式（4-69）成立，当 $a = -1$ 时，可以得到 $F_T^{max} \leqslant 3.35N$。

为了进一步评估在 n 轴 CFMMR 中设置为 $a = -1$ 的效果，将 F_T^{max} 表示为几个使用不同转向角的转向比函数，如图 4-24 所示。$\psi_{i,i+1} =$

$\psi_{i-1,i}$ 时的最小绝对值 F_T^{max} 如图 4-24a 所示，而图 4-24b 给出了 $\psi_{i,i+1} \neq \psi_{i-1,i}$ 时的一般情况，其更有可能在通常的导航中出现。值得注意的是，在这两种情况下，牵引力在 $a=-1$ 附近具有相似的最小幅度，这完全在大多数表面提供的牵引力范围之内[49]。如图 4-24b 所示，通过比较 $\psi_{23}=0° \neq \psi_{12}$ 与理想情况（$\psi_{23}=\psi_{12}=11°$），之前有关转向比在小转向角下并不重要的观点可以得到验证。可以观察到，牵引力在 $a=-1$ 附近几乎相等。最后还需要注意的是，随着 a 的增大，n 轴机器人比双轴机器人需要更高的牵引力。

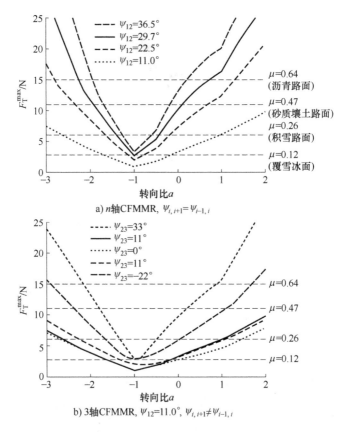

图 4-24 $a_i=a$ 时典型表面上的有效牵引力和 CFMMR 上的最大车轮牵引力

4.3.3.1.3　蠕动式运动分析

前面通过将 $a_{i-1}=-1$（即 $\psi_{i,i-1}=-\psi_{i-1,i}$）应用到从属控制器来创建基本蠕动式转向。本小节会分析蠕动式运动。正如展示的那样，转向方程可以被推导出来证明平衡点的稳定性。此外，还将表明，蠕动式运动导致机器人构型收敛到弧形，其中相对轴转向角 $\psi_{i-1,i}$ 会收敛到与主轴的路径曲率成比例的值。

现在使用前面章节介绍的转向比和控制器推导出转向方程。为方便起见，将 $i=2$ 代入为轴 i 推导出的方程中，从而将 $a_1=-1$ 应用于从属控制器式（4-63）和运动方程式（4-56）~式（4-58），可以得到

$$v_2=v_1+\frac{L\dot{\psi}_{12}\psi_{12}}{3\cos(\psi_{12})},\dot{\gamma}_1=\frac{(v_1+v_2)\sin\psi_{12}}{L_{f1}},L_{f1}=L\left(1-\frac{\psi_{12}^2}{6}\right),\dot{\psi}_{12}=\dot{\phi}_1-\dot{\gamma}_1 \quad (4\text{-}70)$$

应用式（4-70）第 1、2、4 式，可得到

$$\dot{\psi}_{12}=\dot{\phi}_1-\frac{6v_1\sin\psi_{12}+L\dot{\psi}_{12}\psi_{12}\tan(\psi_{12})}{3L_{f1}} \quad (4\text{-}71)$$

解式（4-71）来求解 $\dot{\psi}_{12}$，可以得到 ψ_{12} 的状态方程，它是 v_1、$\dot{\phi}_1$ 和 ψ_{12} 的函数。由于 $\dot{\phi}_1=v_1\kappa_1$，转向方程 $\dot{\psi}_{12}$ 最终可以表示为主轴路径曲率和速度（分别为 v_1 和 κ_1，）的函数，如主轴控制器式（4-60）所命令的，有

$$\dot{\psi}_{12}=\frac{3\dot{\phi}_1L_{f1}-6v_1\sin\psi_{12}}{3L_{f1}+L\psi_{12}\tan(\psi_{12})}=\frac{3v_1(\kappa_1L_{f1}-2\sin\psi_{12})}{3L_{f1}+L\psi_{12}\tan(\psi_{12})} \quad (4\text{-}72)$$

该转向方程可用于找到平衡点并证明其稳定性。请注意，式（4-72）的分母和 v_1 在这里始终是正的。为了方便起见，标记出一个正定项，$h=3v_1/(3L_{f1}+L\psi_{12}\tan(\psi_{12}))>0$，其余项为式（4-72）中的 $f=\kappa_1L_{f1}-2\sin\psi_{12}$，这样可以得到

$$\dot{\psi}_{12}=h(\psi_{12},v_1)f(\psi_{12},\kappa_1)=hf \quad (4\text{-}73)$$

重要的是要注意，f 可以确定稳定性和平衡点，因为如果 $f=0$ 则 $\dot{\psi}_{12}=0$，如果 $f>0$ 则 $\dot{\psi}_{12}>0$，同时如果 $f<0$ 则 $\dot{\psi}_{12}<0$。此外，在式（4-70）中应用 L_{f1}，可以得到

$$f=\kappa_1L\left(1-\frac{\psi_{12}^2}{6}\right)-2\sin\psi_{12} \quad (4\text{-}74)$$

在平衡点，有 $f=0$，这样有

$$\kappa_1 = \frac{2\sin\overline{\psi}_{12}}{L(1-\overline{\psi}_{12}^2/6)} \quad\quad (4\text{-}75)$$

式中，$\overline{\psi}_{12}$ 为平衡点。因此，可以用 κ_1 给出的 $\overline{\psi}_{12}$ 数值求解。为了找到平衡点的代数解，近似认为 $\sin\psi_{12}=\psi_{12}-\psi_{12}^3/6+\text{HOT}^\ominus$，这样有

$$f \approx (L\kappa_1 - 2\psi_{12})(1-\psi_{12}^2/6) \quad\quad (4\text{-}76)$$

这实际上是相当准确的，原因在于，由于机器人的物理约束，$|\psi|\leqslant0.637\text{rad}$ 始终为真。因此，可以通过去求解式（4-76）找到唯一的平衡点，有

$$\psi_{12} = L\kappa_1/2 \equiv \overline{\psi}_{12} \quad\quad (4\text{-}77)$$

该结果表明，ψ_{12} 收敛于与主轴的路径曲率 κ_1 成比例的平衡点。

用李雅普诺夫定理[106]证明平衡点的渐近稳定性。首先考虑了一个足够大的域，$D=\{\psi\in R\,|\,|\psi|<\pi/2\}$，其中包括 $|\psi|\leqslant0.637$。接着如前面所述，h 是正定函数，因为分母和 v_1 在这里总是正的。因此，ψ_{12} 的稳定性仅取决于分子 f。将式（4-75）带入式（4-74），有

$$f(\psi_{12}) = \frac{\dot{\psi}_{12}}{h} = 2\sin\overline{\psi}_{12}\frac{6-(\psi_{12})^2}{6-\overline{\psi}_{12}^2}-2\sin(\psi_{12}) \quad\quad (4\text{-}78)$$

图 4-25 中，将 $f=\dot{\psi}_{12}/h$ 评估为给定曲率 ψ_{12} 的函数。该结果表明，$\overline{\psi}_{12}$ 是 D 中唯一的平衡点，且满足物理转向极限 $|\psi|\leqslant0.637$。最重要的是，当 $\psi_{12}=\overline{\psi}_{12}$ 时，有 $\dot{\psi}_{12}=0$ 和 $f=0$；当 $\psi_{12}<\overline{\psi}_{12}$ 时，$\dot{\psi}_{12}>0$ 和 $f>0$；而当 D 中 $\psi_{12}>\overline{\psi}_{12}$ 时，得到 $\dot{\psi}_{12}<0$ 和 $f<0$。因此，这个结果证明了 D 的渐近稳定性。此外，可以利用基于李雅普诺夫函数能量的方法来分析稳定性。

$$V_\psi \equiv -\int_{\overline{\psi}_{12}}^{\psi_{12}} f(y)\,\mathrm{d}y = \frac{2\sin\overline{\psi}_{12}}{6-\overline{\psi}_{12}^2}\left[\frac{(\psi_{12})^3-\overline{\psi}_{12}^3}{3}-6(\psi_{12}-\overline{\psi}_{12})\right]$$

$$-2\cos(\psi_{12})+2\cos(\overline{\psi}_{12}) \quad\quad (4\text{-}79)$$

⊖　HOT: High Order Terms, 高阶项。

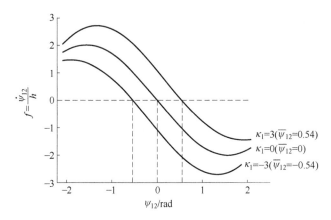

图 4-25　给定曲率 $|\kappa_1| \leqslant 3\text{m}^{-1}$，作为 ψ_{12} 函数的状态等式 $\dot{\psi}_{12}$

注意，对于 $\psi_{12}=\overline{\psi}_{12}$，$V_\psi=0$ 并且在 $D-\{\psi_{12}=\overline{\psi}_{12}\}$ 中 $V_\psi>0$。由于对于 $\psi_{12}=\overline{\psi}_{12}$，$\dot{\psi}_{12}=0$，并且 $D-\{\psi_{12}=\overline{\psi}_{12}\}$ 中 $\dot{\psi}_{12}\neq0$，所以 V_ψ 的导数是负定的，有

$$\dot{V}_\psi=\frac{\partial V_\psi}{\partial\psi}f=-f^2<0,\forall\,\psi_{12}\in D-\{\psi_{12}=\overline{\psi}_{12}\} \qquad (4\text{-}80)$$

这证明了 D 的渐近稳定性。也可根据式（4-72）来评估雅可比矩阵 $\lambda_1=[\partial\dot{\psi}_{12}/\partial\psi_{12}](\overline{\psi}_{12})$。证明其在平衡点附近的指数稳定性。图 4-26 给出了特征值 λ_1，它是曲率 κ_1 的函数。由于 $\lambda_1<0$，ψ_{12} 在平衡点附近呈指数稳定。

稳定性分析证明 ψ_{12} 渐近收敛 $\overline{\psi}_{12}$，且在平衡点附近是指数收敛的。对于参考路径曲率变化的跟踪问题，ψ_{12} 跟踪 $\overline{\psi}_{12}$ 的跟踪误差与曲率变化成正比。重要的是，机器人可以容易地跟踪由直线和圆弧段组成的参考路径。这是因为现有的运动规划器可以很容易地将这些段组合起来，为类似汽车的车辆生成最佳路径[107]。

上述结果很容易扩展到轴 $i(i\geqslant2)$。假设式（4-70）中有平衡点（$\dot{\psi}_{12}=0$）。对于轴 2，有 $v_2=v_1$ 和 $\kappa_2=\kappa_1(\dot{\phi}_2=\dot{\phi}_1)$。同样，随后将这些结果扩展到轴 i，有 $\dot{\psi}_{i-1,i}\to0$ 使得随着 $t\to\infty$，有 $v_i\to v_{i-1}\to\cdots\to v_1$ 且 $\kappa_i\to\kappa_{i-1}\to\cdots\to\kappa_1$。由于每个轴都基本上跟随其主轴进行蠕动式转

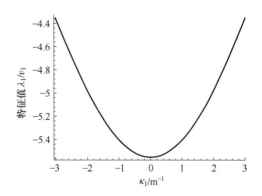

图 4-26　转向角方程式（4-72）的特征值

向，所以最终都会跟随轴 1，整个机器人会趋向于采取由轴 1 执行的路径的形状，如图 4-27 所示。因此，机器人可以构型收敛到恒定曲率路径或跟踪由平衡转向角所描述的路径。这是由 4.3.2.1 节中指定的路径流形控制器保证的，因为在姿态调节、路径跟随和轨迹跟踪中，路径曲率总是渐近收敛到稳定状态。

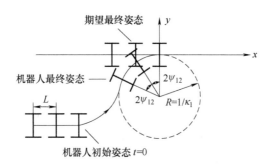

图 4-27　姿势调节中的基本蠕动式转向

4.3.3.2　姿态调节的转向算法

虽然蠕动式运动提供了良好的主跟踪能力，然而如果想要将机器人调节到沿直线对齐的固定姿势，上面讨论的蠕动式运动会有局限性。为了解决这个问题，本节将讨论一种转向算法，可以将相对

梁的方向 γ 收敛到一个常数。在本节的例子中，给定沿 x 轴的最终姿态，γ 应该收敛到零，如图 4-28 所示。为实现这一目标，提出了两种用于姿势调节的转向算法：扩展蠕动式转向和侧向蜿蜒式转向。

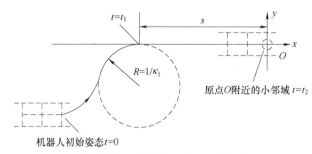

a) 通过直线路径进行的扩展蠕动式转向

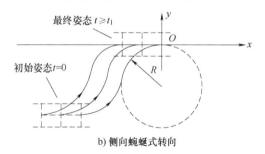

b) 侧向蜿蜒式转向

图 4-28　用于姿势调节的转向算法

4.3.3.2.1　扩展蠕动式转向

在这个方法中，与基本的蠕动式转向类似，试图在有限时间内将车轮牵引力最小化，同时将 γ 调整到零。因此，首先将 $a=-1$ 应用在转向命令中。然后，定义李雅普诺夫候选函数来研究如何可以根据需要调节 γ_1。那么有

$$V_{\gamma_1}=\frac{1}{2}\gamma_1^2,\dot{V}_{\gamma_1}=\gamma_1\dot{\gamma}_1 \tag{4-81}$$

对第一个梁模块（$i=2$）应用式（4-58）中的 $\psi_{i,i-1}=-\psi_{i-1,i}$ 和 $\psi_{i-1,i}=\phi_{i-1}-\gamma_{i-1}$，式（4-56）可以化简为

$$\dot{\gamma}_1 = \frac{(v_1 + v_2)\sin(\phi_1 - \gamma_1)}{L_{\mathrm{fl}}} \tag{4-82}$$

使用拉萨尔（LaSalle）不变定理[106]，不变集为 $M = \{\gamma_1 \in R^1 \mid \gamma_1 = \phi_1, v_1 \neq 0, v_2 \neq 0\}$。这个结果表明，当使用 $a = -1$ 时，需要一条直线路径来调节 γ_1。回想一下，基本的转向运动是通过在 4.3.2 节中转向控制器应用 $a = -1$ 来实现的，如图 4-27 所示。因此，为了在该算法中将 γ_1 调节为零，必须使用图 4-28a 所示的线性路径来扩展由蠕动式运动生成的轨迹路径，因此这里提出扩展的蠕动式转向，使得机器人的最终位置沿 x 轴对齐。

现在通过分析证明 γ_1 在扩展的蠕动式转向中渐近收敛到零。注意在蠕动式转向中，ϕ_1 沿着圆形路径流形收敛到零。此后，在线性段之后，轴 1 状态处于不变集中，使得对于 $t \geq t_1$，$\gamma_1 = \phi_1 = 0$。在蠕动式转向中，控制器方程式（4-60）和式（4-63）使得 $\dot{\phi}_1 \to 0$ 和 $v_2 \to v_1 \to v_{\mathrm{r1}}$，并且在有限时间 t_1 内 $\phi_1 \to 0$。此外，$L_{\mathrm{fl}} \approx L(=0.366\mathrm{m})$ 可以近似为 $|\psi| \leq 0.637$。因此，可以重写式（4-82）为

$$\dot{\gamma}_1 = -\frac{2v_{\mathrm{r1}}}{L}\sin\gamma_1; \quad \forall t \geq t_1 \tag{4-83}$$

对于 $t \geq t_1$，给定 $v_{\mathrm{r1}} > 0$，李雅普诺夫候选函数在该线性路径上是负定的，因此根据定理 4.10[106]，γ_1 渐近稳定：

$$\dot{V}_{\gamma_1} = -\frac{2v_{\mathrm{r1}}}{L}\gamma_1\sin\gamma_1 \leq 0, \quad \forall t \geq t_1 \tag{4-84}$$

此外，由于从属轴跟随主轴并最终到车轴 1，因此该结果适用于后续从属模块。轴 i 的相对方向因此得到补偿（即 $\gamma_i = \phi_i = 0$），并且机器人的所有轴都沿着 x 轴对齐。

最后利用式（4-83）确定了基于轴 1 的稳定 γ 所需的线段长度 s。n 轴机器人 s 的下界为

$$s = (n-1)\int_{t_1}^{t_2} v_{\mathrm{r1}}\mathrm{d}t = -\frac{(n-1)L}{2}\int_{\gamma_1(t_1)}^{\gamma_1(t_2)}\csc(\gamma_1)\mathrm{d}\gamma_1$$

$$= \frac{(n-1)L}{2}\ln\left|\frac{\csc(\gamma_1(t_1)) - \cot(\gamma_1(t_1))}{\csc(\gamma_1(t_2)) - \cot(\gamma_1(t_2))}\right| \tag{4-85}$$

式中，$|\gamma_1(t_2)|<|\gamma_1(t_1)|<0.637$。并且，当 $t=t_2$ 时，$\gamma_1(t_2)$ 决定了原点的小邻域的大小。在这种情况下，线性段的基准速度仅由下式确定：

$$v_{r1}=0.1\tanh(e_{r1}),\kappa_{r1}=0;\quad t\geqslant t_1 \tag{4-86}$$

式中的 e_{r1} 是从原点 O 测量的，如图 4-28a 所示。需要注意的是，该算法还可以通过简单地提供参考来证明路径跟随能力。

4.3.3.2.2　侧向蜿蜒式转向

扩展的蠕动式转向满足最小牵引力，但由于延伸的路径，它可能需要大的转向空间或导致缓慢的收敛。因此，可以选择如图 4-28b 所示的侧向蜿蜒式转向算法。在该算法中，转向指令被公式化以同时将所有相对坐标系角度收敛到零，而不是使用 $a=-1$。对于 $i=2,\cdots,n$，提出新的转向命令 $\psi_{i,i-1}$，如下式所示：

$$\psi_{i,i-1}=\arcsin\left(\cos\theta_{i-1}\frac{v_{i-1}\sin\psi_{i-1,i}+L\tanh(\gamma_{i-1})}{v_i}\right) \tag{4-87}$$

与蠕动式运动不同的是，这里从属装置的轨迹路径不会收敛到主装置的轨迹路径，因为从属装置跟随主装置处于由式（4-87）指令的不同配置形状中。使用李雅普诺夫候选函数式（4-81），可以证明 γ 的渐近稳定性。将式（4-87）带入式（4-81），可以得到

$$\dot{V}_{\gamma_{i-1}}=\frac{-L\gamma_{i-1}\tanh(\gamma_{i-1})\cos\theta_{i-1}+v_{i-1}(1-\cos\theta_{i-1})\sin\psi_{i-1,i}}{L_{f,i-1}} \tag{4-88}$$

首先，考虑 $i=2$ 时的式（4-88）。注意，θ_1、ψ_{12} 和 v_1 在原点附近渐近地但几乎指数地收敛到零，这样在有限时间 t_1 内 $\theta_1\approx0$，$\psi_{12}\approx0$ 且 $v_1\approx0$。此后李雅普诺夫函数的导数是负定的，有

$$\dot{V}_{\gamma1}=-\frac{L}{L_{f,1}}\gamma_1\tanh(\gamma_1)\cos\theta_1\leqslant0 \tag{4-89}$$

因此，γ_1 渐近收敛为零，对于每个式（4-58）、式（4-60）、式（4-63）和式（4-87），有限时间内都会导致 $\psi_{21}\to0$，$\dot{\phi}_2\to\dot{\phi}_1\to0$ 且 $v_2\to v_1\to0$。上述结果适用于随后的第 i 个模块，使得在有限时间内可以得到

$\gamma_{i-1} \to 0$，$\dot{\phi}_i \to \dot{\phi}_1 \to 0$，$\theta_i \to 0$ 和 $v_i \to v_1 \to 0$。因此，收敛速度变得更快，轨迹路径变短。然而，这种主动控制可能需要更高的牵引力，而蠕动式转向需要最小的牵引力，这一点将在 4.3.4.2 节的实验结果中得到证明。

4.3.4　控制器评估

4.3.4.1　方法和步骤

接下来对几种不同的初始条件和表面（见表 4-8）进行仿真和实验测试，以便在理想和非理想情况下对所提出的控制器进行评估。注意，扩展蠕动和侧向蜿蜒算法可提供姿态调节，而基本蠕动算法适用于路径跟随和轨迹跟踪。由于扩展蠕动使用线性段来调节最终姿态，因此该算法也可证明跟踪能力。考虑到实验室的空间限制和上述因素，本章讨论的转向算法仅在姿态调节时进行了实验评估，这也证明了在扩展蠕动的情况下基本的路径跟随能力。此外，仿真时还评估了更复杂的跟踪能力。

路径跟随中的参考路径或轨迹不是时间的显式函数，但在轨迹跟踪中却是。由于参考路径或轨迹设计不是本节的重点，所以这里仅使用直线段和圆形段来表达参考路径或轨迹。在路径跟随中，参考路径是 $v_r = v_{des}\tanh(0.1/e)$，$\kappa_r = \kappa_{des}$。其中，$v_{des}$ 和 κ_{des} 分别表示期望的路径段速度和曲率。在轨迹跟踪中，参考轨迹是 $\dot{x}_r = v_{des}\cos(\phi_r(t))$，$\dot{y}_r = v_{des}\sin(\phi_r(t))$ 和 $\dot{\phi}_r(t) = \kappa_{des}v_{des}$，并且其中 $x_r(0) = y_r(0) = 0\mathrm{m}$。

选择初始条件来证明图 4-29 所示的工作空间内的每个转向算法的最大转向性和可操纵性，这里突出了机器人的物理约束。此外，选用初始条件 B（见表 4-8）来比较所提出的转向算法。实验结果表明，本节的控制器设计适用于考虑物理约束的实际机器人。地毯表面用于说明在需要高牵引力表面的理想情况下的性能。而沙子和沙子/岩石表面来说明在低牵引条件下的性能，其物理约束更紧密地匹配指定的速度和曲率约束，且车轮可能会发生显著滑移。

类似前面讨论的两轴 CFMMR，在 MATLAB 下将该控制器应用于带 dSPACE 的三轴 CFMMR，用于快速控制原型设计和控制器评估。由于本节着重于能够为动力学控制器[68]产生参考信号的运动学控制算法，所以本节使用传统的伺服型轮控器来驱动机器人。如本书参考文献［68，69］所示，测速数据同时以级联方式反馈到运动控制器和车轮控制器。此外，为了精确地呈现实验结果，本节使用在工作空间上建立的笛卡儿坐标手动测量实际的最终姿态。最后，采用基于 C/C++ 的 Arduino 编程语言，将具有蠕动式转向的主从控制器结合到具有两个 Arduino Dues 的蠕动式双轴机器人上，实现了微控制器的实现。

4.3.4.2　结果与讨论

根据测试，表 4-8 总结了最终的机器人姿态和基于式（4-60）和式（4-63）的最大速度命令，从而指出每种算法的性能和控制输入的界限。来自这些测试的顺序快照（见图 4-29~图 4-31）也演示了所提出的转向算法的性能。

路径跟随和轨迹跟踪是使用基本蠕动式转向实现的。因此本节测试了基本蠕动式的转向，以通过路径流形证明从轴 i 对轴 1 的转向和跟踪能力。在测试 1~测试 5 中使用具有大的初始定向误差 $\theta_i(0) = 45°$ 的初始条件 A 来说明机器人的转向和可操纵性以及在不同表面条件下的车轮滑移。

如图 4-29a~c 所示，测试 3（地毯）与理想路径相比显示出较小的误差；而如图 4-29d~f 所示，测试 5（沙/岩石）显示出较大的转向和姿态误差。这些结果证实，蠕动转向可以在需要高牵引力表面上拥有理想的性能，将车轮打滑和传感误差最小化。从表 4-8 所示的最终机器人姿态的实际测量结果来看，Δe_1（相对于地毯上的测试，轴 1 的距离误差增加）在需要低牵引力表面（约为 500%）是相当可观的，而 Δe_2 和 Δe_3 则适中（$\leqslant 83\%$），其大小关系为 $\Delta e_1 \gg \Delta e_2 > \Delta e_3$。对于有较小 $\theta_i(0) = 16°$ 的初始条件 B，在所需牵引力较小的情况下，Δe_1 变得更小（约为 150%）。在基本蠕动式转向中，后轴的距离误差显著增大，这是因为机器人沿着圆形路径流形转向固定参考，如图 4-27 所示。

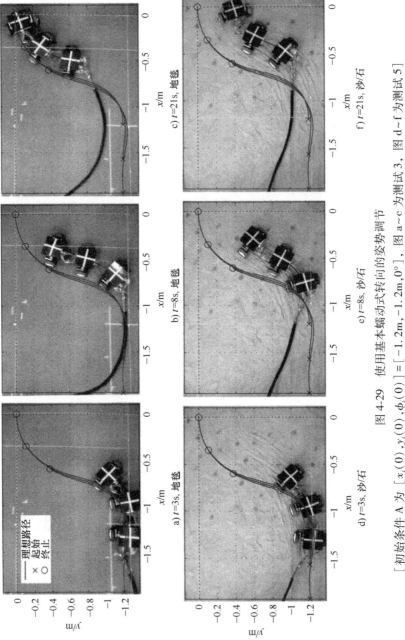

图 4-29 使用基本蠕动式转向的姿势调节

图 a~c 为测试 3，图 d~f 为测试 5

[初始条件 A 为 $[x_s(0), y_s(0), \phi_s(0)] = [-1.2\text{m}, -1.2\text{m}, 0°]$]

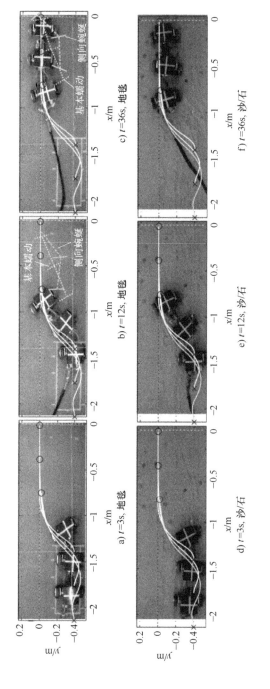

图 4-30 基于扩展蠕动式转向的姿势调节 [初始条件 B 为 [−1.4m, −0.4m, 0°], 图 a~c 为测试 13, 图 d~f 为测试 15]

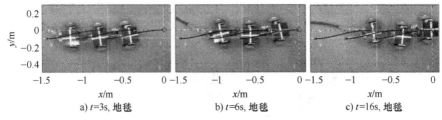

a) $t=3s$，地毯   b) $t=6s$，地毯   c) $t=16s$，地毯

图 4-31　基于侧向蜿蜒式转向的姿势调节 [初始条件 E 为
[-0.7m, -0.1m, 0°]，测试 22]

图 4-32 和图 4-33 给出了拥有相同初始条件 B 的路径跟随和轨迹跟踪仿真。参考路径和轨迹通过指定 $v_{des}=0.1m/s$ 以及 $\kappa_{des}=1m^{-1}$ 如 4.3.4.1 节描述的那样实现。实际参考路径形状为半径为 1m 的圆。在轨迹跟踪中，速度命令通常较大，并且曲率更快地收敛到期望值，从而能赶上参考轨迹命令。在路径跟随和轨迹跟踪中，轨迹收敛到参考命令，并且所有状态误差渐近收敛到零，而 γ 与航向角成比例变化。每个轴的速度命令几乎相同，但曲率命令稍有不同，以适应柔性和非完整约束。还要注意的是，这些控制指令都如之前所设计的一样，不仅渐近地收敛到轴 1 的控制指令，而且有界。

这里使用线性段测试了机器人的扩展蠕动式转向，以将机器人姿态收敛到固定参考命令，并演示了其路径跟随能力。考虑可用工作空间和三轴 CFMMR(0.74m) 的长度，这里选择线性段长度 $s=0.8m$ 用于扩展蠕动式转向，使得对于每个式 (4-85)，$|\gamma_1(t_2)|<4.2°$。仿真结果（测试 11）显示，尽管存在非理想的初始条件 B，但在第二和第三轴上的最终姿态误差足够小。此外，实验（测试 13~测试 15）也测量到了适度误差。初始条件 B 也被应用于其他转向算法以比较性能（测试 6~测试 17 和测试 19）。图 4-30b~c 同时给出了使用初始条件 B 时所有三种转向算法的机器人姿态。对于扩展蠕动式、基本蠕动式和侧向蜿蜒式转向算法，地毯上机器人的最终姿态的范数 $\|e(t_f)\|$ 分别为 9.9cm、31.7cm 和 44.5cm。这些结果表明，扩展蠕动式转向在所提出的算法中有着最佳的调节性能。对于扩展蠕动式转向，Δe_3 在低牵引面上相对较大（约 140%）；$\Delta e_1<\Delta e_2<\Delta e_3$。该结果表明滑动效应可累积在后轴上。

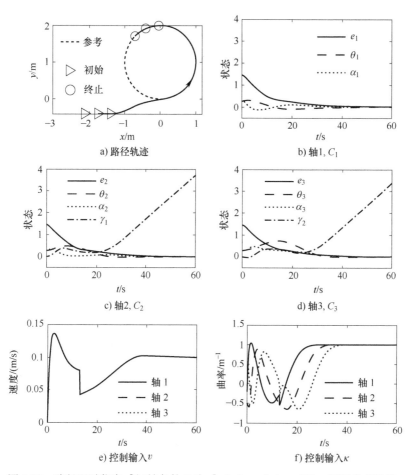

a) 路径轨迹   b) 轴1，C_1

c) 轴2，C_2 d) 轴3，C_3

e) 控制输入 v f) 控制输入 κ

图 4-32 路径跟随仿真 [初始条件 B 为 $[-1.4\mathrm{m}, -0.4\mathrm{m}, 0°]$，圆形参考路径，
$x_r^2 + (y_r - 1)^2 = 1$，$x_r(0) = y_r(0) = 0$，$v_r = 0.1\tanh(0.1/e)\,\mathrm{m/s}$，$\kappa_r = 1\mathrm{m}^{-1}$]

接着对侧向蜿蜒式转向系统经过测试，其可考虑作为一种扩展蠕动式转向替代方案，以提供更快的收敛和更紧凑的调节路径。然而，由于牵引力要求较高（$F_T^{\max} \approx 14\mathrm{N}$，见图 4-35），尽管侧向蜿蜒式转向在仿真（测试 16）中提供了理想的结果，但它在实验中展示出的性能较差（$\theta(0) > 10°$，见测试 19）。在 CFMMR 中，车轴 1 和 3 被车梁部分地约束，而轴 2 受到梁 1 和 2 的严格约束。因此，轴 1 和 3 可以相对于轴 2 轻松旋转。由于轴 1 和 3 同时补偿姿态误差，由轴 1 和 3

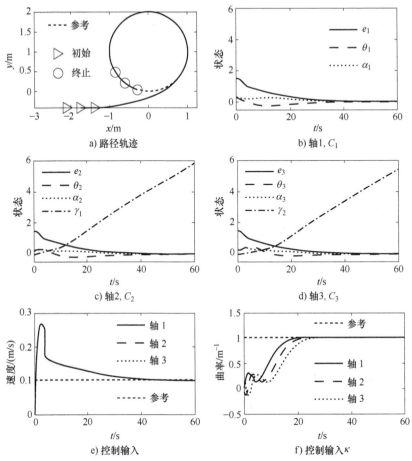

图 4-33 路径跟随仿真 [初始条件 B 为 [-1.4m, -0.4m, 0°];
$v_r = 0.1 m/s$, $\kappa_r = 1 m^{-1}$]

引起的轴 2 上的反作用力矩可能变得很大，因此可能阻止轴 2 补偿姿态误差。始于较大的初始方向误差，轴 2 上所需的牵引力可以轻易超过可用的牵引力极限。因此，如果轴 2 跟踪带有偏移的参考，那么会在轴 3 上继续积累误差。

因此，在初始条件 C~初始条件 E 的地毯上评估侧向蜿蜒式转向的实验中 4.1°≤θ(0)≤8.1°，以避免机器人在运动过程中需要过大的牵引力（测试 18、测试 20~测试 22）。对于初始条件 C~初始条件

E，最终姿态的范数$\|e(t_f)\| < 11\text{cm}$，而对于$\theta(0) = 16°$，$|e(t_f)\| = 44.3\text{cm}$。该结果验证了对于小的初始方向误差，应该用侧向蜿蜒式转向来减少所需的牵引力。尽管在轴 2 上仍然观察到具有较小的初始方向误差的偏移跟踪，但其误差明显降低，如图 4-31 所示。

值得注意的是，测试中的理想和实际速度命令如表 4-8 所示的值所设计的有良好的边界。在实验中，由于测量误差和来自接触表面的干扰，实际的速度指令通常比理想的模拟指令大。同时，实验中的$\theta_i(t_f)$和$\alpha_i(t_f)$近似为90°，而e_i和γ_i收敛到了较小的值。这是因为$\theta_i(t_f)$和$\alpha_i(t_f)$是由机器人接近参考或原点的小邻域时在笛卡儿坐标中的位置数值确定的，其中$|y(t_f)| > |x(t_f)|$。在给定的初始条件下，通过里程计在三个不同接触表面上估计的姿态误差的偏差始终很小。然而，实际测量显示出从高牵引到低牵引表面存在着明显偏差，见表 4-8。这些结果表明，由滑动引起的传感误差是显著的。需要高牵引力的大的初始方向误差增加了车轮打滑的倾向。相反，对于较小的初始方向误差，由于牵引力要求降低，其最终姿态误差变小。在双轴机器人的微控制器中，蠕动式转向的姿态调节也取得了几乎类似的试验结果，如图 4-34 所示。从给定的初始姿态开始，机器人以适度的误差稳定到几种不同的最终姿态，这些姿态会受到初始姿态和接触表面条件的严重影响。这些结果再次验证了本章讨论的控制算法可以容易地应用于微控制器而不损失控制性能。

如图 4-35 所示，对于不同的转向算法和初始条件，使用式（4-66）根据仿真数据计算的最大所需牵引力。这些结果证实了在相同的初始条件下，蠕动式转向需要较低的牵引力，而侧向蜿蜒式转向需要较高的牵引力。这些结果还表明，在较大的初始方向误差下，牵引力会增大。通过将主控制器式（4-60）应用于蠕动式转向，这些结果还证实了由于$\kappa \to \kappa_r$，牵引力具有与κ_r成比例的稳态值。注意，当参考是任意定义κ_r的固定点时，如 4.2.4.2 节所示，根据给定特定初始条件，路径曲率会根据主控制器生成的轨迹路径收敛到有限值。在将机器人驱动到直线结构的扩展蠕动和侧向蜿蜒转向算法中，这里也验证了随着机器人接近最终姿态，牵引力接近零。

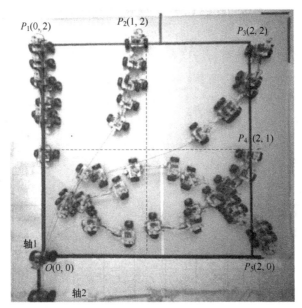

图 4-34　在微控制器中实现双轴机器人基于蠕动类转向的轨迹路径

［机器人用初始姿态 $P_0(x_0,y_0,\phi_0)=(0\text{m},0\text{m},90°)$ 和几个不同的最终姿态

$P_1(0\text{m},2\text{m},90°)$、$P_2(1\text{m},2\text{m},90°)$、$P_3(2\text{m},2\text{m},90°)$、$P_4(2\text{m},1\text{m},90°)$

以及 $P_5(2\text{m},0\text{m},-90°)$ 来进行稳定］

在仿真和实验中，本节结合分布式主从控制器式（4-60）和式（4-63），在几个不同的情景中验证了所提出的转向算法。结果表明，与理想仿真相比，测距和实际误差在较高牵引面上较小，而在较低牵引面上则较大。注意，具有较大方向误差的初始条件需要较大的牵引力。还要注意的是，因为测距数据被用作对控制器的反馈，所以测距误差、初始条件和表面条件会严重影响实际的性能。基本蠕动式转向展示出了预期的跟踪能力。扩展蠕动式转向虽然需要很大的转向空间，但在调节姿态方面有着最好的实验结果。最重要的是，本章描述的控制算法为考虑干扰和动态影响的动力学控制器提供了参考输入。另请注意，仿真和实验结果分别展示出了理想和实际的性能，这突出了与运动学和动力学相关的一些实际问题，如由于接触表面条件、耦合相互作用和牵引力引起的车轮打滑。

表 4-8 最终姿态误差和速度命令 [初始条件 A 为 [$x_i(0),y_i(0),\phi_i(0)$]=[-1.2m,-1.2m,0°], 初始条件 B 为[-1.4m,-0.4m,0°],初始条件 C 为[-1.4m,-0.1m,0°],初始条件 D 为[-1.0m,-0.1m,0°], 初始条件 E 为[-0.7m,-0.1m,0°];扩展蠕动类转向法时 $s=-0.8m$]

测试序号	转向方法	初始条件	表面	最终姿态误差				速度命令		范数
				[e_1,e_2,e_3]/cm	[$\theta_1,\theta_2,\theta_3$]/(°)	[$\alpha_1,\alpha_2,\alpha_3$]/(°)	[γ_1,γ_2]/(°)	max(v_i)/(m/s)	Max($\dot{\phi}_i$)/(rad/s)	‖$e(t_f)$‖/cm
1	基本蠕动	A	理想（仿真）	[0,0,10.6,39.7]	[0,101,111]	[0,68,50]	[17,47]	0.17	0.3	41.1
2			沙/石（里程测量）	[2.9,63.5,80.5]	[-20,114,118]	[-32,56,69]	[79,22]	—	—	102.6
3			地毯（实测）	[4.5,26.1,62.0]	[108,107,115]	[88,63,43]	[34,61]	0.22	0.34	67.4
4			沙（实测）	[29.7,42.9,69.7]	[119,114,111]	[115,71,73]	[21,39]	0.22	0.34	87.1
5			沙/石（实测）	[30.6,47.8,79.5]	[110,107,109]	[102,58,64]	[27,47]	0.23	0.43	97.7

（续）

测试序号	转向方法	初始条件	表面	最终姿态误差				速度命令		范数
				$[e_1,e_2,e_3]$ /cm	$[\theta_1,\theta_2,\theta_3]$ /(°)	$[\alpha_1,\alpha_2,\alpha_3]$ /(°)	$[\gamma_1,\gamma_2]$ /(°)	$\max(v_i)$ /(m/s)	$\mathrm{Max}(\dot{\phi}_i)$ /(rad/s)	$\|e(t_f)\|$ /cm
6			理想（仿真）	[0,0,4.7, 17.2]	[0,94,98]	[0,80,74]	[7,19]	0.16	0.13	17.8
7			沙/石 （里程测量）	[2.3,12.8, 26.0]	[-15,89, 93]	[-26,77, 74]	[21,20]	—	—	29.1
8	基本蠕动	B	地毯（实测）	[1.6,13.8, 28.5]	[132,103, 103]	[119,85,77]	[19,22]	0.18	0.14	31.7
9			沙（实测）	[1.2,11.0, 22.5]	[-42,107, 103]	[-55,93, 81]	[17,17]	0.18	0.13	25.1
10			沙/石（实测）	[4.1,12.3, 21.1]	[110,98,98]	[99,89,76]	[13,13]	0.18	0.14	24.8

11	扩展蠕动	B	理想（仿真）	[0.0,0.2, 2.1]	[0,75,90]	[0,74,85]	[0,3]	0.06	0.21	2.1
12			沙/石（里程测量）	[3.6,13.7, 3.9]	[0,-1,0]	[0,-2,1]	[-3,9]	—	—	14.7
13			地毯（实测）	[7.6,5.1, 3.7]	[92,105, 109]	[99,112, 101]	[-4,-2]	0.17	0.34	9.9
14			沙（实测）	[11.2,10.4, 11.0]	[21,49,54]	[15,52,44]	[5,2]	0.18	0.3	18.8
15			沙/石（实测）	[11.9,10.6, 9.2]	[36,55,52]	[39,60,41]	[2,-3]	0.13	0.26	18.4

（续）

测试序号	转向方法	初始条件	表面	最终姿态误差				速度命令		范数
				$[e_1,e_2,e_3]$ /cm	$[\theta_1,\theta_2,\theta_3]$ /(°)	$[\alpha_1,\alpha_2,\alpha_3]$ /(°)	$[\gamma_1,\gamma_2]$ /(°)	$\max(v_i)$ /(m/s)	$\mathrm{Max}(\dot{\phi}_i)$ /(rad/s)	$\|e(t_f)\|$ /cm
16		全部	理想（仿真）	[0.0,0.0, 0.0]	[0,0,0]	[0,0,0]	[0,0]	0.16	0.13	0.0
17		B	地毯（里程测量）	[2.9,13.2, 13.2]	[-12,-164, 156]	[-24,-188, 166]	[-7,13]	—	—	18.9
18		E	地毯（里程测量）	[2.3,5.5, 4.3]	[1,130,33]	[-7,140, 22]	[7,-6]	—	—	7.4
19	侧向蜿蜒法	B	地毯（实测）	[7.1,30, 31.8]	[-145,127, 127]	[-191,98, 143]	[49,2]	0.2	0.29	44.3
20		C	地毯（实测）	[2.7,8.6, 6.7]	[27,115, 144]	[16,116, 140]	[12,-6]	0.18	0.21	11.2
21		D	地毯（实测）	[3.4,8.5, 6.4]	[-156,120, 151]	[-168,120, 148]	[14,-6]	0.13	0.37	11.2
22		E	地毯（实测）	[1.5,9.8, 6.5]	[16,104, 129]	[-1,106, 124]	[15,-7]	0.12	0.7	11.9

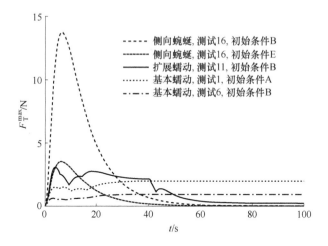

图 4-35　基于仿真的最大车轮牵引力计算

第 5 章　多传感器融合系统

5.1　概述

在本书第 3 章讨论的系统总体架构中，每个轴模块都包含一个多传感融合系统，该传感系统的功能是给机器人提供精确的姿态和速度估计。当移动机器人行走在崎岖不平的路面上的时候，机器人一般会通过调整转向去适应不平的路面，而在这个过程中翻滚角和转向角的变化将会耦合在一起。因此为了执行特定的移动任务，如路径跟随或姿态调节，移动机器人会通过本书第 4 章讨论的各个轴模块之间的协同控制来实现系统的转向操纵。本章将重点讨论如何实现各个相邻轴之间的相对姿态精确估计。相邻轴之间姿态估计的漂移误差将会在轴间产生相反的作用力，从而导致机器人整体移动和操纵能力的下降，因此精确的相对姿态估计对于移动机器人控制算法来讲至关重要。

本章仍然首先来讨论一下典型的蛇形机器人 "Genbu"。"Genbu"采用了主动轮式驱动和被动关节变形的方式，来提高地形适应性，同时保持高速移动的特性。它利用复杂的连接机构设计来耦合相邻的轴模块，而通过测量该连接机构可以得出相邻轴之间的相对位置。因此当 "Genbu" 在地面移动的时候，该连接机构可以保持一定的相邻轴之间的间距，从而避免轴间相反作用力的产生。另外一个类似的例子是本书参考文献 [108] 中的机器人 "Omnimate"，该机器人利用多个轴来支撑一个移动平台来实现工厂里的物体搬运。以上两个例子说明通过测量柔性连接机构可以实现控制相邻轴间的漂移情况。

应变计被广泛用于测量应变以得到梁的弯曲变形程度，其中最典型的应用是商用的称重传感器。然而相对于本书讨论的移动机器人来讲，称重传感器中梁的刚度很大而挠度很小（一般小于 0.1mm）。因此，通常将应变计直接和机器人机构整合在一起，这样可以实现更紧凑的末端执行器或机械手[109-112]，或者是连接机构[113-117]和关节[112,118]。

本章讨论的感知问题同样也出现在柔性机械臂连接系统中，其中更多出现的是在空间机械臂的应用中。这些机械臂有个显著的特点是它们要负责的工作空间很大但是重量受限，因此连接臂常见的设计都是长且纤细的，因此刚度有限、存在固有振动、挠度较大且整定时间较长。有关研究主要集中在如何通过控制固有振动以提高定位的收敛速度和精度，其中常用的方法包括使用应变计数据[114,116,117,119]，利用加速度计数据[120-123]，或者结合多种类型的传感器数据[122-125]等。

与空间机械臂不同的是，类似 CFMMR 的柔性移动机器人具有典型的非完整约束，再结合其驱动器的有效惯量和阻尼，使得振动不再是此类问题的焦点。然而，CFMMR 与空间机械臂的共同点是它们可以利用类似的数学表达式来预测梁的挠度，即可以设计一个与应变计数量相同阶数的多项式函数来拟合应变计数据。假设应力和应变之间存在一个线性关系，那么可以用一个分段曲线方程来估计梁的挠度和作用力[126]。Piedbeouf 等人使用了类似的方法来判断梁末端的位置和方向[115]。Carusone 等人利用相同数量的本征函数和应变计来估计梁挠度[114]。由于本书讨论的系统具有高度非线性挠度，极端情况下可以达到±75°，这样系统很可能会处于后屈曲模式，因此传统利用梁变形模型来估计挠度的方法不再适用。本章将在 Piedbeouf 等人所提方法的基础上获得轴间作用力估计[126]，这些作用力可以用在轴模块的控制器设计中[66]，但是实际上后面讨论机器人定位的时候仅用到其中的位置和方向数据。为了简化推导，本章后续会一直采用后屈曲刚度模型。

其他估计梁末端位置的方法包括解算梁的偏微分方程（PDE），如哈密顿（typically Hamilton）、欧拉-伯努力（Euler Bernoulli）或铁梓柯（Timoshenko）方程，以及建立系统动力学模型。要解算偏微分方程，一般需要假设挠度可以通过不同的函数来估计，如样条函数[127,128]、本征函数[114,129]或是通过实验模型分析得到的函数[130,131]。

不同的研究者会设计不同的方法将传感器数据融合进上述模型中。Cho 通过推导应变测量值和样条位置函数设计了基于观测器的挠度估计方法[128]。Somolinos 利用应变计数据预估了梁挠度,并结合电机命令进行了简单的动力学估计[132]。Parsa 先利用加速度计数据来预估力和力矩的边界条件,然后再用这些边界条件作为扩展卡尔曼滤波的输入来估计动力学特性[125]。这些算法为机械臂的动力学控制提供了柔性状态信息。尽管以上的样条函数在边界条件下可以提高估计精度,但是本书仍然选择设计足够多的分布式应变计,这样就可以避免计算动力学偏微分方程,而仅利用多项式函数便可以提供快速准确的应变数据分析[115]。

除了上述提到的应变测量和基于机构的测量,一些非接触式的测量方式也被用来预测相对位姿[133]。GPS、激光雷达、计算机视觉应该是机器人领域最受青睐的几种方式。对于大部分应用来讲,激光雷达仍然太过昂贵,而且也不适合本章讨论的超近距离测量;GPS 主要用做较大尺度的定位测量;计算机视觉则一般使用立体视觉来做全局定位或利用单目视觉来实现相对定位。本章讨论的目的是测量一个轴相对于其相邻轴的位置,这种测量更接近群组协同方向的研究,而在这些研究里相对位姿的估计对系统性能至关重要。本书参考文献[134]便是通过设置固定间距的基准点,利用单目视觉来估计相对位置。其他单目视觉算法也同样集中在一个物体的两个已知点之间的相对位置,然后再利用插补的方式估算出物体的相对位姿[135]。以上类似的方法也可以考虑用在本章讨论的情况下,然而考虑户外环境中泥土、树叶等环境因素可以会导致基准点或相机的部分遮挡,本章暂时不讨论此类方法的应用。

其他一些常见的测量离散点之间距离的方法包括基于红外线、声呐和射频传感器的方法。红外线测量方案成本最低,但是通常会受到红外线二极管视场的影响,而且其非线性特性要求使用较为复杂的发射器和接收器。除此之外,红外线测量在户外自然光线的环境下还容易遇到饱和问题。声呐传感器也存在当物体在其视场中的位置发生改变时产生的非线性问题。射频信号可以根据测量距离进行校准[136],

但是信号场的强度容易受到环境干扰而导致较差的测量结果[137]。射频的到达时间（TOA）或到达时间差（TDOA）可以被用来预估天线的位置，但是由于信号传播速度很快（3×10^8 m/s），所以这些方法在长距离情况下最有效[137]。到达角度（AOA）方法没有到达时间的问题，但会要求天线方向可调整或设置为复杂天线阵列。

因此，本章将利用 Merrell 和 Minor 在本书参考文献［126］提出的相对位置传感器（RPS）来精确预估相邻轴间的相对位姿，尽量减少漂移误差。RPS 系统包括一系列固定在移动机器人柔性梁上的应变计，以及信号处理电路和数据处理算法。这一套 RPS 系统足够轻巧，所以不会影响机器人本身的运动范围和路径。它主要用来预计轴间的相互作用力，这些作用力可以用来做机器人的结构变形分析，常见的应用例子还有交通碰撞安全系统。同时由于并没有附加额外的机构，所以 RPS 系统相对来讲成本更低，对户外环境变化的鲁棒性更强。

一旦 RPS 提供了多组传感器数据，有必要通过传感器融合算法来获得最精确的相对位姿估计。本书参考文献［108］提出了可以用在移动机器人上的 IPEC 算法，该算法被用来获取信任值最小的轴基于里程计的位姿估计；然后，结合其他轴里程计的估计，加上由连接部分的电位器计算出来的两轴间相对位姿，来替代最开始信任值最小的轴的里程计位姿估计。这种方法从减小里程计误差来讲似乎是有效的，但是不能保证每个轴姿态的方差可以控制在一定范围内。方差信息不仅对于以概率论为基础的数据融合是不可或缺的，而且对于路径规划算法也起着重要的作用，它主要用来决定当前机器人的位姿是否精确，以确保能近距离绕开障碍物行走。

另外一个值得注意的传感器融合算法，是 Uhlman 和 Julier 在本书参考文献［138］提到的协方差交叉（CI）滤波器。这个滤波技术可以做到在不考虑数据来源之间关联的情况下维持一致的估计结果。由于大部分数据来源之间的关联很难或根本不可能获取，所以 CI 滤波器的这个特性就显得尤为重要。因此，CI 滤波器也被用于解决同时定位与作图（SLAM）问题，即一个移动机器人利用传感器数据作为输入制作周围环境的地图，同时用该地图来定位自身位置。虽然这使传感器数据可以和机器人内部制作的地图具有相关性，但是仍然很难判断相关性的程度。Arambel 等人在本书参考文献［139］提出了一种用于协调成组的深空成像卫星移动的 CI 滤波器，其目的是在单个卫星的基础上，利用多个卫星增强空间传感器的敏感度。

回到本章讨论的问题，如图 5-1 所示，本章采用一种分层数据融合架构来对 CFMMR 的所有感知数据进行分析融合。由于 CFMMR 采用模块化的结构，所以数据融合系统也采用模块化的方式，即每个轴模块都采用相同架构的数据融合系统。整个架构以扩展卡尔曼滤波器为基础，融合了轮轴编码器、陀螺仪、加速度计和 GPS[140]。在这个架构中，本章的扩展卡尔曼滤波离散模型采用了恒定的加速度项来减小轮子突然打滑产生的影响。如果多个轴模块的连接是通过 RPS 测量的，那么通过第二个数据融合层从 RPS 获得的数据将被转移到互相连接的轴模块上去，并在相邻轴之间分布。

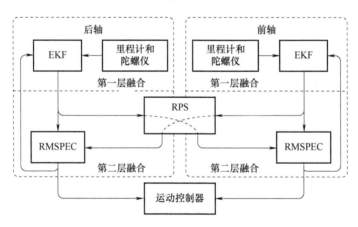

图 5-1　分层数据融合架构

针对第二个数据融合层，本章介绍一种相对测量位置误差补偿算法（RMSPEC）。由于数据来源之间的未知相关性会通过相对位姿测量信息在相邻轴间传递，所以 RPS 的出现也给这一层的数据融合算法设计带来了一定困难。为了保证扩展卡尔曼滤波的估计一致性，有必要对数据来源之间的相关性进行分析。在 RMSPEC 算法中，CI 滤波器是核心。该滤波器由于假设完全相关性，所以在面对不确定相关性的时候仍然可以保持估计的一致性[138]。RMSPEC 算法将置信度较高的轴的数据和 RPS 提供的相对位姿估计结合起来，利用 CI 滤波器来修正位姿估计结果。和本书参考文献 ［141］ 中提到的内部位姿误差修正（IPEC）算法类似，由 RPS 和 EKF 数据得到的偏差角被用来表示每个轴数据的置信度。

　　RMSPEC 算法不但拥有误差修正的能力，同时也能保证 CI 滤波器的协方差传播特性。它是针对机器人模块化和 RPS 特点而设计的，尤其 CI 滤波器的特性之一是可以通过优化 CI 更新权重因子以最小化轴里程计之间的误差，因此整体算法可以在机器人上实时运行。本章所讨论的传感器融合算法也可以扩展到其他类似的协作分布式机器人系统中，如协作机械臂、协作移动机器人或分布式传感器网络等。

5.2　相对位置传感器

　　本章希望将合适的传感器安装在移动机器人的柔性梁上，然后通过这些独立于机器人轮轴的传感器数据来检测出相邻轴之间的相对位置和姿态。这里选用一些应变计，将它们沿着柔性梁以一定间距安装。本节将讨论基于 RPS 数据融合的理论以及如何实现。

5.2.1　柔性梁模型

　　首先做了如下四个假设。

　　假设 1：这里暂时不考虑梁的小角度近似。移动机器人在操纵模式下柔性梁会呈现出极端弯曲状态，而且相对于梁的固定端，其另外一个末端的弯曲程度可能会大于 40°。

　　假设 2：尽管机器人会行走在崎岖不平的路面上，但是 RPS 仅检测平面上相邻轴的位姿。

　　假设 3：传感器由一系列的应变计组成，这些应变计沿着梁的长度方向按照一个已知的间距分布，并提供离散的应变测量值 ε_1，ε_2，$\cdots$，ε_n。

假设 4：柔性梁上的传感器必须提供比运动控制器所给命令更宽范围的相邻轴位置测量值。

根据上述的假设 3，应变计之间的间距已知，因此更密集的数据可以通过沿着柔性梁插补应变计的一系列测量值而获得。那么下一步便是推导一个基于这些插补后数据的光滑函数。为了简化计算，选择一个多项式插补函数：

$$\varepsilon(x) = a_1 + a_2 x + \cdots + a_{n-1} x^{n-2} + a_n x^{n-1} \tag{5-1}$$

式中，x 为沿着梁长度方向的位置。式（5-1）中的系数由下面的线形方程组来决定：

$$\begin{bmatrix} 1 & l_1 & \cdots & l_1^{n-2} & l_1^{n-1} \\ 1 & l_2 & \cdots & l_2^{n-2} & l_2^{n-1} \\ 1 & l_3 & \cdots & l_3^{n-2} & l_3^{n-1} \\ \vdots & \vdots & \ddots & \vdots & \vdots \\ 1 & l_n & \cdots & l_n^{n-2} & l_n^{n-1} \end{bmatrix} \begin{bmatrix} a_1 \\ a_2 \\ a_3 \\ \vdots \\ a_n \end{bmatrix} = \begin{bmatrix} \varepsilon_1 \\ \varepsilon_2 \\ \varepsilon_3 \\ \vdots \\ \varepsilon_n \end{bmatrix} \tag{5-2}$$

式中，$l_1, \cdots, l_n$ 为沿着梁长度方向的已知应变计位置。

因此这里就用这个应变多项式而不是小角度近似来计算两个相邻轴之间位姿。首先讨论应变 ε、曲率 κ 和曲率半径 ρ 之间的关系式：

$$\frac{1}{\rho} = \kappa = \frac{\varepsilon}{\tilde{y}} \tag{5-3}$$

式中，$\tilde{y}$ 为应变的纤维距离梁的中轴之间的距离[142]。由于梁的横截面是最简单的长方形，所以可以假设轴向负载忽略不计，应力测量仅发生在梁的表面，$\tilde{y}$ 被认定为梁厚度的一半。如图 5-2 所示，将整个梁分成一系列长度为 dL 的小段。假设 dL 足够小，每一小段上曲率的变化可以忽略不计，即曲率可以被看作是常量。因此方向上的改变 dϕ 就可以用下面的弧长公式来计算了：

$$d\phi = \frac{dL}{\rho} \tag{5-4}$$

然后，弧长公式便可以提供该小段梁的位置改变：

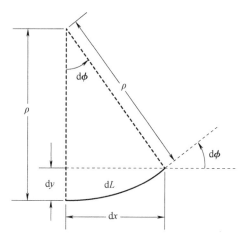

图 5-2　曲率微分图

$$dx = \rho \sin(d\phi) \qquad\qquad (5\text{-}5)$$

$$dy = \rho(1 - \cos(d\phi)) \qquad\qquad (5\text{-}6)$$

然后，将式（5-4）~式（5-6）沿着梁的长度分段积分，得到了梁末端相对于固定端的位置和方向的总变化。由于每一小段都是相对于前一段旋转变化的，所以每一小段的位置变化向量 $[dx, dy]$ 必须要进行一下旋转变换：

$$\begin{bmatrix} dx_r \\ dy_r \end{bmatrix} = \begin{bmatrix} \cos(-\phi_p) & \sin(-\phi_p) \\ -\sin(-\phi_p) & \cos(-\phi_p) \end{bmatrix} \begin{bmatrix} dx \\ dy \end{bmatrix} \qquad\qquad (5\text{-}7)$$

式中，$[dx_r, dy_r]$ 为旋转变换后的位置变化向量；ϕ_p 为所有来自于前面小段方向变化 $d\phi$ 的总和。然后，将每一小段的 dx_r 和 dy_r 加起来计算出整个梁在 x 和 y 方向的总变化量。由于整个梁的两端被固定在轮轴上，所以两个末端会分别有一小段刚性梁。这两个刚性梁段也被加进去用类似方法计算，唯一不同的是由于它们的刚性特性，其 $d\phi$ 一直为零。上述分段积分计算完成后的结果就是移动机器人一个轮轴中心点相对于另外一个相邻轴中心点的相对位姿。因此对于一个两轴的移动机器人来讲，其前轴相对于后轴的相对位姿就可以用以下式表示：

$$\boldsymbol{x}_{\mathrm{RPS}} = \begin{bmatrix} x_{\mathrm{RPS}} \\ y_{\mathrm{RPS}} \\ \phi_{\mathrm{RPS}} \end{bmatrix} = \begin{bmatrix} \sum \mathrm{d}x_{\mathrm{r}} \\ \sum \mathrm{d}y_{\mathrm{r}} \\ \sum \mathrm{d}\phi \end{bmatrix} \qquad (5\text{-}8)$$

相关的数据是 RPS 协方差 P_{RPS}，反映了传感器实验数据相对于其平均值的变化量。本章 5.4 节讨论第二层数据融合算法时使用了该协方差，5.5 节进行了实验验证。

尽管以上 RPS 算法也可以用来预估作用在梁上的力，但是这一部分在本书其他部分不会使用，因此这里不做详述。更多有关该方法的内容可见本书参考文献 [126]。

5.2.2 安装实现

本节会介绍安装实现 RPS 时常见的硬件与软件方面的问题。为了覆盖大范围的相对轴位姿变化，至少需要最少量的应变计测量值。如果运动控制器输入执行机构的命令使得梁处在理想的纯弯曲状态，那么只需要一个应变计就足够了。但是，仍然需要安装更多的应变计在梁上，去覆盖可能出现的弯曲状态不确定性，从而获得更精确的相对位姿测量。本节的示例选择了五个相等间距的应变计位置[115]。移动机器人的柔性梁由弹簧钢制成，其厚度为 0.71mm，高度为 51mm，长度为 0.3464m。五个应变计分别分布在沿轴的 [0.0063m，0.0986m，0.1721m，0.2578m，0.3438m] 处。

实现 RPS 的具体电路包括信号放大、信号调节、降噪和信号损失补偿。比如 CFMMR 机器人通过一条 7.6m 长的线缆由 dSpace 1103 DSP 发送来自 MATLAB Simulink 的控制指令。那么从应变计输出的 20mV 信号需要进行放大才能达到 DSP 的模拟输入范围，同时需要降低线缆的电信号噪声干扰。因此，可以设计一个放大电路，为每个应变桥提供合适的增益和偏移。由于每个放大器可以单独调节，所以在每个应变桥中的应变范围和大范围边界条件给定的情况下，就可以充分利用 DSP 的输入范围并且最大程度降低噪声。

一旦增益和偏移调整到位，相应的电压测量量就可以和应变相关联了。在输出电压测量的过程中，连接梁保持纯弯曲状态。类似的测量也可以在其他的边界条件下获得。然后，这些电压量和理想应变状态进行概率关联，从而得到每个传感器的电压-应变的回归方程。之后将得到的应变测量带入到式（5-2）中，解出多项式系数 a_i，最终通过式（5-4）~式（5-6）进行分段积分得到总的相对位姿量。

软件实现过程中需要注意的是，所有的算法都需要实时运行。从提供更精确的相对位姿估计的角度来看，梁的分段越多越好。然而机器人控制器必须以某个最小值运行以达到最佳表现，而大量的分段也会影响算法在实时运行时的更新频率。这些问题会在 5.5 节算法评价部分具体进行描述。

5.3　第一层数据融合

在第一层数据融合算法里，每个轴模块以运动学模型为基础利用扩展卡尔曼滤波来融合轮轴里程计和其他本体传感器的数据[140]。以两轴 CFMMR 为例，每个 EKF 定义七个状态变量去表示该轴在全球 X-Y 参考坐标系中的变化（见图 5-3），向量如下：

$$\boldsymbol{x}_i = \begin{bmatrix} x_i & y_i & \phi_i & V_i & \dot{\phi}_i & \dot{V}_i & \ddot{\phi}_i \end{bmatrix}^{\mathrm{T}} \tag{5-9}$$

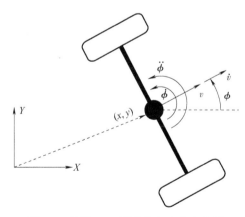

图 5-3　单轴 EKF 模型的七个状态变量

式中，$i=1$ 和 $i=2$，分别为前轴和后轴状态变量。每个轴模块的非线性模型可以表示为

$$x_i^k = a_i(x_i^{k-1}, 0, 0, T) = x_i^{k-1} + \delta x_i^k \tag{5-10}$$

上式可以具体写为

$$x_i^k = \begin{bmatrix} x_i^k \\ y_i^k \\ \phi_i^k \\ v_i^k \\ \dot\phi_i^k \\ \dot v_i^k \\ \ddot\phi_i^k \end{bmatrix} = \begin{bmatrix} x_i^{k-1} \\ y_i^{k-1} \\ \phi_i^{k-1} \\ V_i^{k-1} \\ \dot\phi_i^{k-1} \\ \dot V_i^{k-1} \\ \ddot\phi_i^{k-1} \end{bmatrix} + \begin{bmatrix} \delta x_i^k \\ \delta y_i^k \\ \delta\phi_i^k \\ \dot v_i^{k-1}T \\ \ddot\phi_i^{k-1}T \\ 0 \\ 0 \end{bmatrix} \tag{5-11}$$

式中，δx_i^k、δy_i^k 和 $\delta\phi_i^k$ 是假设没有考虑轮子打滑时的变量。另外，在式（5-11）里将加速度状态量设置为常数，即 δx_i^k 向量的最后两个元素为零。这一点本节后面还会讨论。式（5-11）中的速度项（包括平移速度和旋转速度）是加速度乘以采样时间 T。

下面考虑如何推导式（5-11）中的位姿变量 x、y 和 ϕ。图 5-4 所示的轨迹为一个单轴模块在一个采样周期内移动的路径，为了清晰起见，图中的路径长度和旋转角的改变均有一定程度的放大。由于通常采样周期都非常小，所以直线向量 $\delta s'$ 和实际移动路径 δs 的差别可以忽略不计。因此 $\delta s'$ 可以通过下式计算：

$$\delta s_i' = v_i^{k-1}T + \frac{\dot v_i^{k-1}T^2}{2} \tag{5-12}$$

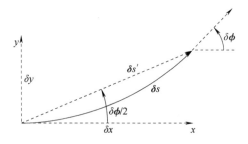

图 5-4　单轴模块在一个采样周期的运动学特性

然后该轴的旋转角改变可以通过前一个采样周期中的角速度和角加速度计算获得：

$$\delta\phi_i^k = \dot{\phi}_i^{k-1}T + \frac{\ddot{\phi}_i^{k-1}T}{2} \tag{5-13}$$

全球坐标系的 x 轴和直线向量 $\boldsymbol{\delta s}'$ 的夹角可以用下式来计算：

$$\phi_i^{k-1} + \frac{1}{2}\left(\dot{\phi}_i^{k-1}T + \frac{\ddot{\phi}_i^{k-1}T^2}{2}\right) \tag{5-14}$$

δx_i^k 和 δy_i^k 可以通过位置向量 $\boldsymbol{\delta s}_i'$ 在 x 和 y 轴的变化量来预估：

$$\delta x_k = \left(v_{k-1}T + \frac{\dot{v}_{k-1}T^2}{2}\right)\cos\left(\phi_{k-1} + \frac{1}{2}\left(\dot{\phi}_{k-1}T + \frac{\ddot{\phi}_{k-1}T^2}{2}\right)\right) \tag{5-15}$$

$$\delta y_k = \left(v_{k-1}T + \frac{\dot{v}_{k-1}T^2}{2}\right)\sin\left(\phi_{k-1} + \frac{1}{2}\left(\dot{\phi}_{k-1}T + \frac{\ddot{\phi}_{k-1}T^2}{2}\right)\right) \tag{5-16}$$

至此完成了式（5-11）的系统建模。

每个 EKF 传递的信息包括两种：系统状态变量 $\boldsymbol{x}_i$ 和表示模型不确定性的协方差矩阵 $\boldsymbol{P}_i$。这些随着采样周期的更新而更新为

$$\tilde{\boldsymbol{x}}_i^k = a_i(\hat{\boldsymbol{x}}_i^{k-1}, 0, 0, T) \tag{5-17}$$

$$\tilde{\boldsymbol{P}}_i^k = \boldsymbol{A}_i P_i^{k-1}\boldsymbol{A}_i^{\mathrm{T}} + \boldsymbol{Q}_i \tag{5-18}$$

随着测量值的更新而更新为

$$\boldsymbol{K}_i^k = \tilde{\boldsymbol{P}}_i^k\boldsymbol{H}_i^{\mathrm{T}}(\boldsymbol{H}_i\tilde{\boldsymbol{P}}_i^k\boldsymbol{H}_i^{\mathrm{T}} + \boldsymbol{R}_i)^{-1} \tag{5-19}$$

$$\hat{\boldsymbol{x}}_i^k = \tilde{\boldsymbol{x}}_i^k + \boldsymbol{K}_i^k(z_i^k - \boldsymbol{H}_i\tilde{\boldsymbol{x}}_i^k) \tag{5-20}$$

$$\boldsymbol{P}_i^k = (\boldsymbol{I} - \boldsymbol{K}_i^k\boldsymbol{H}_i)\tilde{\boldsymbol{P}}_i^k \tag{5-21}$$

式中，$\hat{\boldsymbol{x}}$ 为系统状态的估计值，上角 k 为当前的时间步长；矩阵 $\boldsymbol{A}_i$ 为式（5-11）在当前时间步长中的线性化；$\boldsymbol{Q}_i$ 为与第 i 个轴的系统模型 f_i 不确定性相关的协方差矩阵；矩阵 $\boldsymbol{H}_i$ 将传感器输入映射到系统模型中。

尽管这里不会直接考虑轮子打滑问题，但是通过调整矩阵 $\boldsymbol{Q}_i$，式（5-11）中常数加速度项仍然可以被用来降低打滑带来的影响。当移动机器人遇到一个打滑点的时候，其中一个轮子会突然打滑，而这个打滑的轮子会产生很大突变的加速度。如果这个加速度比移动机器

人正常加速度大很多的时候，它就可以通过式（5-11）中的恒加速度模型进行一定程度的调节。具体做法是调整矩阵 Q_i 的两个加速度分量，使得加速度的改变反映到系统方程里的速度不会快到影响正常系统的加速度，而是对由轮子打滑引起的加速度快速改变特性进行阻尼减小。因此，最后的矩阵 Q_i 可以变为

$$Q_i = \mathrm{diag}\begin{bmatrix} 0.001 & 0.001 & 0.001 & 0.1 & 0.1 & 10 & 10 \end{bmatrix} \quad (5\text{-}22)$$

最后值得注意的一点是，将矩阵 P_i 的初值设置为一个对角元素均为 0.001 的对角矩阵，使得系统可以快速地收敛到其真实方差。

在测量更新阶段，式（5-19）的目的是计算出卡尔曼增益矩阵 K。卡尔曼增益矩阵是衡量状态更新时间和测量更新之间差异的信任因子，也是测量变量能投影到系统方程每个状态变量的中间变量。正是通过式（5-20）中的矩阵 K，EKF 才可以在恒加速度假设和加速度状态不可直接测量的前提下，来估计出加速度状态变量。矩阵 H 是系统状态变量到测量变量的投影，而 R_k 是与测量变量相关的协方差矩阵。矩阵 H 可以通过求取测量模型 h 的雅可比矩阵得到。可以测量的变量包括左右编码器的转数和陀螺仪的输出电压。前轴和后轴的矩阵 H 分别表示在式（5-23）和式（5-24）中。

$$H_1 = \begin{bmatrix} 0 & 0 & 0 & \dfrac{C_E T}{2\pi r} & \dfrac{C_E B T}{2\pi r} & 0 & 0 \\[3mm] 0 & 0 & 0 & \dfrac{C_E T}{2\pi r} & -\dfrac{C_E B T}{2\pi r} & 0 & 0 \end{bmatrix} \quad (5\text{-}23)$$

$$H_2 = \begin{bmatrix} 0 & 0 & 0 & \dfrac{C_E T}{2\pi r} & \dfrac{C_E B T}{2\pi r} & 0 & 0 \\[3mm] 0 & 0 & 0 & \dfrac{C_E T}{2\pi r} & \dfrac{C_E B T}{2\pi r} & 0 & 0 \\[3mm] 0 & 0 & 0 & 0 & C_G & 0 & 0 \end{bmatrix} \quad (5\text{-}24)$$

式中，C_E 为轮子转一圈正交编码器的转数；r 为轮子半径；B 为机器人轮子底盘的宽度；C_G 为编码器校准参数。表 5-1 给出的参数包含了本章讨论的实验平台对应的矩阵 H 中所有参数的实际值。这里假设所有的测量变量都是互相独立的，因此 R 可以表示为对角元素为

每个传感器方差的对角矩阵:

$$\boldsymbol{R}_1 = \boldsymbol{R}_2 = \mathrm{diag}\begin{bmatrix} 0.005 & 0.005 & 0.005 \end{bmatrix} \qquad (5\text{-}25)$$

然后式(5-20)会提供当前步长的状态估计。括号中的残差项($z_i^k - \boldsymbol{H}_i \tilde{\boldsymbol{x}}_i^k$)代表实际测量值和预估值之间的不同。当前步长下系统状态量的改变由该残差项结果乘以卡尔曼增益 $\boldsymbol{K}_i$ 得到。然后,根据式(5-21)计算出状态协方差矩阵 $\boldsymbol{P}_i$ 的最终值。

表 5-1 *H* 矩阵中的参数值

变量	C_E	T	r	B	C_G
数值	1024 次	0.01s	0.073m	0.343m	1.39rad/s/V

5.4 第二层数据融合

5.4.1 协方差交叉滤波

为了将包括 RPS 在内的所有传感器数据源都纳入系统中,需要建立第二层数据融合,如图 5-1 所示。值得注意的是,RPS 只是两轴相对位姿 $\boldsymbol{x}_{\mathrm{RPS}}$ 的观测值,相对于世界坐标系来讲并不是新信息。因此如果试图利用传统的卡尔曼滤波,将柔性梁的数据与轮轴的数据融合在一起,以减小轮轴位姿的方差,那么不会得到一个保守估计。

这个问题可以通过协方差交叉(CI)滤波策略来解决,使得数据的相关性存在未知的情况下不会获得非保守估计[138]。随后会通过两个模拟试验来验证在第二层数据融合中,CI 滤波器会优于传统的卡尔曼滤波器。在模拟试验中,会使用一个由 RPS 连接两个轮轴的模型来模拟系统单元。然后在每个轴应用一个扩展卡尔曼滤波器,来估计该轴的状态变量和协方差矩阵。其中的协方差矩阵的初始条件是一个对角值全为 0.01 的对角阵。模拟传感器包括轮轴编码器和 RPS 应变桥均被设置为零加上方差为零正态分布的噪声信号。值得注意的是,两个轮轴的初始状态也被设置为零,然而实际上两个轮轴不可能同时位于原点位置。这个初始设置问题将被基于 RPS 的第二层数据融合算法在随后的迭代中校正。

如图 5-5 和图 5-6 所示，第一个模拟试验使用 CI 滤波作为第二层滤波，而第二个模拟试验使用传统卡尔曼滤波作为第二层滤波。

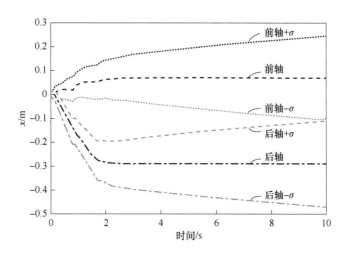

图 5-5　第二层滤波器为 CI 滤波器

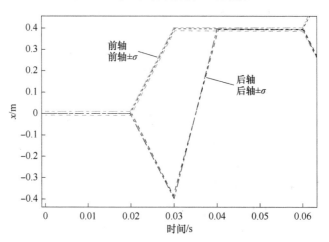

图 5-6　第二层滤波器为传统卡尔曼滤波器（前 600ms）

尽管两个轮轴的初始值均为零，CI 滤波器仍然很快收敛，并根据 RPS 给出的相对距离将两个轮轴 x 方向的位置调整到位。另外，其标准差并没有降至初始值以下，而是稳定增加。在缺乏对 x 方向位置直接且独立测量的前提下，这个结果符合我们设计预期。

相反，如果使用传统卡尔曼滤波作为第二层滤波器算法并设置相同的初始条件，那么系统前 600ms 的模拟结果如图 5-6 所示。可以看到，最初的协方差很小，而且中间时刻步长的协方差一直保持很小，以至于在图 5-7 所示的整个仿真过程中已经分不清楚轴的预测位置和均值位置的差别。这是因为卡尔曼滤波器认为 RPS 和编码器的测量结果相对于世界坐标系是完全独立的，所以协方差随着每次测量更新大幅度减小，使得滤波器逐步倾向于忽略轮轴层面上的新测量输入。如图 5-7 所示，这种行为导致的直接结果就是卡尔曼滤波器迅速发散。以上仿真结果使人相信在这个应用环境中 CI 滤波器是个更优的选择。

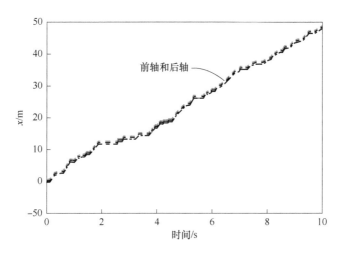

图 5-7　第二层滤波器为传统卡尔曼滤波器

5.4.2　相对测量概率位姿误差校正（RMSPEC）

在第二层数据融合算法中，CI 滤波器利用相对测量概率位姿误差校正（RMSPEC）算法，来更新置信度最低的扩展卡尔曼滤波位姿估计数据。类似 Borenstein 在本书参考文献 [108，141] 所提方法，RMSPEC 利用了增长率的概念去判断哪个轴最有可能减小轴间的相对位姿估计误差。相互连接的轴间相对转向角误差通常会导致相对位姿估计的快速发散，因此增长率被用来表征来自 EKF 的相对位姿预测和 RPS 更新的相对位姿估计之间的不同。这种不同被称作偏差角，可以直接通过 EKF 和 RPS 数据进行评价，从而判断哪个轴是置信度最高的轮轴。

为了计算每个轴的偏差角（图 5-8 和图 5-9 所示的 θ_1 和 θ_2），首先考虑在世界坐标系中 EKF 状态估计可以提供的第一个轴相对于第二个轴的位置，公式如下：

$$\Delta = \begin{bmatrix} x_1 - x_2 \\ y_1 - y_2 \end{bmatrix} = \begin{bmatrix} \Delta x \\ \Delta y \end{bmatrix} \tag{5-26}$$

因此，Δ 可以由 EKF 来估计为

$$\gamma = \arctan \frac{\Delta y}{\Delta x} \tag{5-27}$$

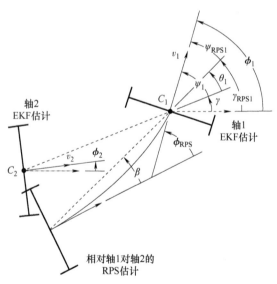

图 5-8　轴 1 偏差角 θ_1 计算示意图

类似的相对位置估计可以由 RPS 来提供，但是必须考虑的条件是 RPS 数据是相对于轴 2 表示的。因此由 RPS 预计的相对位置角度 β 取决于如下公式：

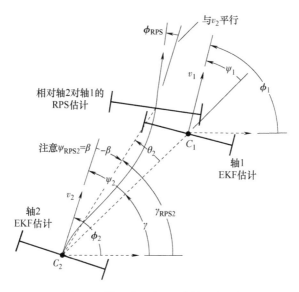

图 5-9　轴 2 偏差角 θ_2 计算示意图

$$\beta = \arctan\frac{y_{RPS}}{x_{RPS}} \tag{5-28}$$

如图 5-9 所示，轴 2 的相对转向角可以直接由下式来估计：

$$\psi_{RPS2} = \beta \tag{5-29}$$

根据相对于轴 2 的 RPS 数据所估计的相对位置则可以由下式来决定：

$$\gamma_{RPS2} = \phi_2 - \psi_{RPS2} \tag{5-30}$$

然后可以将 EKF 和相对于轴 2 的 RPS 估计之间的偏差定义为

$$\theta_2 = \gamma_{RPS2} - \gamma \tag{5-31}$$

将式（5-29）和式（5-30）代入式（5-31），可以得到偏差的计算为

$$\theta_2 = \phi_2 - \psi_{RPS2} - \beta \tag{5-32}$$

由于 RPS 数据表示是相对于轴 2 的，所以计算相对于轴 1 的偏差角要更复杂一些。但是通过图 5-8 所示，可以注意到 RPS 可以提供两个轴的相对转向角估计。因此，轴 1 相对转向角的 RPS 估计可以表示为

$$\psi_{RPS1} = \phi_{RPS} - \beta \tag{5-33}$$

同样，利用相对轴 1 的 RPS 数据可以得到相对方向为

$$\gamma_{RPS1} = \phi_1 - \psi_{RPS1} \tag{5-34}$$

类似式（5-31），EKF 和相对于轴 1 的 RPS 估计之间的偏差可以定义为

$$\theta_1 = \gamma_{RPS1} - \gamma \tag{5-35}$$

将式（5-33）和式（5-44）代入式（5-35），可以得到偏差角为

$$\theta_1 = \phi_1 - \phi_{RPS} + \beta - \gamma \tag{5-36}$$

正是由于 RPS 数据是相对轴 2 的而不是轴 1 的，所以式（5-36）才不同于式（5-32）。因此，最终偏差角是由式（5-32）和式（5-36）的实验数据得到的。

由于 $\gamma = \phi_i - \psi_i$，因此将式（5-30）和式（5-34）结合于式（5-31）和式（5-35）可以进一步表示为更通用的形式：

$$\theta_i = \psi_i - \psi_{RPSi} \tag{5-37}$$

式中，i 为第 i 个轴。因此，偏差角预示着由 EKF 和 RPS 分别估计出来的相对转向角 ψ_i 和 ψ_{RPSi}，之间是有差异的。通过尽量减小偏差角来保持这些相对转向角的可信度对于最小化增长率和保持机器人构形来说是至关重要的。

在与 RPS 数据融合的时候，拥有最小偏差角值的轮轴将提供最小的增长率。因此如果 $|\theta_1| < |\theta_2|$，那么会将 EKF 数据 x_1 与 x_{RPS} 结合来更新 x_2 方向上的姿态估计。当 $|\theta_2| < |\theta_1|$，也可类似估计。

下面用 CI 滤波器来融合 EKF 数据和 RPS 数据。由于机器人单轴的位置及方向状态 (x_i, y_i, ϕ_s) 是 RPS 可以辨别的仅有的变量，所以 CI 滤波器结构中的系统状态变量矩阵由 (x_i, y_i, ϕ_s) 组成，其表达式如下：

$$C = (wA^{-1} + (1-w)B^{-1})^{-1} \tag{5-38}$$
$$c = C(wA^{-1}a + (1-w)B^{-1}b)$$

式中，$\{a, A\}$ 和 $\{b, B\}$ 分别为与数据集相关的 $\{$均值，方差$\}$；$\{c, C\}$ 为 $\{a, A\}$ 和 $\{b, B\}$ 融合后的均值和方差。这里将会选择权重因子 w 去减小得到的协方差矩阵的迹。因此，通过 CI 滤波器的设计，可以利用连接梁上的传感器来减小里程误差，同时保持协方差

估计的一致性。

首先考虑轴 1，基于 CI 滤波器的融合算法步骤如下。

如果 $|\theta_1| > |\theta_2|$，那么轴 2 相对来讲信任度更高。因此需要基于 RPS 数据更新轴 1：

首先，定义 CI 滤波器输入变量为

$$\boldsymbol{a} = \begin{bmatrix} x_1 & y_1 & \phi_1 \end{bmatrix}^T \tag{5-39}$$

$$\boldsymbol{b} = \begin{bmatrix} x_2 \\ y_2 \\ \phi_2 \end{bmatrix} + \begin{bmatrix} x_{RPS} \\ y_{RPS} \\ \phi_{RPS} \end{bmatrix} \tag{5-40}$$

其相应的协方差为

$$\boldsymbol{A} = \boldsymbol{P}_1 [1,1:3,3] + \begin{bmatrix} 0 & 0 & 0 \\ 0 & 0 & 0 \\ 0 & 0 & 1 \end{bmatrix} \theta_1^2 \tag{5-41}$$

$$\boldsymbol{B} = \boldsymbol{P}_2 [1,1:3,3] + \boldsymbol{P}_{RPS} \tag{5-42}$$

接着，基于优化后的变量 w（细节会在后续讨论），用式（5-38）融合多传感器数据得到 $\{\boldsymbol{c}, \boldsymbol{C}\}$。

最后，更新轴 1 的 EKF 系统状态变量和协方差为

$$\boldsymbol{x}_1 [1:3] = \begin{bmatrix} x_1 & y_1 & \phi_1 \end{bmatrix} = \boldsymbol{c} \tag{5-43}$$

$$\boldsymbol{P}_1 [1,1:3,3] = \boldsymbol{C} \tag{5-44}$$

需要注意的是，式（5-33）的基础是 EKF 数据及由式（5-8）推导出来的 RPS 数据。协方差 $\boldsymbol{P}_1$ 和 $\boldsymbol{P}_2$ 同样是由 EKF 数据推导而来，在这里仅截取最前面由 CI 滤波器更新的 3×3 矩阵。相同的方法被用在式（5-37）中向量 $\boldsymbol{x}_1$ 的截取上。

应用在轴 2 上的基于 CI 滤波器的融合算法步骤如下。

如果 $|\theta_1| \leqslant |\theta_2|$，那么轴 1 的信任度更高。因此需要基于 RPS 数据来更新轴 2：

首先，定义 CI 滤波器的输入变量为

$$\boldsymbol{a} = \begin{bmatrix} x_2 & y_2 & \phi_2 \end{bmatrix}^T \tag{5-45}$$

$$\boldsymbol{b} = \begin{bmatrix} x_1 \\ y_1 \\ \phi_1 \end{bmatrix} - \begin{bmatrix} x_{RPS} \\ y_{RPS} \\ \phi_{RPS} \end{bmatrix} \tag{5-46}$$

其相应的协方差为

$$A = P_2[1,1:3,3] + \begin{bmatrix} 0 & 0 & 0 \\ 0 & 0 & 0 \\ 0 & 0 & 1 \end{bmatrix} \theta_2^2 \qquad (5\text{-}47)$$

$$B = P_1[1,1:3,3] + P_{\text{RPS}} \qquad (5\text{-}48)$$

接着，基于优化后的变量 w，用式（5-38）融合多传感器数据得到 $\{c, C\}$（后面将详细探讨）。

最后，更新轴 2 的 EKF 估计为

$$x_2[1:3] = [x_2 \quad y_2 \quad \phi_2] = c \qquad (5\text{-}49)$$

$$P_2[1,1:3,3] = C \qquad (5\text{-}50)$$

接下来讨论在同时考虑精度和系统限制两个因素的情况下如何计算 CI 滤波器中的 w。理想情况是，尽量减小计算量，同时不影响系统性能。实验证明，这一系统中的 w 经常快速发生变化。因此，这里提出一个三步混合方法来估计 w。在这个方法中，C 在每个时间步长中最多被计算 10 次，w 为使得 C 的迹最小化的值。前六次计算为暴力求解法，w 分别设为 0、0.2、0.4、0.6、0.8 和 1 时计算 C。后面的计算则更为动态的，利用上一个时间步长中的 w 值，以及这个 w 值两边各加减一个小的 δ_w，将基于这三个满足相邻条件的 w 值构建一个多项式函数，使其产生 C 的最小迹值，并假设其包围了最小迹值。

然而，一个值得注意的问题是，CI 滤波器在其方差达到和 RPS 同一个等级之前，先要依赖 EKF 的输出。一旦达到这个等级，之前提到的算法就会突然改变 w 值，再加之 RPS 对轴间相对姿态的主导作用，从而引起机器人姿态估计的突然变化。为了使 RPS 的过渡更平滑，将一个速率限制器施加到 w 上，去限制它在一个时间步长内可能的改变。

这个融合机制可以逐步扩展到拥有多个轮轴和连接梁的移动机器人机构中。首先每个轮轴的姿态将会通过第一层 EKF 和机载传感器来估计，然后第二层的 RMSPEC 算法可以用来决定来自哪个邻近轮轴的 RPS 输出值得信任，而那些从相邻轴推导出的置信度高的姿态估计就可以和该轮轴原始传感器输出值进行融合。这种方法的优点是，每个轮轴可以装载不同的传感器，使得所有的轮轴估计都从中受益。举例来讲，假设只有一个轮轴安装 GPS 传感器，那么通过连接轴间的 RPS 传感器，姿态数据可以从该轴传递到邻近轴，因此其他轴的绝对位置也都可以通过该 GPS 传感器最终估计出来。

　　应用了 RMSPEC 算法之后，无论一个单独轮轴自身装载的传感器漂移有多大，它和邻近轴的相对姿态误差将会受限于它们之间连接梁作为一个传感器的分辨率。如果没有 RPS 作为调节器，机器人的轴间相对姿态误差将会在大相互作用力影响下产生漂移。

5.5　RPS 静态测试

5.5.1　实验方法

　　为了进行校准和静态评估，利用一个夹具在 RPS 上施加边界条件。如图 5-10 所示，夹具通过低摩擦球轴承来支撑连接梁的两端，高度线性电位器被用来测量角偏差。考虑到悬臂梁弯曲时的缩短效应，连接梁标记为点 A 的一端同时用一个线性轴承来支撑[143]，并用一个线性电位器来测量此位移。因此校准需要的角度和线性位移均可以通过该装置被模拟和测量。如果希望评价缩短效应对牵引力的影响，轴向力也可以施加在固定夹具上。如图 5-11 所示，在本章所有的测试中，通过 RPS 估算出来的 x_{RPS}、y_{RPS}，和 $\phi_{PII\Sigma}$ 均描述了点 B 在 A 坐标系下的位姿。

　　为了评价 RPS 算法的精确度和工作效率，本节进行了一系列的实验来评估所需要设置的离散梁段的个数和完成 RPS 所需要的处理器时间。测试用的夹具用来施加边界条件和测量柔性梁的实际位移。然后测量到的应力数据被用来评价随着梁段个数变化 RPS 算法精确度的改变。为了保证轴间的相对位姿与实际范围相符合，评估了几个典型的角度比率边界条件。模式 1 指的是当柔性梁以相同和相反方向提供纯弯曲的情况，如图 5-11 所示，A 端固定在 $\psi_{RPS2} = 22.5°$，而 B

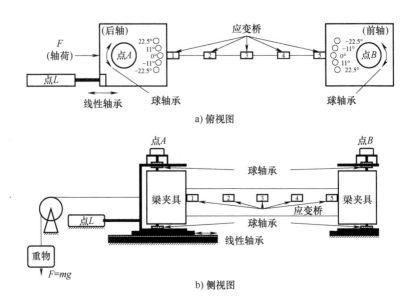

a) 俯视图

b) 侧视图

图 5-10 RPS 测试夹具示意图

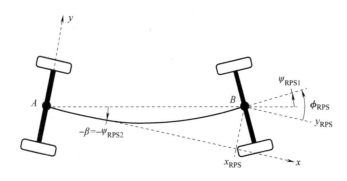

图 5-11 点 B 在 A 坐标系下的位姿

端固定在 $\psi_{RPS1} = -22.5°$。模式 2 的边界条件是 $\psi_{RPS2} = 0°$ 和 $\psi_{RPS1} = 22.5°$。在模式 3 中，A 端和 B 端都固定在 22.5°。第二个实验是通过改变 n 来评估所需的处理器时间。尽管当时实验是在 400MHz 的 CPU 和 dSpace 1103 DSP 平台上运行的，但是本章所提方法并不受硬件水平影响。相反，随着硬件产品的快速迭代，具有更强大计算能力的平台使得梁端的个数可以设置更多，但是目标仍然是达到精确度和计算效率的平衡。

最后一组实验室是评估轴向力对 RPS 算法精确度的影响。轴向力是模拟由跟踪误差引起非零力 F_x 的情况。如图 5-10b 所示，在固定端坠一个已知重物来给柔性梁施加轴向力。柔性梁的末端在模式 1 下分别在 -22.5°、-11°、0°、11° 和 22.5° 等不同角度下弯曲，其轴向负载分别是 0N、1.0N、2.0N 和 3.9N。由于梁的固定端结点存在很小的库仑摩擦，所以从拉伸状态和从压缩状态缓慢释放，柔性梁会静止在稍微不同的位置。因此在实验中，每组数据中 RPS 输出值都是将梁从拉伸状态和压缩状态分别释放，然后取其平均值得到的。除了之前提到的拉力，这些小干扰力被手动加到拉伸和压缩状态中，使得实验更接近真实情况。如果读者有兴趣，本书参考文献［62］详细讲述了压缩力对后屈曲缩减的影响。为了保证 RPS 的收敛性，这里取 $n = 100$。实验中的百分比结果代表的是在给定挠曲角下 RPS 平均误差和电位器测量的实际值之间的比率。

5.5.2　实验结果和讨论

图 5-12a～c 给出了在离散梁段 n 分别设置为 1、20、100、1000 和 10000 区间的情况下，RPS 预测的精度变化。从误差图可以看出，当 $n = 1 \sim 5$ 时，误差下降很快，之后误差缓慢减小。因此应该采用 $n \geqslant 5$。值得注意的是，RPS 预测一般在模式 1 状态的时候最精确，这通常也是由转向构型决定的。其他模式下（模式 2、模式 3）的误差代表了非理想边界条件存在的情况下 RPS 的典型预测误差。

RPS 处理时间的要求如图 5-13 所示，图中横向连接数据点的实线是一个拟合曲线，其中时间 t（单位为 ms）为

$$t = 0.0025n + 0.018 \tag{5-51}$$

在轴级 EKF、CI 滤波器和机器人控制器处理能力已知的情况下，n 的上限可以通过图 5-13 来估计。尽管 n 最小可以设置为 5，为了确保系统收敛性，将在以下实验中选择 $n = 100$。另一个可以提高预测准确度的方法是避免式（5-4）～式（5-6）中 $\kappa(x)$ 的离散化，代价是每一步的计算量会相应增加。

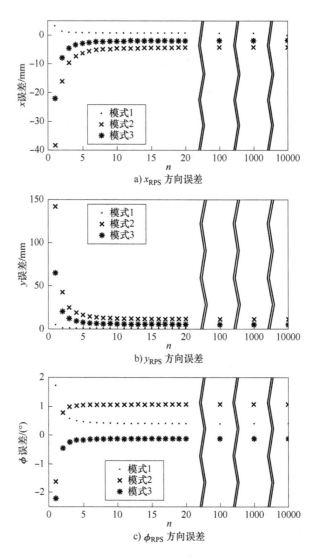

a) x_{RPS} 方向误差

b) y_{RPS} 方向误差

c) ϕ_{RPS} 方向误差

图 5-12　RPS 算法误差

如图 5-14a~c 所示，与 RPS 算法返回的相对位置误差中的分量 x、y、ϕ 相关的误差可从这三个图中观测得到。尽管预测偏转超过 45° 的梁段终点比较困难，然而 RPS 传感器仍表现出色。沿着梁段的

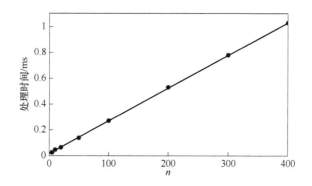

图 5-13 RPS 要求的处理时间和 n 的变化关系

连接点施加一个力看起来不会显著降低 RPS 算法的精确度。值得庆幸的是，RPS 对于此种类型的扰动是具有鲁棒性的，而这种类型的扰动在实际应用中十分常见。

RPS 误差随着偏转的增大也增加，并且关于零偏转角点略有对称。对于较为温和的偏转（±22°），净 RPS 姿态误差是对称的，并且小于 4.1mm 以及 1°。然而，当梁段偏转至±45°时，这种对称性就被破坏了。在这种情况下，-45°时的误差百分比是 45°时的 1/2。因此，在大偏转时，姿态误差最大能达到 6.7mm 和 2°，最小为 3.3mm 和 1.2°，具体误差值取决于偏转的方向。虽然 RPS 的性能并不完美，但它的确对于界定相对轴姿态估计量有着极大帮助。

可以相信，这种不对称性的部分原因是梁段里的永久应变。它表明了一个事实，当梁段被放置在平坦表面时，它也并不是极其平坦的。相反，梁段会有一个轻微的扭转，并且其中一个角会偏离平面几个毫米，这是由弹簧刚制造引起的。还有一种可能，那就是这种效应是由标定过程中的误差或测量应变桥时的误差带来的。

对于 RPS 的协方差 P_{RPS} 的估计是基于之前提到过的实验结果来进行的。为模式 1、2、3 分别进行了协方差估计，并最终基于模式 2 进行，因为模式 2 表示了 RPS 较差的性能情况：

$$P_{RPS} = \text{diag}[\, 4.13 \times 10^{-04} \quad 1.30 \times 10^{-04} \quad 0.0115 \,] \tag{5-52}$$

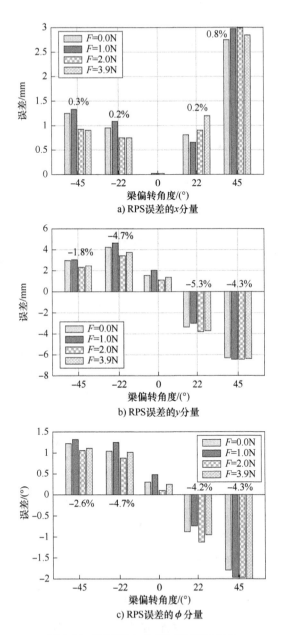

图 5-14 不同轴力应用时的 RPS 误差

5.6　RPS 测试及数据融合

5.6.1　方法和步骤

和之前章节讨论的相同，本节对机器人在三种有着递进难度的表面上进行了测试。第一种表面是紧密编织的闭环地毯，它几乎不打滑，提供了极佳的阻力。本节将这种表面用做基准。第二种表面是在塑料布上有着平均分布 10mm 厚度的沙地。这种表面导致了很多轮子打滑。最后一种表面是在之前测试中沙地的基础上又增加了 10 ~ 20mm 厚度的石子散落在机器人的路径上，其间隔将近 70mm。这些石子原先都是石块，拥有很粗糙的表面，机器人在爬过这些石子时，它们为机器人提供阻力。这些石子的尺寸根据这样的原则来选择：相对于轮子的直径，它们可提供显著障碍，但却不至于大到成为壁垒。

在这些测试中，机器人运动学控制器都以经典轮速度伺服控制和 100Hz 的采样速率来提供平衡点稳定。机器人的初始位置是 y 轴上 -1000m 和 x 轴上 -1550m，从这个位置开始运动。控制器使得机器人沿着一条 s 形路径运动，先向左转，当它想要趋近初始位置时再向右转。这里使用四种不同的传感器配置在每个表面上都做了测试。这些传感器配置包括，只有里程计的、里程计与一个在后轴上的陀螺仪（BEI HZI-90-100A）相结合的、前两种配置再加上 RPS 以及第二层 RMSPEC 融合算法的。在每次运行结束时，使用刚好在机器人高度之上的测量用尺带及线网格系统来测量每个轴的位置和朝向。这样机器人的实际最终姿态就可与之前给出的机器人姿态进行比较了。

这里讨论的目标是展现 RPS 对于相对跑偏量的改善。因此，这里给出了每个轴实际测量的与传感器测量的最终相对姿态之间的差别。在每次小实验结束时，都使用测量尺带进行了手工测量。本章也给出了来自 CI/EKF/RPS 算法的传感器测量出的相对姿态数据。那些在后轴参考结构中描述了前轴姿态（见图 5-11）的变量 x_{REL}、y_{REL} 与 ϕ_{REL}，被用来进行信息通信，见表 5-2。每个测试中至少进行了五个

表5-2 机器人地面实况与基于传感器的姿态估计之间的误差

	地毯				沙地				沙石			
	无 RPS		有 RPS		无 RPS		有 RPS		无 RPS		有 RPS	
	无陀螺仪	有陀螺仪	无陀螺仪	有陀螺仪	无陀螺仪	有陀螺仪	无陀螺仪	有陀螺仪	无陀螺仪	有陀螺仪	无陀螺仪	有陀螺仪
x_{REL}/mm	185±40.6	326±31.1	30.1±7.94	-15.7±3.77	399±201	-103±125	11.4±2.08	-0.41±2.52	-768±594	-270±160	14.9±10.6	37.0±20.8
y_{REL}/mm	-359±32.7	165±11.8	-15.2±2.86	53.5±3.79	-24.6±290	-549±182	28.7±14.7	33.9±2.57	90.9±307	-1111±214	6.86±5.76	45.6±46.3
ϕ_{REL}/(°)	-11.4±4.98	2.53±9.47	0.82±0.52	4.38±0.40	-2.38±10.2	-26.5±8.37	12.9±5.88	13.5±2.95	-270±248	-49.6±27.9	1.27±4.14	1.77±16.3
e/mm	51.9±15.2	-4.60±4.42	-49.1±7.75	-78.8±5.93	-447±125	114±79.7	45.6±34.0	38.5±41.9	-131±182	500±182	43.4±64.6	96.7±67.2
γ/(°)	-13.4±3.42	93.5±2.55	-8.94±0.41	-7.22±1.25	128±69.9	-77.2±24.9	-4.84±6.42	0.68±2.23	-6.57±27.0	-42.0±5.98	-0.49±0.84	-13.6±7.20

小实验。即使这并不足以描绘以统计数据为基础的结论，但仍然为每一度量给出了平均及 95% 置信区间（±两个标准差），以说明总体趋势。这里给出了置信区间，这是因为在某些情况中，一个度量的平均值会在变量很大时很接近零值。能够看到机器人在最终总体位姿估计上的改善情况。为了展示在最终总体姿态估计上的改善，给出了 e，它是从初始位置到轴间中心点的距离，如图 5-15 所示。变量 γ 是轴间中心点画出的连线的朝向，如图 5-15 所示。e 与 γ 都是从用测量尺带进行手工测量中得到的。

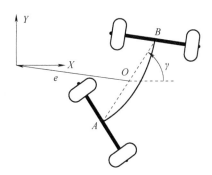

图 5-15　总体位姿变量 e 与 γ

请注意，后轴同样承载着 RPS 放大电路以及两个 7.2V 的 NiCd 电池，电池是后轴的电源。这额外的重量增大了后轴的地面阻力及牵引阻力。

5.6.2　结果和讨论

表 5-2 总结了所有测试的结果。每个数据格子中，前方数字是所有小实验的平均值，后方数字是 95% 置信区间。这里再重申一次，尽管每个测试中小实验的数目有所限制，但这些数值表明了关于性能的总体趋势。表格的第一行是所有小实验中的轴间相对 x 方向距离的误差，x_{REL}。请注意，使用了 RPS 的测试中误差的平均值及置信区间的极大下降是相比那些没有使用 RPS 的测试而言的。增加了没有 RPS 的陀螺仪后，在高阻力表面上，此度量的误差增加了，然而在低阻力表面上的误差却减小了。这种效果可能的原因是，陀螺仪偏置在

此实验中被假设为常量，但在现实中它总是被建模为一阶马尔可夫过程。这种现象也通常被归为陀螺仪漂移。陀螺仪数据表显示，在操作环境下，陀螺仪偏置稳定性小于 4.5°/s。这说明在高阻力表面上，由于陀螺仪偏置中统计变量的存在，轴旋转速率的行程估计量比陀螺仪估计量更好，这种统计变量的存在会导致陀螺仪在地毯表面上的性能恶化。从另一方面来说，当在如沙地的低阻力表面上进行控制操作时，即使有着陀螺仪偏置效应，陀螺仪旋转速率估计量比从里程计得到的旋转速率估计量更加优越，因此这改善了沙地表面的机器人性能。

表 5-2 的第二行给出了所有小实验中轴的相对 y 方向距离的误差，y_{REL}。后轴陀螺仪的加入可能对此度量有不良影响，尤其是对没有 RPS 的在沙地上以及沙石表面上的测试中。为了理解为什么此度量会被陀螺仪所影响，考虑此度量是如何形成的是很重要的。相对位置度量都是基于后轴的坐标系中的前轴姿态所形成的。因此，y_{REL} 度量就对后轴朝向的扰动十分敏感。任何由陀螺仪施加在后轴朝向的影响都会被此度量的这种对于后轴朝向扰动的敏感性所放大。

表 5-2 的第三行给出了所有小实验中后轴之间的相对朝向的误差，ϕ_{REL}。对于此度量，机器人在地毯上和沙地上的性能表现十分相似。因为机器人的运动控制器尝试以构型模式 1 来控制前轴和后轴，所以这个现象得到了很合理的解释。同时，车轮滑动也会有一个趋势，这个趋势使得机器人离模式 1 更近，因为此构型需要最小的阻力以保持其形态。出于这个原因，相对朝向度量对于低阻表面会比之前的度量拥有更小的敏感度。在沙石表面上，ϕ_{REL} 在带有与不带有 RPS 时有着惊人的不同。这可归因于来自石子造成的巨大扰动，尤其在一些情形下，后轴会在石子上完全停住。还可以看到，即使存在着陀螺仪偏置问题，陀螺仪仍然显著改善了机器人在沙石表面上的性能表现。

表 5-2 的第四行给出了所有小实验中 e 的误差。在地毯表面上，由于 RPS 的加入，此度量会稍微变差。这很有可能是因为 RPS 估计量中的近似 5% 误差。如果机器人在地毯上行进的距离增长，那么很

有可能出现这样的情况：仅有行程度量中的误差按比例增长，然而带有 RPS 的误差则会保持其有界性。在沙地和地毯上，e 的误差同样会由 RPS 显著改善。陀螺仪的加入并不是决定性的因素。

表 5-2 的第五行给出了所有小实验中 γ 的误差。在所有表面上，此度量都被 RPS 的加入所改善了。同样，由于陀螺仪偏置的存在，陀螺仪的加入引起了此度量中误差增大的总体趋势。

作者为大部分测试拍摄了视频片段，将每个表面的代表性测试视频中的第 3、8、21 以及 45s 的静止帧以及传感器配置放在了一起。这些静止帧与传感器和数据融合结构记录的机器人路径估计量放在一处。虚线用来表示由后轴跟随的估计路径，实线用来说明由前轴跟随的估计路径。画面中的两条白线几乎不可见。其中一条水平地横跨画面边框的顶部，另一条从右边垂直地落下去。这些线的交点表示那些平衡点稳定控制器试图操控后轴中心点的位置。控制器同时试图操控前轴从水平线上的一点至画面中的线交叉点的右方。

图 5-16 给出了来自于所有四种传感器变化的代表性实验视频中渐进的静止帧，这些测试都是在沙地上进行的。前两行静止帧展示了，仅有里程计，以及里程计与后轴陀螺仪相结合的机器人前进情况。在这两种传感器配置中，两轴的导航姿态有所漂移，尤其前轴漂移得更快。这种偏离是由低阻的沙地表面而造成的大量车轮滑动所引起的。后轴并没有漂移得这么厉害，因为后轴承载了电池的重量以及 RPS 电力支持装置，这带来了更大的阻力。由于前轴漂移的速度比后轴更快，两轴间的相对姿态也变得很大。这就引发了两轴间的对抗力，这使得前轴的车轮滑动和漂移更加严重。可以看到，前两行中最后的图，前轴的姿态估计量有着显著偏移。随着两轴间一致性的丧失，运动控制器也丧失了操控机器人导航回到初始状态的能力。

静止帧画面的第三行及第四行展示了将 RPS 算法加入至传感器装置后的测试结果。在这两行中，前轴和后轴都能很精确地跟随对方。由于 RPS 算法持续修正两轴间的相对姿态，因此前轴和后轴间的强一致性也得以维持。尽管机器人的导航状态相对于实际值存在一定漂移，但是机器人运动控制器仍然可保持有效的控制性能。运动控

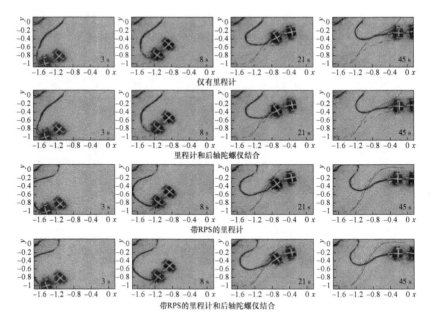

图 5-16 在 10mm 厚的沙地上进行测试（实线和虚线分别表示前轴
路径及后轴路径，路径由 CI 滤波器进行估计）

制器为了保持稳定性，对这种前轴和后轴的一致性有所要求，这也是
RPS 算法及相关算法的主要优势。

图 5-17 给出了来自于所有四种传感器变化的代表性实验视频中
渐进的静止帧，这些测试都是在沙石表面上进行的。请注意，所有那
些具有更加粗糙外观的导航状态的线条都是石子引起的。在静止帧的
前三行中，后轴被石子卡住了，因此行动暂停。这些帧中的前轴继续
在沙子上转动轮子，但是并不能做到继续前进。在不带 RPS 算法的
前两行中，即使轴已经被卡住并转动轮子，前轴仍然觉得它在继续前
进。前轴和后轴间的漂移率中的电位差情况比图 5-16 所示的更加
极端。

在用到 RPS 算法的第三行中，前轴轨迹在轴被卡住的同时停住
了。即使前轴在被卡住的所有时间里轮子都在转，轨迹也会停下。这
是一个 RPS 算法拥有保持前后轴一致性的能力的有效示例。可将这

种表现类型引申到极端环境下。例如，如果在控制过程中，其中一个轴脱离了原本位置，RPS 算法便会检测到这种姿态上的剧烈变化，并修正行程，使得运动控制器可保持其控制能力。这种行为使得机器人对地表条件及动态环境中的变化具有鲁棒性。

　　在静止帧的第四行，在石子路面上行进的机器人性能非常类似它在地毯上，除了轴轨迹由于石子路面而更加不平滑。图 5-17 的最后一系列静止帧中，前轴和后轴的高度一致性只能通过对 RPS 算法以及相关数据融合算法的使用来达到。如图 5-16 所示，相比于没有使用这些传感器的情况，RPS 算法和 RMSPEC 算法显著改善了机器人性能。

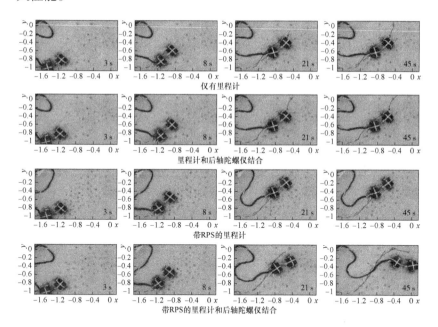

图 5-17　在 10mm 厚的沙石表面上进行测试（实线和虚线分别表示
前轴路径及后轴路径，路径由 CI 滤波器进行估计）

　　总而言之，里程计对在高阻力表面上的短程移动非常有效。然而，里程计的性能很有可能使得长距离测试情况有所恶化，并且很肯定的是，在低阻表面上的确恶化了。因此，这里建议，应该使用一个额外的姿态感测机制去改善里程计。

把里程计与陀螺仪结合可以改善在一些表面上的某些度量，然而却恶化了另一些。陀螺仪偏置是传感器性能中的一个很重要的因素。必须在应用陀螺仪时做一些改善措施，之后它才能对估计机器人姿态这项任务有积极作用。最明显的改善就是使用一个更好的陀螺仪。还有一个可能的补偿手段：可将陀螺仪偏置作为一个状态加入到卡尔曼滤波器当中。还有一些其他的方法，包括当车轮滑动极有可能发生时，如操控过快或车轮阻力过高的情况下，可提高陀螺仪信息的权重。RPS 算法的性能应该只会因陀螺仪的加入而稍被影响。基本上，相对于陀螺仪偏置带来的多数不利影响，RPS 的修正有更大优势。

RPS 算法和 RMSPEC 算法几乎在所有情况下都提升了系统的性能。这种结合看起来也对表面上有着毁灭性不利影响的环境条件具有鲁棒性，如车轴在石子多的地势上被阻塞。同时，这种结合显然使得两轴间的相对位置误差变得有上界。虽然误差的范围并不如模式 1 中 RPS 算法实验的结果所预测的那样小，但是也至少与模式 2 和模式 3 的误差范围保持一致。由于用于实验的轮伺服控制器对扰动不具有鲁棒性，因此这样的情况也在预料之中，也可从刚讨论的静止帧序列中观察到其他模式的情况。在本书第 3 章讨论的运动控制和传感架构中，将 RPS 算法和 RMSPEC 算法结合可以提高轴跟踪及总体控制精确度，这一点将会在接下来的章节进行阐述。

RPS 算法限制测量误差的能力对于使机器人能够在长期控制中保持轴间一致性是非常重要的。这里可根据测试中得来的数据进一步体会 RMSPEC 算法的运行特性。图 5-18 给出了当在沙地上用 RPS、测程信息以及 RMSPEC 算法进行实验时，RMSPEC 算法控制变量的情况。为了方便起见，给出了偏移角度幅值的差值，$\theta_D = |\theta_1| - |\theta_2|$，以表明信任度最高的轴是哪一个。如果 $\theta_D > 0$，那么 $|\theta_1| > |\theta_2|$，且轴 2 的信任度最高；当 $\theta_D < 0$ 时，反之亦然。因此，在图 5-18 所示的 2~4s 及 10~17s 时间段内，轴 2 的信任度最高。很有趣的一点是，在这些时间段内，权重因子 w_2 本质上是 1。这表明轴 1 的姿态数

据（协方差及均值）一直基于 RPS 估计的式（5-40）和式（5-42）持续更新。同样，权重因子 w_1 在那些轴 1 无信任度的时间段内的变化也可被感知到。这表明 5.3 节讨论过的基于协方差计算权重因子的方法，也对确认那些无信任度的数据十分有效。

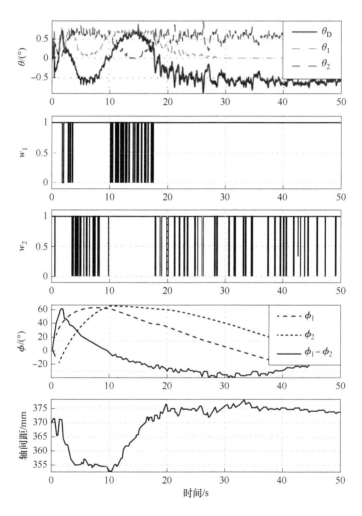

图 5-18 带里程计和 RPS 传感器的机器人在沙地上移动时，
RMSPEC 的控制变量和输出数据

在其他时间段内，如 4~10s 和 17~50s，$\theta_D<0$ 及轴 1 的可信度最高。同样，w_1 在这些时间段内也是 1，轴 2 数据也完全基于 RPS 姿态估计量进行更新。请注意，w_2 在这些时间段内也在进行可被感知到的变化。权重因子中的变化是轴数据不具备可信度的一个指标。

然而，这些结果同样表明，单独的权重并不足以控制第二层数据融合过程。尤其是，在这些测试中 w_1 和 w_2 是间歇性的统一体，这表明需要一个更高级的决定性因子去控制融合过程，如偏离角度等。因此，基于偏离角度可信度选择过程是 RMSPEC 算法的一个很重要的部分，它可以防止 CI 滤波器的竞争。

由机器人在沙石表面上的实验得来的数据明显表明 RPS 传感器及 RMSPEC 融合算法具有抵抗巨大扰动和车轮打滑转动的能力。图 5-19 给出了基于 EKF 融合数据以及行程感测信息得到的结果。请注意，偏移角度 θ 显著增加，并且轴间距与朝向估计量 ϕ 远远超过了轴耦合结构所设定的合理界限。

图 5-19 给出了在沙石表面上的实验数据，实验同时使用 RPS 和 RMSPEC 算法进行对比。请注意，偏移角度仍然相当之小，朝向与相对轴间距的数值也非常合理。尽管有明显的障碍物，光滑表面也造成了明显的非平面移动与显著的车轮打滑转动，但各度量仍然保持合理范围。但是，请注意，相比于图 5-18 所示的沙地表面上的相似数据，偏移角度更大，θ_D 也更频繁地在正值和负值间来回变化。这些特性是由大扰动（障碍物）引起的，这些扰动要求 RMSPEC 算法的切换更加频繁。尽管如此，本章讨论的融合结构以及 RPS 传感器也远远超出预期，以抵抗扰动以及平面外移动。

可能还存在一些其他的扩展方法，可以结合本章讨论过的传感系统使用。比如，调研每个轴上都带有全自由度 IMU 的方案以实现在三维粗糙地形上的导航，这也是很有价值的方法。还可以在其中一个轴上加入另一种传感器——GPS 信号接收器。也可以调研当 RPS 算法为几阶时，它能够改善从一轴到另一轴的 GPS 更新，这也会很有趣。RPS 本身也可被扩展，以检测两轴间的翻滚旋转角。在进行粗糙地形上的导航时，这些信息被证明也是很有用的。

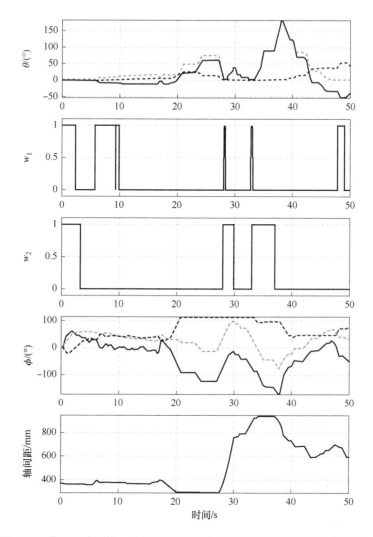

图 5-19　带里程计和第一层 EKF 数据融合的机器人在沙石表面上移动时，
RMSPEC 的控制变量和融合数据输出

第6章　鲁棒运动控制

6.1　概述

　　根据本书第3章已介绍过的协作运动控制和传感器架构，可将本书第4章介绍过的基于曲率的运动学控制器[48]运用于控制单个轮轴的运动，使得机器人可执行合适的运动。这些单独的轮轴运动会为动力学运动控制器提供实时参考输入量。第4章和第5章的实验评估为系统中的动力学控制器假设了一个理想的机器人模型，假设它可以基本上跟踪误差，以及可通过必要的控制器参数调整来跟踪一些特定路径类型。在机器人系统中，柔顺控制是柔性机械手臂的主要难点，其中振荡是主要考虑因素[143,144]。而在如CFMMR之类的户外移动机器人中，柔顺控制在两个方面与柔性机械手臂有着极大不同。首先，CFMMR是一种模块化结构，其中柔性梁结构会产生很大偏移，并且在操纵控制器时柔性梁可能会在后屈曲形态中运行。即使能够基于有限元法（FEM）和后屈曲结构建立出一种柔性梁的近似模型，想要以高精度来为柔性梁作用力建模难度仍然很大。第二，柔性机械手臂并不具有非完整性约束，然而这种约束却是移动机器人的典型特征之一。因此，这种为了户外移动机器人而开发出的动态控制器必须考虑非线性顺应影响，以及移动机器人典型的非完整性约束。因此，传统应用在灵活机械手臂上的动力学控制器在这里不再适用。移动机器人协同控制对象中的顺应问题同样获得了关注[54]，但这些研究都是专注于运动规划以及协作问题，而不是非完整性约束条件下的鲁棒动力学运动控制——即本章的主题。由此而衍生出的控制器一定也会有益于其他协作移动机器人。

　　过去的几十年间，移动机器人的运动控制获得了极大关注。一些研究仅关注移动机器人的运动学模型（如操舵系统），其控制器的输入量为速度向量[145]，这些控制器可称为运动学控制器。然而，实际应用中需要考虑那些能够利用车轮转矩产生输入速度向量的移动机器人动力学模型。因此，一些研究就转向了基于转矩的动力学模型控制与非完整性约束下的运动学模型结合的方法，其目的是改善跟踪性能[53,146]，这种方法也被视作动力学运动控制。当然这些研究都仅关注不需要协同交互的刚性移动机器人。而柔性移动机器人的控制要求更多考虑多轴模块间的柔性耦合（如协作）。

由于现实中存在着许多种不同种类的扰动，所以针对存在不确定性的移动机器人系统，一些具有非线性、鲁棒性以及适应性的动力学运动控制技术逐渐被提出来，以此减小或消除由近似操作带来的负面效应[147-152]。其他研究者也提出了带有自适应的非连续鲁棒控制器或非连续自适应控制器，为了处理由非连续性带来的不稳定性，控制增益的调整会变得更加复杂，而且不确定性部分的界限必须已知[148-150]。Fierro 提出了一种使用在线神经网络的鲁棒适应性控制器，但其费时且计算量巨大，并且难以保证神经网络控制器的实时收敛[151,152]。Lin 开发出了一种鲁棒阻尼控制技术，它不需要任何关于扰动界限的信息，并且结构相当简单。由于 CFMMR 动力学模型的复杂性以及其潜在的柔性梁作用力，这些扰动都是不可预测的[147]。因此，这里介绍的鲁棒控制器是基于本书参考文献［147］而延拓展开的。但是在参考文献［147］中为了简化问题而假设了恒定参考速度。而基于曲率的运动学控制器算法提供的针对姿态调节和路径跟随的参考速度都是时变的[48]。

因此，本章将主要针对 CFMMR，讨论基于模型的分布式鲁棒控制器的设计，它对于带有不确定柔性交互作用力的协作移动机器人系统具有普适性。在设计这种控制器时，需要考虑两个重要的问题：第一个是高度非线性交互作用力的建模与控制，第二个是时变参考轨迹的动态跟随控制（运动学控制器明确了速度与姿态为时间的函数）。本章也给出了一些实验结果来验证带有与不带有交互作用力模型的分布式鲁棒控制器的性能，以及阐述它跟踪时变轨迹的能力。

6.2 运动学模型和动力学模型

6.2.1 模块化动力学模型

通用动力学模型已在本书第 2 章（2.3.5 节）详述过。本节将通用动力学模型改进为模块化动力学模型。首先，单轴模块的动力学模型如图 6-1 所示[146]。然后，在假设串行结构的前提下，通用矩阵由单轴模型的矩阵组合而成。根据机器人的速度与曲率约束范围可知，每个轴的向心力与科里奥利力都相对较小。因此，在考虑第 i 个轴模块时，可以令 $V_i(q_i, \dot{q}_i) = 0$。同样，因为机器人系统的移动都假设处于水平面之上，也让 $G_i(q_i) = 0$。此轴模块的质量矩阵与输入变换矩阵分别为

$$M_i(q_i) = \begin{bmatrix} m_i & 0 & 0 \\ 0 & m_i & 0 \\ 0 & 0 & J_i \end{bmatrix}, E_i(q_i) = \frac{1}{r_w} \begin{bmatrix} \cos\phi_i & \cos\phi_i \\ \sin\phi_i & \sin\phi_i \\ -d & d \end{bmatrix} \quad (6\text{-}1)$$

式中，m_i 与 J_i 分别为第 i 个轴的质量和惯量。$\tau_i = [\tau_{L,i} \ \tau_{R,i}]^T$ 表示应用于第 i 个轴模块的轮轴转矩，其中 $\tau_{L,i}$ 与 $\tau_{R,i}$ 是分别作用在左、右轮上的电机转矩。对应的柔性梁反作用力被表示为

$$F_{K,i}(q_i, q_j) = [F_{X,i} \ F_{Y,i} \ M_i]^T \quad (6\text{-}2)$$

式中，j 为与第 i 个轴连接的所有轴的标号。拉格朗日乘数由下式决定：

$$\lambda_i = -m_i \dot{\phi}_i (\dot{X}_i \cos\phi_i + \dot{Y}_i \sin\phi_i) + F_{X,i} \sin\phi_i - F_{Y,i} \cos\phi_i \quad (6\text{-}3)$$

因此，第 i 个轴的动力学方程就被表示为

$$M_i(q_i) \ddot{q}_i + F(\dot{q}_i) + \tau_{d,i} + F_{K,i}(q_i) = E_i(q_i) \tau_i - A_i^T(q_i) \lambda_i \quad (6\text{-}4)$$

由此，整个动力学系统就由以上轴模块矩阵组合而成，即

$$M(Q) = \begin{bmatrix} M_1(q_1) & 0 & \cdots & 0 \\ 0 & M_2(q_2) & 0 & \cdots \\ \cdots & & & 0 \\ 0 & \cdots & 0 & M_n(q_n) \end{bmatrix} \quad (6\text{-}5)$$

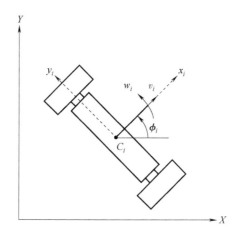

图 6-1　第 i 轴模块

$$E(Q) = \begin{bmatrix} E_1(q_1) & 0 & \cdots & 0 \\ 0 & E_2(q_2) & 0 & \cdots \\ \cdots & 0 & \cdots & 0 \\ 0 & \cdots & 0 & E_n(q_n) \end{bmatrix} \tag{6-6}$$

$$F_K(Q) = \begin{bmatrix} F_{K,1} & F_{K,2} & \cdots & F_{K,n} \end{bmatrix}^T \tag{6-7}$$

$$\tau = \begin{bmatrix} \tau_1 & \tau_2 & \cdots & \tau_n \end{bmatrix}^T \tag{6-8}$$

6.2.2　模块化运动学模型

第 i 个轴模块的运动学模型将在非完整约束的条件下表示出来[146]。之后，通用运动学矩阵也会像动力学矩阵那样被组合而成。假设此处只有单纯的滚动而没有滑动，那么第 i 个轴模块的非完整约束就用如下矩阵形式表示：

$$A_i(q_i)\dot{q}_i = 0 \tag{6-9}$$

式中，$A_i(q_i) \in R^{1\times3}$ 为与第 i 个轴模块相联系的非完整约束矩阵：

$$A_i(q_i) = \begin{bmatrix} -\sin\phi_i & \cos\phi_i & 0 \end{bmatrix} \tag{6-10}$$

然后，$S_i(q_i) \in R^{3\times2}$ 便成为一个满秩矩阵，它由一系列平滑而线性独立的矢量场形成，这些矢量场横跨了 $A_i(q_i)$ 的零空间，因此有

$$A_i(\boldsymbol{q}_i)\boldsymbol{S}_i(\boldsymbol{q}_i)=\boldsymbol{0} \tag{6-11}$$

式 (6-9) 与式 (6-11) 暗含了一个二维速度向量 $\boldsymbol{v}(\boldsymbol{q}_i)\in R^{2\times1}$ 的存在。因此，对于全部时间 t，可以得到

$$\dot{\boldsymbol{q}}_i=\boldsymbol{S}_i(\boldsymbol{q}_i)\boldsymbol{v}_i(t) \tag{6-12}$$

其中

$$\boldsymbol{S}_i(\boldsymbol{q}_i)=\begin{bmatrix} \cos\phi_i & 0 \\ \sin\phi_i & 0 \\ 0 & 1 \end{bmatrix} \tag{6-13}$$

$$\boldsymbol{v}_i(t)=\begin{bmatrix} v_i & \omega_i \end{bmatrix}^{\mathrm{T}} \tag{6-14}$$

式中，v_i 和 ω_i 为第 i 个轴在 C_i 点上的线速度和角速度。

同样地，与串行结构下非完整约束相联系的 n 轴矩阵可被组合为

$$\boldsymbol{A}(\boldsymbol{Q})=\begin{bmatrix} \boldsymbol{A}_1(\boldsymbol{q}_1) & \boldsymbol{0} & \cdots & \boldsymbol{0} \\ \boldsymbol{0} & \boldsymbol{A}_2(\boldsymbol{q}_2) & \cdots & \vdots \\ \boldsymbol{0} & \boldsymbol{0} & \cdots & \boldsymbol{0} \\ \boldsymbol{0} & \cdots & \boldsymbol{0} & \boldsymbol{A}_n(\boldsymbol{q}_n) \end{bmatrix} \tag{6-15}$$

此处同样也存在一个 $2n$ 维速度向量，$\boldsymbol{v}(t)\in R^{2n\times1}$。因此，对于全部时间 t 有

$$\dot{\boldsymbol{Q}}=\boldsymbol{S}(\boldsymbol{Q})\boldsymbol{v}(t) \tag{6-16}$$

式中，$\boldsymbol{S}(\boldsymbol{Q})\in R^{3n\times2n}$ 是由一系列平滑而线性独立的矢量场形成的一个满秩矩阵，这些矢量场横跨了 $\boldsymbol{A}(\boldsymbol{Q})$ 的零空间，由此有

$$\boldsymbol{A}(\boldsymbol{Q})\boldsymbol{S}(\boldsymbol{Q})=\boldsymbol{0} \tag{6-17}$$

并且，$\boldsymbol{S}(\boldsymbol{Q})$ 和 $\boldsymbol{v}(t)$ 可被组合成为

$$\boldsymbol{S}(\boldsymbol{Q})=\begin{bmatrix} \boldsymbol{S}_1(\boldsymbol{q}_1) & \boldsymbol{0} & \cdots & \boldsymbol{0} \\ \boldsymbol{0} & \boldsymbol{S}_2(\boldsymbol{q}_2) & \cdots & \vdots \\ \boldsymbol{0} & \boldsymbol{0} & \cdots & \boldsymbol{0} \\ \boldsymbol{0} & \cdots & \boldsymbol{0} & \boldsymbol{S}_n(\boldsymbol{q}_n) \end{bmatrix} \tag{6-18}$$

$$\boldsymbol{v}(t)=\begin{bmatrix} v_1 & v_2 & \cdots & v_n \end{bmatrix}^{\mathrm{T}} \tag{6-19}$$

6.2.3 柔性梁模型

如本书第 2 章所提到的那样，对柔性梁作用力进行高精度建模是

很困难的。然而，可以近似地估算这些力，以此改善控制器性能。由于轴模块和非线性车梁的相互作用，柔性梁的行为是很复杂的。为了简化模型，本节基于有限元法（FEM）和后屈曲结构提出了一个柔性梁模块的近似模型。此模型包含了柔性梁的横向力和挠曲力，在接下来的小节中此模型将被用来设计控制器。

给定 L、E 与 I 分别为柔性梁的自由长度、杨氏模量和惯性矩，在本地坐标定义为 $w_i = w_j \equiv 0$ 的全局坐标系下，如图 6-3 所示，柔性梁模型可被表示为

$$\boldsymbol{F}_K = \boldsymbol{R}^{\mathrm{T}} \boldsymbol{K} \boldsymbol{\delta}_L \tag{6-20}$$

式中，$\boldsymbol{R}$ 为一个旋转变换矩阵，它当中的 θ 按照图 6-2 所示的方式进行定义，由此有

$$\boldsymbol{R} = \begin{bmatrix} \boldsymbol{R}_\theta & \boldsymbol{0} \\ \boldsymbol{0} & \boldsymbol{R}_\theta \end{bmatrix}, \boldsymbol{R}_\theta = \begin{bmatrix} \cos\theta & \sin\theta & 0 \\ -\sin\theta & \cos\theta & 0 \\ 0 & 0 & 1 \end{bmatrix} \tag{6-21}$$

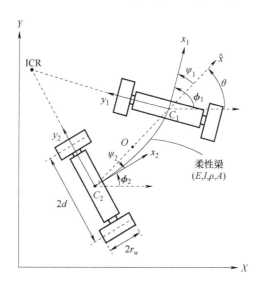

图 6-2　两轴 CFMMR 的总体结构图

为了方便起见，相对第 i 个节点来测量 $\boldsymbol{\delta}_L$，并将它作为轴结构向量的函数来描述，这样可以得到

$$\boldsymbol{\delta}_L = \begin{bmatrix} 0 & 0 & \boldsymbol{\psi}_i & -\Delta u & 0 & \boldsymbol{\psi}_j \end{bmatrix} \qquad (6\text{-}22)$$

式中由后屈曲 Δu 所造成的轴向应变定义为 $L_f - (\hat{q}_j(1) - \hat{q}_i(1))$。其中，位移 $\hat{q}_c(1)$ 可通过利用轴结构向量 $\boldsymbol{q}_i$ 和 $\boldsymbol{q}_j$ 从节点位置 C_i 及 C_j 计算出来，$c = i, j$。它们在局部参考坐标系中表示为

$$\begin{bmatrix} \hat{q}_c(1) & \hat{q}_c(2) & \boldsymbol{\psi}_c \end{bmatrix} = \boldsymbol{R}_\theta q_c \qquad c = i, j \qquad (6\text{-}23)$$

由弯矩所造成的前缩长度 L_f 按照下式计算：

$$L_f = L - \Delta L = L - \frac{2\boldsymbol{\psi}_i^2 - \boldsymbol{\psi}_i \boldsymbol{\psi}_j + 2\boldsymbol{\psi}_j^2}{30} L \qquad (6\text{-}24)$$

请注意，对于大多数情况来说，CFMMR 的柔性梁由于转向操作的存在并不是笔直的，而从本质上说，是处于一个后屈曲形态。所以这个柔性梁会因轴向力和弯矩所偏转。因此，最终柔性梁的长度 $\hat{q}_j(1) - \hat{q}_i(1)$ 和未变形长度 L 之间的关系可由 $\hat{q}_j(1) - \hat{q}_i(1) = L - \Delta L - \Delta u$ 进行表达，如图 6-3 所示。

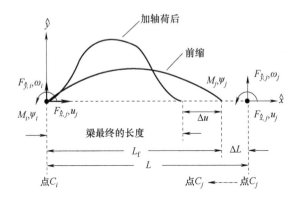

图 6-3 柔性结构模块的单一有限元素的总体结构

为了方便起见，使用一个线性并且易于求解的后屈曲轴向刚度。后屈曲轴向刚度被表示为 $EI\pi^2/2L^3$，这比起使用传统刚性杆模型要更加柔顺。因此 $\boldsymbol{K}$ 将作为修正后的屈曲刚度矩阵表示为

$$\boldsymbol{K} = \begin{bmatrix} \boldsymbol{K}_{11} & \boldsymbol{K}_{12} \\ \boldsymbol{K}_{21} & \boldsymbol{K}_{22} \end{bmatrix}$$

式中

$$K_{11} = \frac{EI}{L^3}\begin{bmatrix} \pi^2/2 & 0 & 0 \\ 0 & 12 & 6L \\ 0 & 6L & 4L^2 \end{bmatrix}, K_{11} = \frac{EI}{L^3}\begin{bmatrix} -\pi^2/2 & 0 & 0 \\ 0 & -12 & 6L \\ 0 & -6L & 4L^2 \end{bmatrix}$$

$$K_{21} = K_{12}^{\mathrm{T}}, K_{22} = \frac{EI}{L^3}\begin{bmatrix} \pi^2/2 & 0 & 0 \\ 0 & 12 & -6L \\ 0 & -6L & 4L^2 \end{bmatrix} \qquad (6\text{-}25)$$

6.3　单轴非线性阻尼控制器设计

　　鉴于系统方程的复杂度，移动机器人系统 CFMMR 的柔顺控制被分成了两个部分：①基于曲率的运动学控制；②鲁棒性动力学控制。本章主要关注鲁棒性动力学控制，因为本书第 4 章讨论过的基于曲率的运动学移动控制算法可根据路径状态 s 以及机器人位姿来计算出时变参考轨迹。这些算法明确了每个轴的速度轨迹，以此得到了两轴 CFMMR 的无漂移、基于曲率的控制算法，它们可将牵引力最小化，并且补偿由于转向角度而产生的柔性梁前缩效应。如图 6-4 所示，后面将对此控制系统结构进行解释说明。

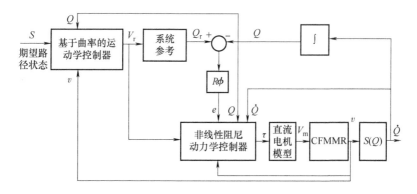

图 6-4　CFMMR 的运动学和动力学控制结构

6.3.1　单轴模块的结构变换

下面为控制器设计来重新改写第 i 个轴模块相应的第 i 个动力学方程。首先对式（6-12）进行关于时间的微分，然后将此结果代入式（6-4）中，乘以 $S_i^{\mathrm{T}}(q_i)$ 后约束矩阵 $A_i^{\mathrm{T}}(q_i)\lambda_i$ 可被消除。由此 CFMMR 的第 i 轴动力学方程变为

$$S_i^{\mathrm{T}}M_iS\dot{v}_i+S_i^{\mathrm{T}}M_i\dot{S}v_i+S_i^{\mathrm{T}}F_i+S_i^{\mathrm{T}}\tau_{\mathrm{d},i}+S_i^{\mathrm{T}}F_{\mathrm{K},i}(q_i,q_j)=S_i^{\mathrm{T}}E_i\tau_i \quad (6\text{-}26)$$

其中拉格朗日算子之后就不再需要应用于其中，车轮转矩现在便作为系统状态的一个函数输入到系统当中。在此，假设 $F_i=B_i\dot{q}_i$，其中 B_i 包含了常摩擦系数。摩擦力的非线性部分就被包括在 $\tau_{\mathrm{d},i}$ 当中。然后，将式（6-26）改写成一个简化形式：

$$\overline{M}_i\dot{v}_i+\overline{B}_iv_i+\overline{\tau}_{\mathrm{d},i}=\overline{\tau}_i \quad (6\text{-}27)$$

其中

$$\overline{M}_i=S_i^{\mathrm{T}}M_iS_i,\overline{B}_i=S_i^{\mathrm{T}}(M_iS_i+B_iS_i),\overline{\tau}_{\mathrm{d},i}=S_i^{\mathrm{T}}(\tau_{\mathrm{d},i}+F_{\mathrm{K},i}(q_i,q_j)),\overline{\tau}_i=S_i^{\mathrm{T}}E_i\tau_i$$

下一步是要明确速度输入量 $v_i\in R^{2\times1}$ 的动态扩展，以此得到其规则反步法（Back-stepping）形式

$$\dot{q}_i=S(q_i)v_i \quad (6\text{-}28)$$

$$\overline{M}_i\dot{v}_i+\overline{B}_iv_i+\overline{\tau}_{\mathrm{d},i}=\overline{\tau}_i \quad (6\text{-}29)$$

这些方程使得这两个转向命令 $v_i(t)$ 可转化为预期的车轮转矩 $\tau_i(t)\in R^{2\times1}$。这里的控制目标是得到一个合适的 $\tau_i(t)$，使得 CFMMR 可追踪一个特定的平滑转向速度 $v_{c,i}$，

$$v_{c,i}(t)=\begin{bmatrix}v_{c,i} & \omega_{c,i}\end{bmatrix}^{\mathrm{T}} \quad (6\text{-}30)$$

选择这个转向速度作为控制系统方程式（6-28）的控制输入是为了取得对于参考轨迹 $q_{\mathrm{r},i}$ 的稳定追踪效果。然后，CFMMR 就可根据导出的车轮转矩 $\tau_i(t)$ 来进行轨迹追踪。

由于参考速度 $v_{\mathrm{r},i}$ 是由之前提到过的运动学控制器给出的，因此参考轨迹 $q_{\mathrm{r},i}$ 可由下式解出：

$$\dot{q}_{\mathrm{r},i}=S(q_{\mathrm{r},i})v_{\mathrm{r},i} \quad (6\text{-}31)$$

追踪时的误差状态模型定义为

$$e_i = R_{\phi,i}(q_{r,i} - q_i) \tag{6-32}$$

式中，$q_{r,i}$ 为第 i 轴的参考向量；$e_i \in R^{3\times1}$ 为第 i 轴的误差位置向量，有

$$e_i = \begin{bmatrix} e_{X,i} & e_{Y,i} & e_{\phi,i} \end{bmatrix}^T \tag{6-33}$$

如本书参考文献［153］所述，另一种选择 $v_{c,i}$ 为

$$v_{c,i} = \begin{bmatrix} v_{r,i}\cos e_{\phi,i} + k_{X,i}e_{X,i} \\ \omega_{r,i} + k_{Y,i}v_{r,i}e_{Y,i} + k_{\phi,i}v_{r,i}\sin e_{\phi,i} \end{bmatrix} \tag{6-34}$$

式中，第 i 轴的 $k_{X,i}$，$k_{Y,i}$，$k_{\phi,i}$ 为正常数，$v_{r,i}$ 也为正数。因此，速度控制律 $v_{c,i}$ 可以被证明[153]能够利用李雅普诺夫函数 $V_{1,i}(e_i)$ 来使得 $e_i = 0$ 成为一个稳定的平衡态，李雅普诺夫函数如下：

$$V_{1,i}(e_i) = \frac{1}{2}e_{X,i}^2 + \frac{1}{2}e_{Y,i}^2 + (1-\cos e_{\phi,i})/k_{Y,i} \tag{6-35}$$

后续的控制器设计中也会用到 $V_{1,i}(e_i)$。

6.3.2 单轴控制器的性质和假设

在接下来的控制器设计中，利用了以下多个特性和假设：

假设 1 $\tau_{d,i}$ 和 $F_{K,i}(q_i, q_j)$ 是有界的。

性质 1 $\|\overline{B}_i(q_i, \dot{q}_i)\| \leq b_i\|\dot{q}_i\| + c_i$ 其中 b_i 和 c_i 是非负常数。

性质 2 $\overline{M}_i$ 是一个常数矩阵。

性质 3 $\dot{v}_{c,i} = A_{1,i}v_{c,i} + A_{2,i}v_{r,i} + A_{3,i}\dot{v}_{r,i}$，其中 $\|A_{1,i}\|$、$\|A_{2,i}\|$ 以及 $\|A_{3,i}\|$ 都是有界的。

证明： 性质 1 和性质 2 可由简单的计算得到证明（假设每个模块的质量相同）。因此，主要关注性质 3 的证明。

对式（6-34）进行微分可得出

$$\dot{v}_{c,i} = \begin{bmatrix} k_{X,i}\dot{e}_{X,i} - v_{r,i}(\sin e_{\phi,i})\dot{e}_{\phi,i} + \dot{v}_{r,i}\cos e_{\phi,i} \\ \dot{\omega}_{r,i} + k_{Y,i}e_{Y,i}\dot{v}_{r,i} + k_{Y,i}v_{r,i}\dot{e}_{Y,i} + k_{\phi,i}v_{r,i}(\cos e_{\phi,i})\dot{e}_{\phi,i} + k_{\phi,i}\dot{v}_{r,i}\sin e_{\phi,i} \end{bmatrix}$$

$$= \begin{bmatrix} k_{X,i} & 0 & -v_{r,i}(\sin e_{\phi,i}) \\ 0 & k_{Y,i}v_{r,i} & k_{\phi,i}v_{r,i}(\cos e_{\phi,i}) \end{bmatrix} \begin{bmatrix} \dot{e}_{X,i} \\ \dot{e}_{Y,i} \\ \dot{e}_{\phi,i} \end{bmatrix} +$$

$$\begin{bmatrix} \cos e_{\phi,i} & 0 \\ k_{Y,i}e_{Y,i}+k_{\phi,i}\sin e_{\phi,i} & 1 \end{bmatrix}\begin{bmatrix} \dot{v}_{r,i} \\ \dot{\omega}_{r,i} \end{bmatrix} \tag{6-36}$$

将式（6-32）和式（6-33）代入式（6-36）并应用式（6-34），可得到

$$\dot{v}_{c,i}=\begin{bmatrix} k_{X,i} & 0 & -v_{r,i}(\sin e_{\phi,i}) \\ 0 & k_{Y,i}v_{r,i} & k_{\phi,i}v_{r,i}(\cos e_{\phi,i}) \end{bmatrix}\begin{bmatrix} \omega_i e_{Y,i}-v_i+v_{r,i}\cos e_{\phi,i} \\ -\omega_i e_{X,i}+v_{r,i}\sin e_{\phi,i} \\ \omega_{r,i}-\omega_i \end{bmatrix}+$$

$$\begin{bmatrix} \cos e_{\phi,i} & 0 \\ k_{Y,i}e_{Y,i}+k_{\phi,i}\sin e_{\phi,i} & 1 \end{bmatrix}\dot{v}_{r,i}$$

$$=\begin{bmatrix} -k_{X,i} & k_{X,i}e_{Y,i}+v_{r,i}\sin e_{\phi,i} \\ 0 & -k_{Y,i}v_{r,i}e_{X,i}-k_{\phi,i}v_{r,i}\cos e_{\phi,i} \end{bmatrix}v_{c,i}+$$

$$\begin{bmatrix} k_{X,i}\cos e_{\phi,i} & -v_{r,i}\sin e_{\phi,i} \\ k_{Y,i}v_{r,i}\sin e_{\phi,i} & k_{\phi,i}v_{r,i}\cos e_{\phi,i} \end{bmatrix}v_{r,i}+\begin{bmatrix} \cos e_{\phi,i} & 0 \\ k_{Y,i}e_{Y,i}+k_{\phi,i}\sin e_{\phi,i} & 1 \end{bmatrix}\dot{v}_{r,i}$$

$$\tag{6-37}$$

最终 $\dot{v}_{c,i}$ 被简化为

$$\dot{v}_{c,i}=A_{1,i}v_{c,i}+A_{2,i}v_{r,i}+A_{3,i}\dot{v}_{r,i} \tag{6-38}$$

式中，$A_{1,i}$、$A_{2,i}$ 和 $A_{3,i}$ 分别为 $v_{c,i}$、$v_{r,i}$ 以及 $\dot{v}_{r,i}$ 的系数矩阵。

由于 $\|A_{1,i}\|$、$\|A_{2,i}\|$ 和 $\|A_{3,i}\|$ 均确认为有界，因此性质 4 也得到了证明。

6.3.3 单轴模块的非线性阻尼控制器设计

现在把 [147] 中明确过的非线性阻尼控制方案扩展至带有时变参考速度的单轴 CFMMR 结构。

将每个轴的速度误差向量定义为

$$e_{c,i}=\begin{bmatrix} e_{v,i} \\ e_{\omega,i} \end{bmatrix}=v_i-v_{c,i}$$

$$=\begin{bmatrix} v_i-v_{r,i}\cos e_{\phi,i}-k_{X,i}e_{X,i} \\ \omega_i-\omega_{r,i}-k_{Y,i}v_{r,i}e_{Y,i}-k_{\phi,i}v_{r,i}\sin e_{\phi,i} \end{bmatrix} \tag{6-39}$$

对式（6-39）进行微分并代入式（6-29）得到

$$\overline{M}_i \dot{e}_{c,i} = \overline{\tau}_i - \overline{B}_i v_i - \overline{\tau}_{d,i} - \overline{M}_i \dot{v}_{c,i} \quad (6\text{-}40)$$

然后，为动力学模型式（6-29）选择李雅普诺夫候选方程为

$$V_{2,i}(e_{c,i}) = \frac{1}{2} e_{c,i}^T \overline{M}_i e_{c,i} \quad (6\text{-}41)$$

对式（6-41）进行微分得到

$$\dot{V}_{2,i}(e_{c,i}) = e_{c,i}^T \overline{M}_i \dot{e}_{c,i} + \frac{1}{2} e_{c,i}^T \dot{\overline{M}}_i e_{c,i} \quad (6\text{-}42)$$

通过将式（6-40）代入式（6-42），得到

$$\dot{V}_{2,i}(e_{c,i}) = e_{c,i}^T [\,\overline{\tau}_i - (\overline{B}_i v_i + \overline{M}_i \dot{v}_{c,i} + \overline{\tau}_{d,i})\,] + \frac{1}{2} e_{c,i}^T \dot{\overline{M}}_i e_{c,i} \quad (6\text{-}43)$$

应用性质 2，可得到

$$\dot{V}_{2,i}(e_{c,i}) = e_{c,i}^T [\,\overline{\tau}_i - (\overline{B}_i v_i + \overline{M}_i \dot{v}_{c,i} + \overline{\tau}_{d,i})\,] \quad (6\text{-}44)$$

然后应用性质 3，得到

$$\dot{V}_{2,i}(e_{c,i}) = e_{c,i}^T [\,\overline{\tau}_i - (\overline{B}_i v_i + \overline{M}_i A_{1,i} v_{c,i} + \overline{M}_i A_{2,i} v_{r,i} + \overline{M}_i A_{3,i} \dot{v}_{r,i} + \overline{\tau}_{d,i})\,]$$
$$(6\text{-}45)$$

根据性质 1 与性质 3 以及假设 1，得出

$$\begin{aligned}
\dot{V}_{2,i}(e_{c,i}) &\leqslant e_{c,i}^T \overline{\tau}_i + \|e_{c,i}\| \{ \|\overline{B}_i\| \|v_i\| + \|\overline{M}_i\| \|A_{1,i}\| \|v_{c,i}\| + \|\overline{M}_i\| \|A_{2,i}\| \|v_{r,i}\| \\
&\quad + \|\overline{M}_i\| \|A_{3,i}\| \|\dot{v}_{r,i}\| + \|\overline{\tau}_{d,i}\| \} \\
&\leqslant e_{c,i}^T \overline{\tau}_i + \|e_{c,i}\| \{ b_i \|v_i\| \|v_i\| + c_i \|v_i\| + \|\overline{M}_i\| \|A_{1,i}\| \|v_{c,i}\| \\
&\quad + \|\overline{M}_i\| \|A_{2,i}\| \|v_{r,i}\| + \|\overline{M}_i\| \|A_{3,i}\| \|\dot{v}_{r,i}\| + \|\tau_{d,i}\| + \|F_K(q_i, q_j)\| \} \\
&= e_{c,i}^T \overline{\tau}_i + \|e_{c,i}\| \delta_i^T \xi_i
\end{aligned} \quad (6\text{-}46)$$

其中

$$\delta_i^T = \{ b_i, c_i, \|\overline{M}_i\| \|A_{1,i}\|, \|\overline{M}_i\| \|A_{2,i}\|, \|\overline{M}_i\| \|A_{3,i}\|, \|\overline{\tau}_{d,i}\|, 1 \}$$
$$\xi_i^T = \{ \|v_i\| \|v_i\|, \|v_i\|, \|v_{c,i}\|, \|v_{r,i}\|, \|\dot{v}_{r,i}\|, 1, \|F_{K,i}(q_i, q_j)\| \} \quad (6\text{-}47)$$

在此，根据以上性质和假设可知 δ_i 是有界的，并且 ξ_i 是一个已知的正定向量。因此，为了使得式（6-46）为负定，选择

$$\overline{\tau}_i = -K_i e_{c,i} \|\xi_i\|^2 \quad (6\text{-}48)$$

式中，$K_i = \begin{bmatrix} K_{1,i} & 0 \\ 0 & K_{2,i} \end{bmatrix}$ 为控制增益矩阵，$K_{1,i}$ 和 $K_{2,i}$ 是正常数。然后，

控制输入便为

$$\boldsymbol{\tau}_i = (\boldsymbol{S}_i^{\mathrm{T}} \boldsymbol{E}_i)^{-1} \overline{\boldsymbol{\tau}}_i$$

$$= -(\boldsymbol{S}_i^{\mathrm{T}} \boldsymbol{E}_i)^{-1} \boldsymbol{K}_i \boldsymbol{e}_{c,i} \| \boldsymbol{\xi}_i \|^2 \qquad (6\text{-}49)$$

将式（6-48）代入式（6-46）可得

$$\dot{V}_{2,i}(\boldsymbol{e}_{c,i}) = -\boldsymbol{e}_{c,i}^{\mathrm{T}} \boldsymbol{K}_i \boldsymbol{e}_{c,i} \| \boldsymbol{\xi}_i \|^2 + \| \boldsymbol{e}_{c,i} \| \boldsymbol{\delta}_i^{\mathrm{T}} \boldsymbol{\xi}_i$$

$$\leqslant -\| \boldsymbol{K}_i \| \| \boldsymbol{e}_{c,i} \|^2 \| \boldsymbol{\xi}_i \|^2 + \| \boldsymbol{e}_{c,i} \| \| \boldsymbol{\delta}_i \| \| \boldsymbol{\xi}_i \|$$

$$= -\| \boldsymbol{K}_i \| \left\{ \| \boldsymbol{e}_{c,i} \| \| \boldsymbol{\xi}_i \| - \frac{\| \boldsymbol{\delta}_i \|}{2 \| \boldsymbol{K}_i \|} \right\}^2 + \frac{\| \boldsymbol{\delta}_i \|^2}{4 \| \boldsymbol{K}_i \|} \qquad (6\text{-}50)$$

利用李雅普诺夫函数 $V_i = V_{1,i} + V_{2,i}^{[106,147]}$，$\boldsymbol{C}_i = [\boldsymbol{e}_i \quad \boldsymbol{e}_{c,i}]^{\mathrm{T}}$，便可以证明全局一致有界，并且速度跟踪误差通过增加控制增益 $\boldsymbol{K}_i$ 便可以变得任意小。

请注意，因为运动学控制器可以提供时变参考速度，所以参考速度向量也包含在控制输入中。柔性梁作用力 $\boldsymbol{F}_{K,i}(\boldsymbol{q}_i, \boldsymbol{q}_j)$ 也被考虑在控制器设计当中了，这也是下节的主题。

6.3.4　控制器设计中的柔性梁效应

在控制器设计的柔性梁效应方面，CFMMR 有两个需要考虑的情况：一方面，柔性梁作用力的近似模型 $\boldsymbol{F}_{K,i}(\boldsymbol{q}_i, \boldsymbol{q}_j)$ 可能会被用到，并且这个模型中不精确的部分将会成为扰动 $\boldsymbol{\tau}_{\mathrm{d},i}$ 的一部分，每一式（6-47）也都选择了 $\boldsymbol{\delta}_i$ 和 $\boldsymbol{\xi}_i$；另一方面，$\boldsymbol{F}_{K,i}(\boldsymbol{q}_i, \boldsymbol{q}_j)$ 可能会被看作是完全未知的，同时 $\boldsymbol{\delta}_i$ 和 $\boldsymbol{\xi}_i$ 会被重新定义为

$$\boldsymbol{\delta}_i^{\mathrm{T}} = \{ b_i, c_i, \| \overline{\boldsymbol{M}}_i \| \| \boldsymbol{A}_{1,i} \|, \| \overline{\boldsymbol{M}}_i \| \| \boldsymbol{A}_{2,i} \|, \| \overline{\boldsymbol{M}}_i \| \| \boldsymbol{A}_{3,i} \|, \| \boldsymbol{\tau}_{\mathrm{d},i} + \boldsymbol{F}_{K,i}(\boldsymbol{q}_i, \boldsymbol{q}_j) \| \}$$

$$\boldsymbol{\xi}_i^{\mathrm{T}} = \{ \| \boldsymbol{v}_i \| \| \boldsymbol{v}_i \|, \| \boldsymbol{v}_i \|, \| \boldsymbol{v}_{c,i} \|, \| \boldsymbol{v}_{r,i} \|, \| \dot{\boldsymbol{v}}_{r,i} \|, 1 \} \qquad (6\text{-}51)$$

这有助于减少计算需求，因为 $\boldsymbol{F}_{K,i}(\boldsymbol{q}_i, \boldsymbol{q}_j)$ 在时间步长间并未被计算。

将由式（6-47）与式（6-51）决定的控制输入都应用到实验平台当中，并且在 6.5 节对它们进行比较，以此得到它们的性能特性、跟踪误差及计算量。

6.4 多轴分布式控制器设计

为多轴 CFMMR 而设计的分布式控制器是以上面所述的单轴控制器为基础的。也就是说，分布式控制器是由 n 个独立的控制器 $\boldsymbol{\tau}_j$，$j=1 \sim n$ 组成的，即

$$\boldsymbol{\tau}_j = -(\boldsymbol{S}_j^{\mathrm{T}} \boldsymbol{E}_j)^{-1} \boldsymbol{K}_j \boldsymbol{e}_{c,j} \|\boldsymbol{\xi}_j\|^2 \tag{6-52}$$

命题：如果每个模块的响应都因其对应的单轴控制器而全局一致有界，那么多轴 CFMMR 可与分布式控制器［式（6-52）］一同达到稳定轨迹追踪的效果。

证明：选择复合李雅普诺夫函数候选方程

$$\begin{aligned} V &= V_1 + \cdots + V_i + \cdots + V_n \\ &= V_{1,1} + V_{2,1} + \cdots + V_{1,i} + V_{2,i} + \cdots + V_{1,n} + V_{2,n} \end{aligned} \tag{6-53}$$

将式（6-35）与式（6-41）代入式（6-53），可以得到

$$\begin{aligned} V = &\frac{1}{2} e_{X,1}^2 + \frac{1}{2} e_{Y,1}^2 + (1 - \cos e_{\phi,1}) / k_{Y,1} + \frac{1}{2} \boldsymbol{e}_{c,1}^{\mathrm{T}} \overline{\boldsymbol{M}}_1 \boldsymbol{e}_{c,1} + \cdots \\ &+ \frac{1}{2} e_{X,i}^2 + \frac{1}{2} e_{Y,i}^2 + (1 - \cos e_{\phi,i}) / k_{Y,i} + \frac{1}{2} \boldsymbol{e}_{c,i}^{\mathrm{T}} \overline{\boldsymbol{M}}_i \boldsymbol{e}_{c,i} + \cdots \\ &+ \frac{1}{2} e_{X,n}^2 + \frac{1}{2} e_{Y,n}^2 + (1 - \cos e_{\phi,n}) / k_{Y,n} + \frac{1}{2} \boldsymbol{e}_{c,n}^{\mathrm{T}} \overline{\boldsymbol{M}}_n \boldsymbol{e}_{c,n} \end{aligned} \tag{6-54}$$

对式（6-54）进行微分并应用式（6-32）与式（6-50），可以得到

$$\begin{aligned} \dot{V} \leqslant &-k_{X,1} e_{X,1}^2 - \frac{k_{\phi,1}}{k_{Y,1}} v_{r,1} \sin^2 e_{\phi,1} - \|\boldsymbol{K}_1\| \left\{ \|\boldsymbol{e}_{c,1}\| \|\boldsymbol{\xi}_1\| - \frac{\|\boldsymbol{\delta}_1\|}{2\|\boldsymbol{K}_1\|} \right\}^2 + \frac{\|\boldsymbol{\delta}_1\|^2}{4\|\boldsymbol{K}_1\|} - \cdots \\ &-k_{X,i} e_{X,i}^2 - \frac{k_{\phi,i}}{k_{Y,i}} v_{r,i} \sin^2 e_{\phi,i} - \|\boldsymbol{K}_i\| \left\{ \|\boldsymbol{e}_{c,i}\| \|\boldsymbol{\xi}_i\| - \frac{\|\boldsymbol{\delta}_i\|}{2\|\boldsymbol{K}_i\|} \right\}^2 + \frac{\|\boldsymbol{\delta}_i\|^2}{4\|\boldsymbol{K}_i\|} - \cdots \\ &-k_{X,n} e_{X,n}^2 - \frac{k_{\phi,n}}{k_{Y,n}} v_{r,n} \sin^2 e_{\phi,n} - \|\boldsymbol{K}_n\| \left\{ \|\boldsymbol{e}_{c,n}\| \|\boldsymbol{\xi}_n\| - \frac{\|\boldsymbol{\delta}_n\|}{2\|\boldsymbol{K}_n\|} \right\}^2 + \frac{\|\boldsymbol{\delta}_n\|^2}{4\|\boldsymbol{K}_n\|} \end{aligned}$$

$$\tag{6-55}$$

式中，$\boldsymbol{K}_1$，$\cdots$，$\boldsymbol{K}_n$ 均为正定矩阵；$k_{X,1}$，$\cdots$，$k_{X,n}$，$k_{Y,1}$，$\cdots$，$k_{Y,n}$，

$k_{\phi,1}$，…，$k_{\phi,n}$ 为正数；$\|\delta_1\|$，…，$\|\delta_n\|$ 为有界的。因此有

$$\dot{V} \leqslant -k_{X,1}e_{X,1}^2 - \frac{k_{\phi,1}}{k_{Y,1}}v_{r,1}\sin^2 e_{\phi,1} - \cdots - k_{X,i}e_{X,i}^2 - \frac{k_{\phi,i}}{k_{Y,i}}v_{r,i}\sin^2 e_{\phi,i}$$

$$- \cdots - k_{X,n}e_{X,n}^2 - \frac{k_{\phi,n}}{k_{Y,n}}v_{r,n}\sin^2 e_{\phi,n}$$

$$= -W(e) \tag{6-56}$$

当

$$\|e_{c,1}\| \geqslant \frac{1}{\|K_1\|}\frac{\|\delta_1\|}{\|\xi_1\|}, \cdots, \|e_{c,n}\| \geqslant \frac{1}{\|K_n\|}\frac{\|\delta_n\|}{\|\xi_n\|} \tag{6-57}$$

式中，$e = [C_1 \quad \cdots \quad C_n]^T$，$C_j = [e_j \quad e_{c,j}]^T$，$j=1\sim n$，并且 $W(e)$ 是连续正定方程。

　　因此，得出结论，e 是全局一致有界的[106]。根据式（6-57），随着每个模块的控制增益矩阵 K_i 范数的增加，其相应的跟踪误差界会变得更小。然而，多轴 CFMMRR 的跟踪误差界会变得更加复杂。由于那些模块都是被柔性梁互连起来的，因此每个模块的行为都会影响其他模块。增加一个轴的控制增益可能使得另一个轴的跟踪误差也有所增加。其次，跟踪误差界会随着 δ_i 的增加而增加，这可能是由于扰动增大或模型的不确定性引起的。因此，通过实验调整一系列控制增益 K_1，…，K_n 来将整个系统的跟踪误差最小化是更适合的做法。

6.5　控制器评价

6.5.1　方法和步骤

　　在 MATLAB 和 Simulink 中仿真运行了两轴 CFMMR 的分布式非线性阻尼控制器。两个轴的参考速度 v_r 都通过一个基于曲率的零漂移运动学控制算法而生成，这个算法引导机器人中心点 O 去跟随期望路径[48]。给定每个轴的速度轨迹后，点 C_1 和 C_2 之间的距离与给定了当前轴方向的柔性梁理想前缩长度 L_f 保持一致。如 6.4 节当中所提到的，控制增益需要被调整以最小化跟踪误差界。在仿真运行中调

整增益直至跟踪误差在时间步长为 10^{-3} 时达到相似的 10^{-3} 以内。这些增益值在实验中也得到了验证。

实验在美国犹他大学的一个两模块 CFMMR 实验平台中进行。机器人通过 1103 DSP 卡和一个外部供应电源来被控制。每个轮子都被一个电压输入为 V_m 的带有齿轮箱的直流电机驱动，如图 6-4 所示。每个轮子的实时位置都使用一个编码器来探测，并且编码器测距值被用于预测轴位姿。作者还拍摄现场视频用来说明机器人的实时性能。另外，在车梁作用力存在和不存在的两种情况下运行控制器，作者考察了它们对性能的影响。

在所有仿真及实验中，作者均使用表 6-1 所示的原型参数和表 6-3 所示的柔性梁参数。共设置三种不同的路径形态，包括直线、圆及正弦波形，并与中心点 O 的非零初始位置一同来应用，见表 6-2。直线是最简单的路径形态，其中的参考信号只是一个常值线性速度。圆，因其参考信号是常值线速度和常值角速度而更加复杂。正弦波，是最复杂的，因为这样的路径包含了时变线速度及时变角速度。因此，通过跟踪这些不同复杂度的路径，机器人的跟踪性能可以被总括性地评估。

表 6-1　双模块 CFMMR 原型

参数	值	单位	描述
r_w	0.073	m	轮半径
d	0.162	m	轴宽度（一半）
m_i	4.76	kg	每个轴的质量
J_i	0.0186	kg/m^2	每个轴的惯性矩

表 6-2　三种不同形态的初始位置

路径	x	y	ϕ
直线	-0.1	0.1	0
圆	1.05	-0.2	$\pi/2$
正弦波	-0.09	-0.04	$\pi/4$

表 6-3 柔性结构的参数

参数	值	单位	描述
L	0.37	m	长度
w	0.05	m	宽度
t	0.7	mm	厚度
E	2.0×10^{11}	Pa	杨氏模量
A	3.5×10^{-5}	m^2	截面区域
ρ	7.8×10^{3}	kg/m^3	密度
I	1.4292×10^{-12}	m^4	截面惯性矩

6.5.2 结论

仿真结果表明，利用调整后的增益 $K_1 = K_2 = \begin{bmatrix} 30 & 0 \\ 0 & 5 \end{bmatrix}$，机器人可以如预想中地完美跟随相对应的期望路径。除了一些车身抖动与显而易见的车轮滑动，实验中的测程结果与仿真结果能很好地吻合。

图 6-5 给出了带有与不带有梁作用力补偿的路径跟随实验的位姿数据（根据测程结果）。实线表示期望位置，虚线表示实验测定位置。

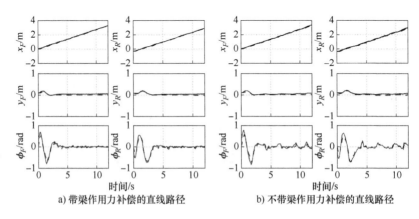

a) 带梁作用力补偿的直线路径　　b) 不带梁作用力补偿的直线路径

图 6-5 路径跟随的实验位姿数据

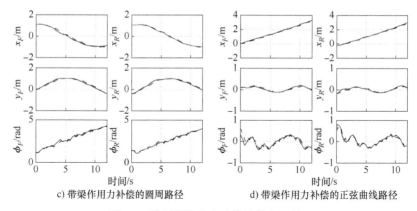

c) 带梁作用力补偿的圆周路径　　　　　d) 带梁作用力补偿的正弦曲线路径

图 6-5　路径跟随的实验位姿数据（续）

图 6-6 给出了每个轴的位置误差以及中心点 O 的参考速度 $\dot{s}$，其中实线表示后轴的位置误差，虚线表示前轴的位置误差。图 6-7 给出

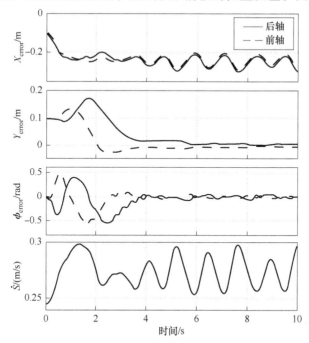

图 6-6　当根据测程数据进行直线路径跟随时，每个轴的实验位置
误差以及中心点 O 的参考速度

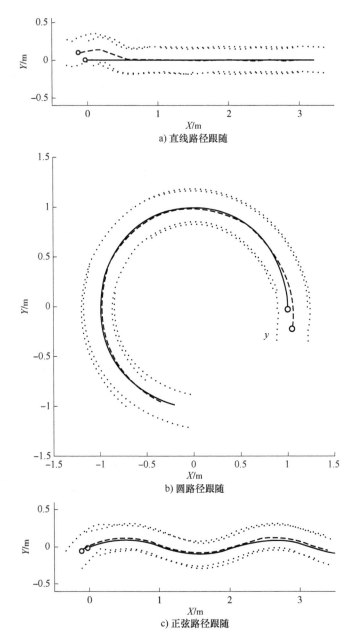

a) 直线路径跟随

b) 圆路径跟随

c) 正弦路径跟随

图 6-7　根据测程数据的不带有梁作用力补偿的实验路径跟随结果

了不带有梁作用力补偿的路径跟随实验结果，其中实线表示机器人中心点 O 的期望轨迹，虚线表示中心点 O 的实验轨迹，点划线表示轮子的轨迹。图 6-8 给出了直线路径跟随实验的视频截图，其中点划线是仿真结果，分别表示了中心点 O 的路径以及每个轮子的路径，白线表示机器人收敛到的真实路径，它平行于期望路径（沿 x 轴），但

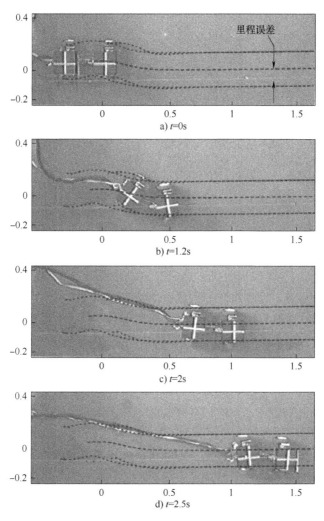

图 6-8　不带有梁作用力补偿的直线路径跟随实验的视频截图

有-0.06m 的偏移。值得注意的是，根据测程结果，机器人却是相当漂亮地趋向于指定路径的，如图 6-5 所示。以上这些结果都是机器人在光滑、平坦且高阻力的地毯表面上进行的。

6.5.3 讨论

如图 6-5 所示，即使存在着由于模型不精确度带来的非零初始误差状态和不确定性扰动，此系统也在跟随路径时表现出色。请注意，与本书参考文献 [44] 提出的单纯基于模型的反步法（back-stepping）控制器相比，此处的非线性阻尼控制器补偿了模型的不确定性，并且不需要在实验过程中调整控制增益。因此，正如先前结论中所展示的，只要控制增益在仿真实验中调整到位，那么它们就可直接应用在实验中，而不需要再进行跑偏调整。对于此类带有有界不确定相互作用力的轴模块组，这个关键特性展现了其控制器的鲁棒性。

如图 6-5a 和 b 所示，在直线路径跟随实验中，带有梁作用力补偿的控制器的性能表现更出色并且跟踪误差更小，但为了预测那些梁作用力，计算量需求也会变得更高。不带梁作用力补偿的控制器计算量需求更少，其代价是跟踪误差会略微增大。这两种控制器都在两轴 CFMMR 上运行时表现上佳。然而，随着机器人结构与外部地面环境变得更加复杂，柔性梁作用力对机器人性能表现的影响也将变得更加重要。即使计算量代价更高，带有梁作用力补偿的控制器也更加受欢迎。因此，在粗糙路面上，如沙子或有散落石子的路面，应对两轴 CFMMR 使用带梁作用力补偿的控制器，还应引入额外的相对位置传感器，为更加精确地测量相邻模块的相对位置并预测柔性作用力提供帮助。

如图 6-6 所示，实际的 X 位置比参考位置滞后并且有所偏离。Y 位置误差收敛于一个很小的趋近 0 的数值。ϕ 误差除了一个小抖动外，也收敛得很好。请注意，中心点 O 的参考速度 $\dot{s}$ 有振荡，此振荡造成了 X 位置误差的振荡。如图 6-9 所示，这些振荡同样部分造成了轮转矩的饱和，稍后将讨论这一点。在基于曲率的运动学控制器的设计当中，一个正值常量 ε 被引入进来，使得控制器更加平滑。然而，

ε 的引入却使得 X 位置有所滞后。读者们可以自行做一些对于运动学控制算法的改善,以解决滞后问题。

可在图 6-8 所示的实验结果中观察得到 0.06m 的里程误差,它主要是由轮子滑动引起的。由于初始阶段机器人的转向被快速操控,所以显著的轮子滑动发生在第 1s。转矩饱和也可在实验当中观测到,如图 6-9d 所示。首先,饱和是由测程测量系统的相位滞后引起的。在测程系统中,二阶滤波器被用来减少测量噪声。此滤波器增加了相位滞后,并且使得系统更加接近边缘稳定性。在此种情况下,滤波器被用来减少噪声,但却引入了相对应的振荡及饱和加剧。设计额外的传感器融合算法应该可以减少这种情况下的测程问题。

如图 6-9 所示,机器人的未建模不确定性同样对转矩饱和问题有影响。为了评估此问题,作者之后进行了一系列直线路径跟随实验,选择按照平面阻力特性逐步增加的顺序进行,如从不与地面接触,到在沙地上以及在地毯上进行实验。在不与地面接触的实验当中,机器人被置于盒中,使得轮子可在没有任何平面作用的情况下随意转动。这种设置的目的是减少转矩饱和的可能诱因。图 6-9a 给出了轮转矩的仿真结果。图 6-9b～d 给出了在上述三种情况下的实验结果。作者也评测了每种情况下所有轮子的平均百分饱和度,见表 6-4。从图 6-9以及表 6-4 所示可知,图 6-9b～d 所示实验结果有着在仿真实验中并未显示出的饱和情况,这表明了未建模设备的特性(如间隙、未建模的梁作用力或摩擦力)引发了饱和。通过比较图 6-9b～d 所示实验结果,发现图 6-9d 有着最高的地毯阻力,因此饱和程度也最高;图 6-9b所示实验结果中的柔性梁作用力和摩擦力最小,因此饱和程度也最低。因此,当机器人系统中不确定性增加时,转矩饱和也增加了。由此可得出结论,转矩饱和一定程度上是由模型不确定性引起的。

表 6-4　平均转矩饱和数据分析

条件	仿真实验中	无地面接触	在沙地上	在地毯上
饱和百分比	0	19	28	32

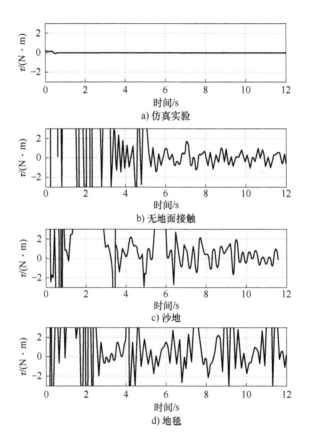

图 6-9　实验及仿真结果表明了当进行直线路径跟随时，
前左轮的转矩饱和现象

本章介绍了 CFMMR 的一种分布式非线性阻尼动力学控制器，以补偿带有未知边界的模型不确定性。双轴 CFMMR 的仿真和现场实验结果表明了本章提出的这种控制器的鲁棒性。这种控制算法也基本上可应用于其他有着未知或部分未知不确定性的移动机器人。读者们可聚焦于继续改善运动学控制、与相对位置传感器结合的附加传感器算法及粗糙路面上的 CFMMR 行为，以期提升整体系统性能。

第7章　闭环控制系统总体评估

7.1　概述

在前面的章节中（本书第 2 章~第 6 章），以 CFMMR 为示例，讨论了有关机构设计、总体控制架构、运动学和动力学控制以及传感系统所涉及的方法论。并且分别独立地评估了运动学控制、动力学控制和传感系统。比如，本书第 4 章运动学控制器的评估部分，其中实验主要关注运动学控制算法的性能，因为它可为动力学控制器生成参考量。然而，机器人动力学以及扰动却没有如本书第 6 章那样被考虑进来，本书第 4 章，传统的基于滤波和轮编码器测程的伺服型车轮控制器用来在不使用第 5 章设计的传感系统的情况下来操控机器人。因此，本章将对总体架构以及在前述章节讨论过的每部分的算法和控制器，进行整体实施及评估。

7.2　实验评估

7.2.1　方法及程序

作者在 MATLAB 和 Simulink 中模拟了分布协作式运动控制系统，调整了对于实验来说优先级更高的控制增益，此系统还包含了本书第 4 章~第 6 章阐述过的针对两轴 CFMMR 的所有算法。实验同样在美国犹他大学的两轴 CFMMR 实验平台上进行，如图 1-11 所示。机器人通过连接 dSpace DSP 得以被控制，同时设备由外部供电。带齿轮箱的直流电机驱动每个轮子，编码器提供初始位置与初始速度。行程与相对位置传感器也被用于传感系统。两个 7.2V 的遥控车电池嵌入至后轴，为 RPS 放大电路供电。实验中的采样频率为 100Hz，使得 DSP 的计算力限制、由更高的采样速率带来的速度传感器噪声及由更低的采样速率带来的鲁棒性控制器的颤振，这三者之间达到协调与平衡。

此控制系统的目的是达到姿态调节控制的效果。在难度与现实性逐渐增高的平面上实施了评估实验：平整地毯（C）、沙地（S）、带有散落石子的沙地（SR）。地毯提供了很高的阻力，并着重于在理想环境下运动学与动力学运动控制器的能力，沙地提供了较小的阻力，并着重于评估传感系统的重要性。沙子与石子混合的地面难度更高，可以演示整个系统对于较大扰动的鲁棒性。

作者也对包含非理想算法的系统进行了评估，从而通过比较证明本书探讨的控制系统的性能。这里的系统包括了一个非理想运动学控制器、一个传统反步法（Back-stepping）动力学控制器以及一个传统基于测程的传感器系统。对照实验在沙地或地毯上进行。在本书参考文献［64］中的非理想运动学控制器（FB）中，实际速度会被反馈给运动学控制器，因此这个控制器并未满足本书第 3 章（3.3 节）的要求（3）。动力学运动控制器（NR）不具有鲁棒性，从而违背了本书第 3 章（3.4 节）中的要求（3）。测程传感系统（OD）并没有任何协同传感器，因此不满足本书第 3 章（3.5 节）中的要求（2）。

总之，在此给出了 7 个实验测试的结果，其中每个测试都包含 5 个小实验。每个测试的中点 R 的初始姿态都是 $\begin{bmatrix} x & y & \phi \end{bmatrix} = \begin{bmatrix} -1.342m & -1.342m & 0° \end{bmatrix}$。在每个小实验的最后，最终的机器人姿态将与一个位于机器人正上方的带尺度网格系统进行对比，从而判定机器人实际最终位置误差 E，以及方向偏移量 $\Delta = \gamma - \phi$。在理想环境下，当柔性梁保持纯弯曲状态时，由 γ 表示的线 $\overline{C_1 C_2}$ 的方向等于点 R 速度的实际朝向角度 ϕ，如图 2-12 所示。方向偏移量 Δ 表明了动力学控制器及传感器系统保持纯弯曲的能力。标准偏差 σ_E 和 σ_Δ 是手动测量的结果，以表明测量结果的一致性。对于每个测试，也记录了位置误差的幅度和方向，它们由运动学控制器 $\begin{bmatrix} E_k, e_k^\phi \end{bmatrix}$、动力学控制器 $\begin{bmatrix} E_d, e_d^\phi \end{bmatrix}$ 以及传感系统 $\begin{bmatrix} E_s, e_s^\phi \end{bmatrix}$ 给出。只有机器人能完成全部姿态调节任务时，这个测试实验才能算作是成功的。通常将所有成功测试的数目与测试总数的比率定义为成功率。

7.2.2　实验结果和讨论

根据行程测量和手动测量结果，表 7-1 给出了所有测试的最终姿态误差，其中"kin"代表运动学控制器，"dyn"代表动力学控制器，"sens"代表传感器系统。根据表 7-1 所示，本书中讨论的方法（测试 1、5、7）都表现得和预期一致。在所有这些测试中，运动学控制器产生的位置误差 E_k 以及方向误差 e_k^ϕ 都为 0。由动力学控制器 $[E_d, e_d^\phi]$ 以及传感器系统 $[E_s, e_s^\phi]$ 产生的误差都导致了测量最终姿态时的实际误差。总体上看，系统性能与预期保持了相对一致。相对于地毯上的测试（测试 1）、沙地上的（测试 5）E 增加了 80%，沙石的（测试 7）E 增加了 78%。这些地面施加的扰动如预期般增大，其中沙石上的误差更大。然而，沙地上的方向偏移量却最小，这与预期也保持一致。总之，可从 E_k、E_d、E_s 中观察得到，误差的主要来源是由传感系统产生的，只有小部分误差是由动力学控制器产生的。

在测试 2 中使用了带有速度反馈的非理想运动学控制器。相对于测试 1，测试 2 中的 E 增加了 121%，并且方向偏移量 Δ 增加了 1440%。速度反馈也对运动学控制器产生了扰动，并且显著增加了运动学控制器的误差 (E_k, e_k^ϕ)。由于运动学控制器为动力学控制器提供了参考轨迹，所以动力学控制误差也相应增大了，最终的姿态误差因此也显著增大了。

测试 3 中使用的非鲁棒动力学控制器同样使得误差增大，并且其中大部分实验都失败了。位置误差 E 比测试 1 大出 76%。然而更重要的是，测试 3 中 60% 的实验都未能成功完成，因为轮子在控制过程中产生了碰撞，这是由控制器的非鲁棒性而产生的方向偏移量所引起的。在成功完成的实验中，方向偏移量实际上都相当小，但这些结果并不能完全代表此种控制器的性能。因此，可得到结论，带有非鲁棒控制的系统性能是不可靠的。

表 7-1　实验最终姿态误差 (E_d, e_d^ϕ)

序号	路面情况	系统 kin+dyn+sens	运动学控制器误差		动力学控制器误差		传感器误差		实际误差			
			E_k/cm	$e_k^\phi/(°)$	E_d/cm	$e_d^\phi/(°)$	E_s/cm	$e_s^\phi/(°)$	$E\pm\sigma_E/cm$	$\Delta\pm\sigma\Delta/(°)$	误差增加 (%)	成功率 (%)
1	C	I+I+I	0	0	1.4	9.2	9.8	0.6	9.9±1.0	-2.0±3.5		100
2	C	FB+I+I	17.3	-2.0	4.6	27.9	4.0	-36.6	21.9±0.8	30.8±8.8	121	100
3	C	I+NR+I	0	0	34.5	12.0	24.8	-5.2	17.5	0.6	76	40
4	C	I+I+OD	0	0	4.4	6.6	9.2	7.1	10.6±3.4	-8.3±4.4	7	100
5	S	I+I+I	0	0	0.6	13.2	18.2	-15.6	17.9±1.6	0.9±2.0	80	100
6	S	I+I+OD	0	0	0.5	11.0	21.3	-8.0	21.6±8.5	-8.3±18.4	21 （相对测试5）	100
7	SR	I+I+I	0	0	0.8	15.8	18.0	-16.2	17.6±8.3	6.1±2.2	78	100

　　通过测试 4（地毯）和测试 6（沙地）来评估仅带有测程反馈的传感器系统。考虑地毯（测试 4）的高阻力，误差 E 仅增加了 7%，然而方向偏移量 Δ 却增加了 315%。Δ 的极大增加表明了协作式传感器对系统性能的重要影响。沙地表面上的实验（测试 6）进一步强调了协作式传感器的重要性，相对于测试 5，不但 E 增加了 21%，Δ 增加了 822%，而且它们的标准偏差也显著增加。

　　图 7-1 给出了机器人使用本书中讨论的控制系统在地毯上（测试 1）和在沙石地面上（测试 7）进行姿态调节的情况。白线表示尺度网格测量的实际数据，黑线表示传感器系统估计数据。实黑线表示中点 R 的预测位置，虚黑线表示轮子的估计位置。系统在沙石地面上和在理想高阻力地毯表面上表现情况很相近。这比起传统方法是一个巨大进步，传统方法在沙石地面上的误差会达到 66cm。总之，所有这些结果都表明，对于在带有显著扰动的非理想地形上的机器人移动，本书讨论的分布式协作运动控制和传感系统具有极大的优越性。

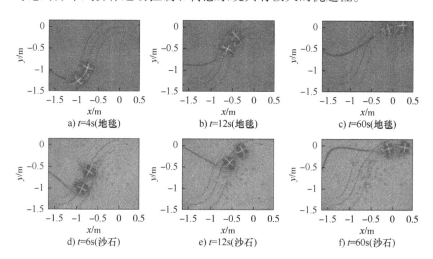

图 7-1　在地毯上和在沙子-石子地面上，姿态调节时的机器人路径

第8章 基于地形坡度的定位与制图

8.1 概述

户外场景通常包含一些更复杂和尺度更大的环境。对于户外移动机器人，重要且具有挑战性的问题之一是能够自主地进行定位与地图构建。本章会介绍一个新的部分：第四部分——定位与制图。本章将介绍一种计算要求较低且更精确的三维定位和制图方法。这种方法利用地形坡度的辅助，使移动机器人能够在有坡度的地面上进行导航。

在过去的几十年中，在移动机器人的定位与制图领域已经进行了一些意义重大的研究工作[154]。同时定位与制图（Simultaneous Localization And Mapping，SLAM）被证明在生成大型一致地图和实现机器人自定位方面是有效的，尤其是一些室内应用[155,156]。为了获取周围的环境信息，人们使用了不同类型的传感器，如激光测距仪[155,157,158]、视觉系统[156,159,160]和声呐[161,162]。当机器人移动时，利用这些传感器能够自主生成一系列的局部地图。为了得到用于定位的相对旋转和平移量，这些重叠的局部地图需要进行匹配，从而建立起导航区域的全局地图[163]。

在这些传感器中，激光测距仪非常受欢迎，因为它们可以提供更可靠的感知和更广泛的周围环境视图，以便于进行定位和制图。一些研究人员已经提出将三维的激光测距扫描仪与二维的同时定位和制图算法相结合，以便在不平坦环境中进行自主导航[157,158]。因此，本章也将会涉及三维激光测距扫描仪系统。然而，处理点云的计算代价非常大，尤其是面对高度非结构化的户外场景时，这样导致在任务执行时也会花费大量的时间。

通常使用最近点迭代匹配（Iterative Closest Points，ICP）算法来

对齐含有重叠区域的局部地图，其中悬突的障碍物常被视为地标点[164]。ICP 算法通过处理连续重叠的局部地图，已经被证明在建立环境全局地图上是非常有效的。然而，ICP 算法收敛缓慢而且只能得到局部最优解。为了克服这些缺点，一些研究者提出了 ICP 算法的不同变体[157,165]。实际上，在室外环境中实现高效的定位与制图是非常具有挑战性的，因为稀疏和非结构化的悬突障碍物会严重降低精度，而复杂的点云数据又会增加 ICP 算法的计算时间。因此，Kummerle 等人提出了基于多层次表面地形辅助的户外定位与制图算法[166]。而 Lee 等人使用地面分类来改善基于 ICP 算法的定位与制图[163]。在非结构化的户外环境中，仅执行一次 ICP 也是非常耗时的（超过 30s）[167]。后来，Nüchter 等人提出了利用近似 KD 树的方法，将每一次 ICP 匹配的时间消耗减少到原来的 75% 左右[168]。此外，Nüchter 等人还提出一种能够用于大尺度环境的新方法，称之为“缓存 KD 树”[169]。同时，论文中还与其他几种不同的方法就它们的计算时间代价做了对比，包括减少点和基于 KD 树的方法。当连续两次三维扫描的平均距离是 2.5m 时，在进行减少点的基础上，基于“缓存 KD 树”的一次 ICP 算法需要花费 1s。虽然对于许多室内场景，一次 ICP 算法能够在毫秒级别内完成。但是，对于非结构户外应用，这种匹配算法已经非常快了。然而，ICP 匹配算法需要更加昂贵的计算代价，来获取高精度定位与制图，以便应用于更多的场景[170]。因此，即使一次 ICP 匹配时间能够减少到合理的范围，频繁的 ICP 匹配仍然会导致昂贵的计算成本。此外，每次扫描的时间消耗也是不可忽略的（通常超过 3s）[168,169]。扫描的大量时间消耗也会增加总任务执行周期，尤其是在探索大规模环境时。

为了平衡准确性和计算负荷以及保留 ICP 匹配算法的优点，本章介绍一种基于地形坡度辅助的三维定位与制图方法（Terrain-inclination-aided 3D Localization And Mapping，TILAM）。这种方法结合 ICP 算法和机器人导航地形的坡度，能够实现自主三维定位与制图。这种方法仅需要三维激光扫描系统提供少量的局部地图，就能建立联合全局地图，计算时间长的 ICP 匹配算法应用次数也会减少很多。在两次激光扫描之间的间隔期间，利用先前的扫描数据提取地面点，使用地形坡度来实现基于地面点的局部定位。本书共同作者提出的这种基于地形坡度的局部定位已被证明是准确和快速的[171]。因此，通过防止频繁扫描和大范围点云对准，可以减少时间消耗。实验验证了所讨论的方法，并展示了准确和快速的户外定位以及户外倾斜地面的建图。

8.2　基于地形坡度的三维定位

8.2.1　机器人地形坡度模型提取

首先，定义两个坐标系：惯性坐标系和车体坐标系。惯性坐标系原点 O 固定为机器人初始估计位置，其中三个正交轴 (x, y, z) 分别如图 8-1a 所示，y 轴指向正北方向，z 轴竖直向上，远离地心。车体坐标系的原点固定在机器人后轴的中心点，其中三个正交轴 (x_b, y_b, z_b) 如图 8-1a 所示，x_b 轴与机器人速度方向一致，z_b 轴垂直于机器人平面。这里使用车体坐标原点的轨迹来表示机器人的路径，其中滚转角、俯仰角、横摆角分别相对于 x_b 轴、y_b 轴和 z_b 轴。如果机器人的高度相对于其移动的尺度可以被忽略，并且其穿越地形为刚性的，那么可以视移动机器人整体为一个平面。

地形图的平面（见图 8-1b）与惯性坐标的 x-O-y 平面相同。假设在地形图上给定一个预先规划好的路径（$E_1'F_1'\cdots E_j'F_j'$），它是机器人实际地形路径（$E_1F_1\cdots E_jF_j$）在 x-O-y 平面的投影（见图 8-2a）。在 x-O-y 平面上的路径被分成一系列具有固定间隔 L_l/k 的线段，其中 L_l 为机器人的长度，$E_j'F_j'$ 表示第 j 个线段，如图 8-2a 所示。

根据几何关系，可以在 x-O-y 平面上沿给定路径绘制一系列的矩形，如 $A_j'B_j'C_j'D_j'$。其中 L_w 是机器人的宽度，点 A_j'、B_j'、C_j'、D_j'、E_j' 和 F_j' 是地面点 A_j、B_j、C_j、D_j、E_j 和 F_j 的投影点。这些地形点的 z 值可以通过加权平均插值法得到，这种方法是一种应用在地形图上的"反距离加权距离法"[172]。当四轮机器人在倾斜的三维地形上移动时，并非所有四个轮子都会触碰到地面。当机器人平台被确定后，

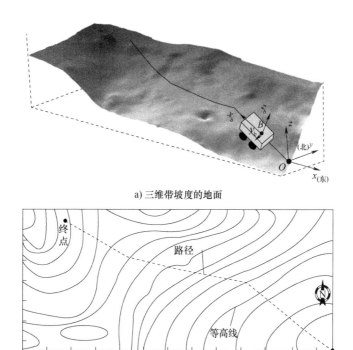

a) 三维带坡度的地面

b) 地形图

图 8-1　户外场景

机器人的重心（CG）有助于分析地面接触点。如果 CG 点位于机器人的中心位置，A_j、B_j、C_j、D_j 之中的三个 z 值较大的地形点将会被视为与地面的接触点。本章讨论的机器人的 CG 靠近后轴。因此，假定机器人的后轮始终触碰地面，一个前轮可能会碰到地面，而另一个则会悬起。当机器人沿地形图的路径向前移动到第 j 个四边形 $A_j'B_j'C_j'D_j'$，地面点 B_j 和 C_j 代表后轮与地面接触的两个点。一旦另一个接触点被指定（A_j 或 D_j），则此时的机器人平面将会被确定。比较 A_j 和 D_j 的 z 值，如果 $z_{A_j} > z_{D_j}$，则机器人的左前轮将会接触到地面点 A_j 并且右前轮将会处于悬起状态。在这个例子中，A_j 成为地面接触点，则用三角形 $A_jB_jC_j$ 表示机器人平面，如图 8-2b 所示。当三轮机器人在三维地形平面移动时，将会接触到地面点 B_j、C_j 和 F_j。其中，B_j 和 C_j 分别表示机器人后轮的接触点，F_j 表示前轮接触点。因此，可以用三角形 $B_jC_jF_j$ 平面表示三轮机器人，如图 8-2c 所示。

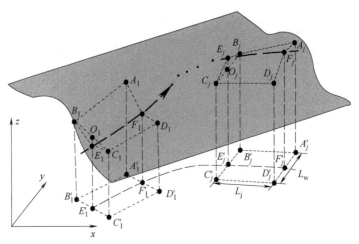

a) x-O-y平面上的路径被分割成一系列四边形

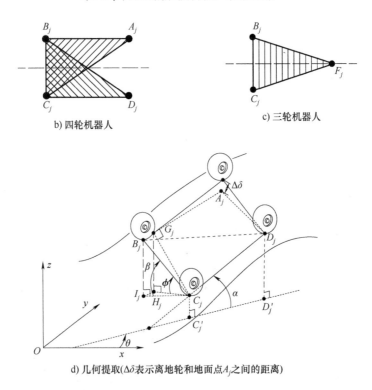

b) 四轮机器人

c) 三轮机器人

d) 几何提取($\Delta\delta$表示离地轮和地面点A_j之间的距离)

图 8-2　机器人-地形坡度模型的几何提取

得到机器人平面之后，下一步是获取机器人-地形坡度（Robot-Terrain Inclination，RTI）模型。本节使用四轮机器人作为提取 RTI 模型的例子。假设三角形 $B_j C_j D_j$ 代表机器人平面，向量 $\overrightarrow{C_j D_j}$ 代表机器人运动方向，如图 8-2d 所示。如果忽略机器人的高度，则机器人的车体坐标原点与地形点 B_j 和 C_j 的中点 O_j 一致。因此，O_j 的坐标被认为是机器人的位置。点 B_j、C_j、D_j 和 O_j 相对于惯性参考系的坐标分别为 (x_B, y_B, z_B)、(x_C, y_C, z_C)、(x_D, y_D, z_D) 和 (x_j, y_j, z_j)。然后，第 j 个四边形的 RTI 模型 RTI_Model：$(x_j, y_j, z_j) \rightarrow \gamma_M$ 将会被推导作为系统状态和粒子滤波测量变量的相关函数。在这个模型中，$\gamma_M = \begin{bmatrix} \theta_j & \alpha_j & \phi_j \end{bmatrix}^T$ 是根据地形图上的地形信息表示的机器人平面的方位角。ϕ_j、α_j 和 θ_j 分别表示机器人的滚转角、俯仰角、横摆角。

8.2.2　基于粒子滤波的地形坡度定位

假设机器人沿一条给定的路径运动，这条路径的地形坡度不总为零且机器人能测量自身的姿态和速度。机器人的位置被定义为可通过蒙特卡洛方法估计的系统状态变量 X_t[173]。蒙特卡洛方法的主要思想是利用加权 M 粒子去估计状态变量 X_t。一个单一粒子 m 通过运动状态转移定义如下：

$$X_t^{[m]} = \begin{bmatrix} x_t^{[m]} \\ y_t^{[m]} \\ z_t^{[m]} \end{bmatrix} = \begin{bmatrix} x_{t-1}^{[m]} \\ y_{t-1}^{[m]} \\ z_{t-1}^{[m]} \end{bmatrix} + TA \begin{bmatrix} v_{x_b} \\ v_{y_b} \\ v_{z_b} \end{bmatrix} \quad (8\text{-}1)$$

其中

$$A = \begin{bmatrix} c\theta c\alpha & -c\theta s\alpha s\phi - s\theta c\phi & -c\theta s\alpha c\phi + s\theta c\phi \\ s\theta c\alpha & -s\theta c\alpha s\phi + c\theta c\phi & -s\theta s\alpha c\phi - c\theta s\phi \\ s\alpha & c\alpha s\phi & c\alpha c\phi \end{bmatrix}_{t-1}$$

式中，c、s 为 cos( ) 和 sin( ) 的函数简写；T 为采样周期。相对于机器人的车体坐标系 (x_b, y_b, z_b) 的线速度矢量 $\begin{bmatrix} v_{x_b} & v_{y_b} & v_{z_b} \end{bmatrix}^T$ 已在 8.2.1 节定义。

在 8.2.1 节中，从地形图中提取的 RTI 模型被认为是测量模型。由此可以为粒子 m 描述测量预测如下：

$$\hat{z}_t^{[m]} = \begin{bmatrix} \hat{\theta}_t^{[m]} \\ \hat{\alpha}_t^{[m]} \\ \hat{\phi}_t^{[m]} \\ \hat{\text{dist}}_t^{[m]} \end{bmatrix} = \begin{bmatrix} \text{RTI\_Model}_\theta(x_t^{[m]}, y_t^{[m]}, z_t^{[m]}) \\ \text{RTI\_Model}_\alpha(x_t^{[m]}, y_t^{[m]}, z_t^{[m]}) \\ \text{RTI\_Model}_\phi(x_t^{[m]}, y_t^{[m]}, z_t^{[m]}) \\ \text{dist}(p(x,y,z) - p(x_t^{[m]}, y_t^{[m]}, z_t^{[m]})) \end{bmatrix} \quad (8\text{-}2)$$

式中，RTI_Model_θ、RTI_Model_α 和 RTI_Model_ϕ 由上节提取得到的 RTI 模型构成；$p(x_t^{[m]}, y_t^{[m]}, z_t^{[m]})$ 为粒子 m 的位置；$p(x,y,z)$ 为机器人路径上离粒子 m 最近的点；$\hat{\text{dist}}_t^{[m]}$ 为粒子 m 与点 $p(x,y,z)$ 之间的距离。

为了实施粒子滤波重采样步骤，根据传感器模型计算每一个粒子的权重因子 $w_t^{[m]}$ 如下：

$$z_t = [\theta_t, \alpha_t, \phi_t, \text{dist}_t] \quad (8\text{-}3)$$

式中，$[\theta_t, \alpha_t, \phi_t]^{\text{T}}$ 是自身惯性测量传感器在间隔时间 T 内得到的数据，距离 dist_t 不是一个真实测量值，而是为了保证所有采样沿着此时的路径而设置的虚拟测量值。因此，dist_t 总是保持零值[174]。权重 $w_t^{[m]}$ 则按下式计算：

$$w_t^{[m]} = |2\pi Q_t|^{-\frac{1}{2}} \exp\left\{-\frac{1}{2}(z_t - \hat{z}_t^{[m]})^{\text{T}}\right\} Q_t^{-1}(z_t - \hat{z}_t^{[m]}) \quad (8\text{-}4)$$

式中，方差 Q_t 为 RTI 模型的不确定度和地图的不准确度。

航向角 θ_j 被定义为向量 $\overrightarrow{C_j'D_j'}$ 与 x 轴之间的夹角，其完全由路径决定。角度 α_j 被定义为机器人方向 $\overrightarrow{C_j'D_j'}$ 与 $x\text{-}O\text{-}y$ 平面的夹角。平面 $H_jI_jC_j$ 平行于 $x\text{-}O\text{-}y$ 平面。β_j 是线段 $\overrightarrow{C_jI_j}$ 和 $\overrightarrow{C_jB_j}$ 之间的角度，ϕ_j 是线段 $\overrightarrow{C_jB_j}$ 和 $\overrightarrow{C_jH_j}$ 之间的角度，如图 8-2d 所示。由以下方程可以得到角度 α_j 和 ϕ_j：

$$\alpha_j = \arcsin\left(\frac{(z_D - z_C)}{|\overrightarrow{C_jD_j}|}\right) \quad (8\text{-}5)$$

$$\phi_j = \arcsin\left(\frac{\sin\beta_j}{\cos\alpha_j}\right) \tag{8-6}$$

$$\beta_j = \arcsin\left(\frac{(z_B - z_C)}{|\overrightarrow{B_j C_j}|}\right) \tag{8-7}$$

$$|\overrightarrow{C_j D_j}| = \sqrt{(x_C - x_D)^2 + (y_C - y_D)^2 + (z_C - z_D)^2} \tag{8-8}$$

$$|\overrightarrow{B_j C_j}| = \sqrt{(x_B - x_C)^2 + (y_B - y_C)^2 + (z_B - z_C)^2} \tag{8-9}$$

因此，如图 8-2a 所示，由一系列四边形 $A_j' B_j' C_j' D_j'$ 可以得到角度 $(\theta_j, \alpha_j, \phi_j)$ 的值。每个机器人的位置对应一组 $(\theta_j, \alpha_j, \phi_j)$ 角度。通过以上离散线性插值关系，可以得到 $[\theta_k \quad \alpha_k \quad \phi_k]^T =$ RTI_Model(x_k, y_k, z_k)，$k = 1, 2, \cdots, N$。N 的大小可以根据精度要求调整。由此最终得到机器人姿态和机器人位置之间的一系列离散关系。

8.3　环境制图

8.3.1　数据采集和点云分离

8.3.1.1　数据采集

在本节介绍的系统中，一个三维激光扫描系统安装在移动机器人顶部，能够在机器人导航过程中获取环境的点云。三维激光扫描系统由二维激光扫描仪（SICK LMS200）和伺服电机驱动的转台组成。

本章共定义了三个坐标系，它们分别是世界坐标系 (x, y, z)、机器人坐标系 (x_b, y_b, z_b) 和激光系统坐标系 (x_1, y_1, z_1)。世界坐标系固定在机器人初始位置的地球表面椭球体切面上，并带有三个正交轴 (x, y, z)。其中，y 轴总是指向北极，z 轴垂直向上，远离地球中心。机器人坐标系固定在后轮中点，带有三个正交轴 (x_b, y_b, z_b)。x_b 轴总是与机器人速度方向一致，z_b 轴垂直于机器平面。激光坐标系固定在激光扫描仪的镜轮中心，x_1 轴与 x_b 方向一致，z_1 与 z_b 重合。

本章讨论的移动机器人采用"停止-扫描-前进"的方式获取环境信息，并且每隔几米执行一次激光扫描。当机器人停止时，激光扫描仪扫描范围为 0°（x_1 正方向）到 180°（x_1 负方向）。因此，可以得到每一个点云在激光坐标系下的三维坐标值如下：

$$z_1 = R\sin\gamma \tag{8-10}$$

$$y_1 = R\cos\gamma\cos\varphi \tag{8-11}$$

$$x_1 = R\cos\gamma\sin\varphi \tag{8-12}$$

式中，(x_1, y_1, z_1) 为坐标值；R 为激光扫描仪到目标的距离；γ 为扫描线到 $x_1 o_1 y_1$ 平面的角度；φ 为转盘旋转角度。

8.3.1.2 点云分离

点云代表了环境信息，其中包括地面点和非地面点（悬挂点）。与传统方法不同，地面点和非地面点都有助于本章讨论方法的定位和制图。因此，这些点需要从点云地图分开提取。

为了区分这些点，这里使用一种基于斜率和高度的"伪扫描线"滤波方法[175]。由于扫描线是由扫描序列排序的许多点组成，因此可以任意选取两个相邻点 P_{i-1} 和 P_i，然后用 dz_i 和 S_i 分别表示高度差分和点 P_{i-1} 和 P_i 之间斜率。如果差分 dz_i 和 S_i 分别小于其固定阈值 Limit_dz 和 Limit_S，则点 P_i 被视为地面点，反之视其为非地面点。如图 8-3 所示，高度差分和斜率计算公式如下：

$$dz_i = |z_i - z_{i-1}| \tag{8-13}$$

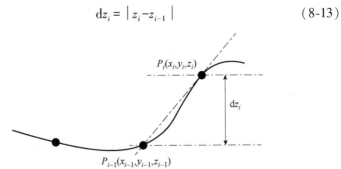

图 8-3　两点之间的关系

$$S_i = \frac{z_i - z_{i-1}}{\sqrt{(x_i - x_{i-1})^2 + (y_i - y_{i-1})^2}} \tag{8-14}$$

式中，(x_i, y_i, z_i) 为点 P_i 的世界坐标；$(x_{i-1}, y_{i-1}, z_{i-1})$ 为点 P_{i-1} 的世界坐标。图 8-4 给出了在局部点云上数据分离的结果，其中亮点和黑点分别表示了地面点和非地面点。

图 8-4　点云数据分离结果

8.3.2　基于 ICP 算法的制图

本节使用 ICP 算法对齐局部点云对，最终构建导航区域的全局地图。ICP 算法利用两次扫描中重叠部分点之间的对应关系，以两个网格和一个初始猜测开始建立它们之间相对变换。与传统方法不同，ICP 算法的初始估计值是里程计经过前一个时间间隔，利用地形坡度辅助定位的结果。接下来，初始值经过重复生成相应点对，迭代最小化误差度量而得到优化[176]。由本书参考文献［157］可知，比起户外环境中的地面信息，非地面结构，如树和建筑物，可以更加有效地取得良好快速的匹配结果。使用减少点和"缓存 KD 树"的方法能够使 ICP 匹配算法的时间消耗降低到 1s 左右[169]。

图 8-5 给出了使用非地面点的两组局部点云匹配，其初始估计值来自于地形坡度辅助定位。图 8-5a 给出了两组未匹配的局部点云，其中灰色点表示第 n 次扫描的点云数据、黑色点表示第 $n+1$ 次扫描数据。对齐后的匹配结果如图 8-5b 所示。

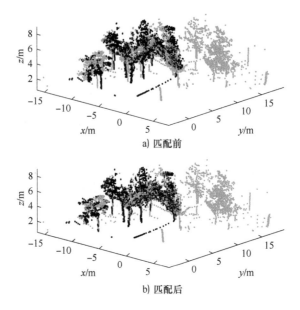

图 8-5　两组局部点云匹配例子

8. 4　实验结果和讨论

8. 4. 1　方法和过程

该实验是在装配有三维激光扫描系统的机器人平台"Pioneer 3DX"上进行的。机器人同时装载了美国克尔斯博科技（Crossbow Technology）公司生产的惯性测量单元（IMU）NAV440，以获取滚转、俯仰、横摆角和 ω_{x_b}、ω_{y_b}、ω_{z_b} 角速度。相对于机器人坐标系的前向速度 v_{x_b} 是由机身上的编码器提供，其中 v_{y_b}、v_{z_b} 假设均为零，表示机器人并不会因此而产生滑动。

选择深圳大学城图书馆周围覆盖有草地和树木的三维地形作为实验环境，这是一种典型的倾斜并带有自然地标（树）的地形，可以用来验证本章提出的 TILAM 算法。选定区域大约为 15m×10m，激光扫描系统的水平旋转角度为 180°，垂直角度为 80°，可每 6m 获取一个扫描地图用于 TILAM 算法。为了对比需要，在同一区域实施了基于点减少和"缓存 KD 树"的快速 ICP 算法[169]，其中机器人每 3m 扫描一次并更新机器人的位置估计。机器人在该地形的移动速度是 0.1m/s，选择所有的采样间隔时间均为 $\Delta t = 0.1$s，这个间隔与 IMU 的采样周期一致。

为了获取机器人运动的参考点，使用了 PhaseSpace 运动捕捉系统。PhaseSpace 是一种光学运动捕捉系统，用于估计 LED 标记的物体位置、速度和加速度，其测量精度为 1mm。因为运动捕捉系统不能一次覆盖整个导航区域，所以连续的地面真值通常很难在线获取。在每次实验期间，沿机器人的路径标记一些离散的人造标记，每个人造标记也记录相应的时间间隔。接下来，每次实验之后，再用运动捕捉系统测量这些人造标记的位置作为参考。

8.4.2　结果和讨论

图 8-6 所示的模型，是根据第一次扫描地图使用 8.2 节的方法提取得到的机器人地形坡度模型。基于 RTI 模型，在第一次扫描（$T = 0$）和第二次扫描（$T = 1$min）间隔里，在线实施了地形坡度辅助定位算法。其中，T 是运动开始的时钟时间。在 $T = 1$min 时，机器人停下来做了第二次扫描。之后，利用 ICP 算法将第一次扫描和第二次扫描数据进行了对齐并生成了联合局部地图，其中使用 $T = 1$min 时的定位结果作为 ICP 算法的初始估计值，如图 8-5 所示。同样，地形坡度辅助定位将被再一次实施在第二次扫描（$T = 1$min）和第三次扫描（$T = 2$min）。在三次扫描之后，该区域的全局地图最终被建立，同时在导航期间的在线定位也被完成。图 8-7 给出了本章所提方法的机器人位置估计结果（实线）、航位推算结果（点划线）和参考位置（圆圈标记）。如图 8-7 所示，可以得到，在这类户外场景中，通过本章提出的方法估计得到的机器人位置更加接近地面真实值。考虑处理关联不确定度的能力，图 8-7 所示也比较了不同的滤波方法，如卡尔曼滤波和粒子滤波。如图 8-7 所示，基于粒子滤波的 TIL 方法得到的结果要比基于扩展卡尔曼滤波的方法的结果更加平滑。图 8-9b 和 c 给

出了图 8-9a 所示使用 TILAM 算法和基于 ICP 的 SLAM 区域的地图构建结果。每一次实验共有 12 个离散地面真实值作为参考（图 8-9a 所示的标记）。

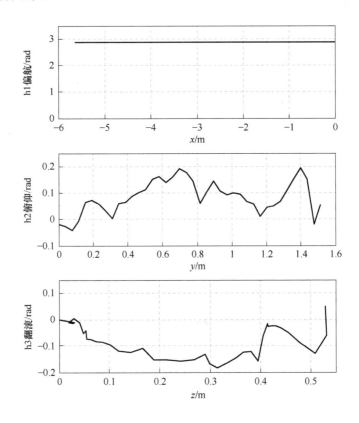

图 8-6　基于第一次扫描的机器人地形坡度模型

为了评估初始误差 ΔE 对机器人定位的影响，机器人估计位置和参考点之间的三维欧氏距离 Δd 可以用来表示位置估计误差，并且机器人的位置估计在世界坐标系下的距离为 d。当机器人面临坡度变化时（如穿越等高线），位置估计误差迅速降低（如图 8-8 所示的距离 3m 之后）。如图 8-8 所示，即使是初始误差大到 1.5m，位置误差的收敛仍然是鲁棒的。

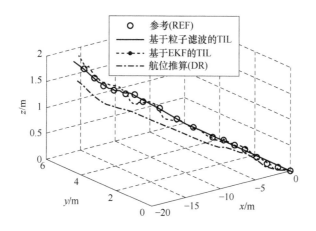

图 8-7　机器人场景的位置估计比较（TIL 表示地形坡度定位，实线代表本章所提出的方法，点划线表示用扩展卡尔曼滤波代替粒子滤波后的结果）

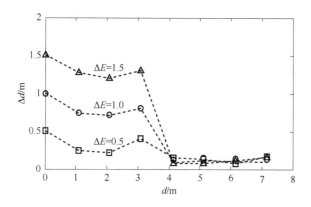

图 8-8　初始误差 ΔE 沿路径不同时的位置估计误差

　　如图 8-9 所示，就全局地图构建精度而言，基于 TILAM 和基于 ICP 算法的 SLAM 之间并没有太大的区别。这两种方法都可以建立全局地图。然而，在这类户外场景下，本章提出的方法所得到的位置估计比传统的基于 ICP 的方法更加接近真实值，如图 8-10 所示。为了进一步研究 TILAM 算法和传统基于 ICP 算法在定位精度上的不同，作者进行了 5 个重复实验。位置估计误差在三个轴上的均值和方差以及欧氏距离 d 见表 8-1。根据表 8-1 给出的误差，可以得知：在欧氏距离空间中所讨论的 TILAM 算法的位置估计误差比使用的 ICP 算法减小 82%，同时 TILAM 方法得到的位置估计误差分布也比基于 ICP 算法的误差分布缩小 43%。

a) 实验环境

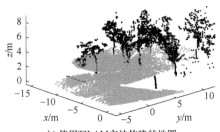

b) 使用 TILAM 方法构建的地图

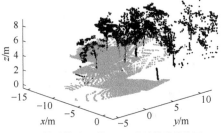

c) 使用基于 ICP 的 SLAM 方法构建的地图

图 8-9　地图构建结果比较

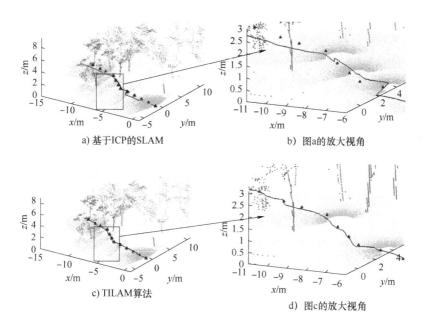

a) 基于ICP的SLAM
b) 图a的放大视角
c) TILAM算法
d) 图c的放大视角

图 8-10 户外环境下的定位与制图结果

表 8-1 定位误差比较

编号	方法	x 轴误差均值 /m	x 轴误差方差 /m	y 轴误差均值 /m	y 轴误差方差 /m	z 轴误差均值 /m	z 轴误差方差 /m	误差均值 d/m	误差方差 d/m
1	TILAM	−0.0126	0.0898	0.0326	0.0105	−0.0165	0.0018	0.0386	0.0904
2	SLAM(ICP)	−0.0125	0.1324	−0.2016	0.0842	−0.0781	0.0288	0.2166	0.1595

　　而且如表 8-2 所示，TILAM 算法的计算时间与基于 ICP 的 SLAM 算法的计算时间不同。根据表 8-2 所示，TILAM 算法的时间消耗分为两个部分：任何两组激光扫描间隔之间的地形坡度辅助定位和基于 ICP 算法的匹配。在 TILAM 实施期间，整个 15m 路径只需要两次 ICP 对齐。基于 ICP 算法的 SLAM 时间消耗也分为两个部分：基于里程计的定位和基于 ICP 算法的匹配，其需要使用 5 次 ICP 算法才能得到满意的定位结果。虽然基于地形坡度辅助的定位花的时间（平均

0.09s）比基于里程计的定位时间（平均 0.02s）更多，但是 TILAM 算法整个的时间消耗（2.67s）比基于 ICP 算法的（6.1s）少 56%，那是因为在 TILAM 算法中 ICP 算法的使用次数较低并且有一个更好的定位效果。

表 8-2　计算时间比较

编号	测试距离	方法	定位消耗的时间	匹配时间	总时间
1	15m	TILAM	0.09s×3 次=0.27s	1.2s×2 次=2.4s	2.67s
2	15m	SLAM（ICP）	0.02s×5 次=0.1s	1.2s×5 次=6s	6.1s

为了评估初始估算误差如何影响机器人的性能，表 8-3 给出了不同的初始位置估计的收敛时间。注意到，如果在每个轴的初始估计误差小于 0.2m，则收敛时间小于 4s。而且，随着初始估计误差的增加，系统需要更长的时间才能稳定下来。因此，本章讨论的方法对大的初始误差非常敏感，即使它只影响开始第一次扫描间隔的定位，并不降低之后的精度。粒子滤波的使用将会提高这个方法的鲁棒性，本书第 9 章将讨论该问题。因此，本章的结论是，地形坡度辅助定位和制图算法能够改善机器人在三维倾斜地面的定位，并有效地建立周围环境区域的全局地图。

表 8-3　不同初始估计误差的收敛时间

编号	机器人速度/(m/s)	初始估计误差/m	收敛时间/s
1	0.1	(0.1,0.1,0.1)	3.5
2	0.1	(0.2,0.2,0.2)	4
3	0.1	(0.3,0.3,0.3)	28
4	0.1	(0.4,0.4,0.4)	32

第9章　大范围环境下云机器人定位架构

9.1　概述

本书第 8 章已经介绍了一种户外场景下运用地形坡度和基于激光的移动机器人定位和制图方法，其中户外复杂的地形条件是关键，但是场景相对较小。然而，现实中一些户外机器人需要经常工作在大范围环境中，如用于救援、监控、军事的机器人。因此，本章主要探讨的问题是，除了第 8 章提到的方法外，机器人是否可以通过使用一些其他技术使其能够在大范围环境中运动。机器人定位，尤其是大范围环境下的探索，传统上就受到一些固有物理条件的限制，因为所有计算都必须在机器人的车载计算机或微型芯片上进行，这在一定程度上限制了计算能力。因此，本章提出了一种基于云架构以实现户外大型环境下的移动机器人定位方法，在这种架构下，云端强大的计算、存储能力和其他在云上可贡献的资源可以被充分利用。

最近十几年间，许多研究人员已经开始关注户外场景中的机器人定位问题。许多户外定位算法都依靠 GPS。然而在某些城市场景下，如城市峡谷、服务性道路、隧道中，GPS 信号可能严重受阻。在这些场景下，GPS 定位误差可能超过 10m[177-179]。基于外部地图的定位是一种新的估计机器人位置的方法。Christian 等人提出了一种利用道路网络结构及其高度轮廓的方法，用于在 GPS 信号丢失时进行位置估计[174]。Zhu 等人也提出了一种占用内存较少的定位方法，其中地形图被用作先验信息[180,181]。但是当机器人遇到具有多条平行道路的模糊路线时，这些方法可能会失败。Xu 等人提出了一种基于视觉和道路曲率估计的外部地图算法，用于定位车辆以解决模糊路线问题[182]。在更近期的研究中，Majdik 等人提出了一种空-地图像匹配算法，用于定位和跟踪微型飞行器（MAV）的位置，这些飞行器可在没有 GPS 信号的城市街道上空飞行[183]。这个方法也采用了外部数据，即地面街景图像，来定位，这些图像先前被反投影到三维城市模型地籍上。但是，他们的方法受到高计算复杂性的限制，并且不能在实时应用中容易地使用[183]。

然而，在大范围探索的情况下，所有前面的努力都是不够的。大范围环境被定义为其空间结构比传感器可以观察到的水平要大得多[184]。大范围定位具有挑战性，因为需要昂贵的计算能力和巨大的存储器去处理大量的实时数据[185]。例如，分别赢得美国 DARPA 城市挑战赛的系统"Stanley"和"Boss"配备了 6~10 台计算机阵列，数据处理需要超过 1TB 的硬盘存储空间和记录[12,186]。为了减少存储需求，Lankenau 等人提出了名为"RouteLoc"的新算法，用于在大范围环境中的移动机器人的绝对自定位，其中环境地图由混合拓扑度量图表示[187]。但是，此方法只能在结构化环境中使用。为了应对非结构化大范围环境的复杂性，Bonev 等人针对使用视觉传感器的机器人定位提出了一种可扩展的机器学习方法，用于区分连续图像在长轨迹上的相似性[179]。Bradley 等人提出了名为"加权梯度方向直方图"的方法，其主要思想是从图像提取特征然后匹配得到机器人的估计位置[188]。这种方法可以有效地减少机器人在大型户外环境探索时的计算量。然而，它很难从视觉上区分相似的位置，以及在极端光照条件下匹配特征[189]。Xie 等人在大范围非结构化户外环境中引入了一种从粗略到精细的匹配方法，用于全局定位和带激光传感器的移动机器人"绑架"问题[190]。但是，如果环境改变明显或机载的激光传感器被周围的人群遮挡，这种定位方法将会失败。

云机器人技术是美国谷歌公司的 Kuffner 首先提出的一个概念，为大范围或长期自主机器人所面临的问题提供了一个非常有前景的解决方案[191,192]。云机器人将云计算概念应用于机器人系统，从而通过计算卸载和网络共享大量数据或新技能，来增强机器人的功能。到目前为止，只有少数关于云机器人的论文被发表，如有关基于云的同时定位和制图（SLAM）、对象抓取算法和多机器人系统。为了解决

SLAM 期间密集测绘数据和计算负荷的问题，Arumugam 等人构建了云计算基础设施"DAvinCi"，以提高 SLAM 算法的实施速度[193]。Riazuelo 等人描述了一种基于云的视觉 SLAM 系统，它将高成本的地图优化和存储功能放在云端，在机器人的车载计算机上运行轻型摄像机跟踪客户端[194]。Kehoe 等人开发了一个云机器人系统架构，用于识别和抓取普通日常物体[195]。为了减少手动标记训练数据的需求，Lai 和 Fox 使用来自 Google 3D 仓库的物体对象，从而帮助系统对机器人收集的三维点云进行自主分类[196]。多机器人协作是另一个受益于云机器人的领域[197,198]。Hu 等人提出了一种云机器人架构来处理网络机器人所面临的限制，并描述了一些特定的挑战和云机器人技术的潜在应用[197]。为了提高效率并在不同的机器人之间共享数据，Wang 等人为云机器人系统引入了一个通用的基础设施，使得一些配置较差的机器人能够实现从配置优良的机器人建立的动态更新地图中恢复位置[198]。

　　本章介绍一种基于云机器人的不同定位架构。该架构，使用外部的道路网络地图和云端的参考图像（CLAOR），来实现移动机器人在大型户外环境中的实时自主导航。道路网络地图和参考图像可由商用电子地图（如谷歌地图、OpenStreet 地图）或其他商业资源得到，以便可以将新的道路信息添加到云端的地图数据库中。本章将扩展本书第 8 章讨论的基于地形坡度的定位算法[181]，只利用存储在云端的道路网络地图，以实现大范围在线定位。使用存储在云端的参考图像作为基于视觉的辅助算法，可以进一步提高系统的性能。基于云架构的主要优点如下：①在基于云的架构中，当 GPS 信号经常被遮蔽或完全不可用时，地面移动机器人在不同的大范围复杂场景中仍能实现准确的实时定位。②这里介绍的方法允许移动机器人（仅配备最少的硬件和机载传感器）访问存储在云端的大量数据，而云端和机器人之间的数据交换引起的网络延迟可以得到补偿。③当机器人沿着非常长而直并且平坦的路面行进时，基于视觉的辅助算法能够有效解决由于机载传感器的累积误差导致的位置模糊性问题。这种方法可确保机器人在整个长期运行期间保持 0.5m 内的有限定位误差。

9.2 云机器人定位架构

如图 9-1 所示，本章介绍的云机器人定位架构 CLAOR 可以分为两个处理阶段：离线阶段和在线阶段。下面各节将详细说明每个阶段的组成和具体算法。

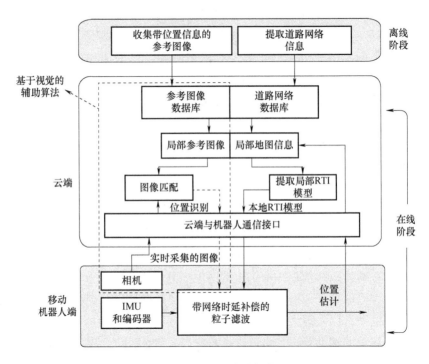

图 9-1 云机器人定位架构图

9.2.1 离线阶段

离线阶段由两个部分组成：道路网络信息的提取和参考图像库的构建。前者提取新的道路网络并更新存储在云端的现有道路网络地图。为了建立道路网络，首先，沿着新道路标记一组参考点。然后，从电子地图（如谷歌地图）或其他地理信息系统（GIS）提取这些参考点的大地坐标系（纬度、经度、海拔）以及道路名称，如图 9-2 所示。这些参考点的密度越高，定位的精度越高。最后，最新的道路信息被集成到道路网络数据库中，该数据库在云端存储和维护。

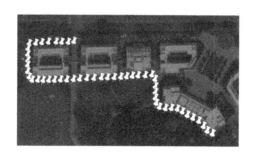

图 9-2　在预先规划的道路上提取点集

为了进一步提高移动机器人的定位精度，离线阶段的第二部分是构建参考图像数据库。将道路网络中某个特定位置的图像作为定位的一个参考。每一张图像都标有位置信息作为先验。为了提高图像匹配的准确性和鲁棒性，参考图像始终采用可从开源 GIS 软件轻松识别的显著特征，如具有锐边的建筑物图像或具有明显标记或颜色变化的景观，如图 9-3 所示。如果该区域未被现有数据库覆盖，也可以手动拍摄参考图像。这些图像也将被更新，并集成到存储在云端的参考图像数据库中。

a) 带有锐利边缘的建筑物　　　　b) 有明显边界和标记的地面

图 9-3　沿路的一些特征实例

c) 独特的雕像目标　　　　　　　d) 有很多纹理信息的十字路口

图 9-3　沿路的一些特征实例（续）

9.2.2　在线阶段

在线阶段是基于云的移动机器人定位。如图 9-1 所示，该架构由两端组成：云端和移动机器人端。在云端，可以从道路网络地图中提取机器人-地形坡度（RTI）模型[181]，并用于描述机器人高度与位置之间的关系。另一方面，移动机器人实时拍摄的图像与局部参考图像之间的图像匹配也在云端实现，用基于视觉的辅助算法以改善定位性能。设计了一个接口用于机器人端和云端的所有通信。在移动机器人端，使用机载传感器（IMU、编码器和相机）和带网络延时补偿的粒子滤波定位算法来估计机器人的位置。

整个在线阶段的运行流程如下：当机器人在道路上移动时，由 GPS 给出初始位置并发送到云端。然后，在云端的道路网络数据库和参考图像数据库中搜索以初始位置为中心的半径 δ 区域内的所有局部道路信息和参考图。接着相应道路的 RTI 模型被提取，并将本地道路网络的局部 RTI 模型发送回机器人端。与此同时，云端接收从移动机器人返回的连续图像并与局部参考图像对比。一旦图像匹配成功，参考图像的相应坐标信息将被发送回机器人端。最后，机器人将先前的本地 RTI 模型和基于视觉辅助算法的位置识别用粒子滤波的方法进行融合，以此估计机器人的当前位置。请注意，这里的粒子滤波算法中已经充分考虑了网络延迟。因此，在基于云的架构中，由于大部分计算和存储负载都分布在云端，即使探索区域越来越大，机器人配置的微型芯片/计算机仍然不会过载。

9.3　云机器人定位算法

9.3.1　云端算法

9.3.1.1　RTI 模型

本书第 8 章已经充分说明和讨论过 RTI 模型。更多相关信息请参阅 8.2.1 节。

9.3.1.2　图像匹配

在参考图像数据库中，每一张图像都链接到地图中一个具体的地理坐标。移动机器人实时拍摄的图像与存储在云端的参考图像进行匹配。一旦匹配成功，相应的地理坐标将被发送到机器人端以帮助更新位置估计。匹配过程是基于加速的鲁棒特征（Speed-Up Robust Features，SURF）检测器/描述子进行的[199]。U-SURF 检测器/描述子用于从图像中提取关键点，并且计算附近区域的 64 维非旋转不变量描述子。非旋转不变量描述子可以显著减少匹配时间，从而达到实时应用。本节介绍的匹配过程分为两个方向。也就是说，对于每一个在图像上的特征点，应该在对应的参考点上找到两个最近邻的点。同样，在参考图像上的特征点也应该在对应的匹配图像上找到两个最近邻的特征点。定义一个相互比率来表示在匹配图/参考图和参考图/匹配图之间最近邻点对之间的距离与另一个最近邻之间的距离之比。如果相互比率低于给定阈值，那么最近邻点被接受，作为好的候选点。但是，如果相互比率大于阈值，为了避免错误匹配，则拒绝这两个最近邻点。通过这个策略可以消除大量的不可靠匹配。然后，得到两组匹配好的集合：一组是匹配图像到参考图像；另一组是参考图像到匹配图像。当这两组匹配集合具有一对一的对应关系时，才接受匹配对。最后，使用随机采样一致性（RANSAC）计算基础矩阵并检查是否满足极线约束。一旦匹配成功，位置被识别，相应的地理坐标将会被发送给移动机器人端。

9.3.2　机器人端定位算法

9.3.2.1　基于粒子滤波的定位算法

本节将介绍基于粒子滤波的位置估计算法，表 9-1 给出了该算法的伪代码和流程。伪代码中，系统状态使用"X_{t-1}"表示 $t-1$ 时刻机器人在惯性笛卡儿坐标系的三维位置 (x, y, z)。"Q_t"是系统协方差矩阵，"Z_t"是系统的观测向量。从 $t-k$ 到 t 时刻的 IMU 和编码器测量数据被存储在"Z_{backup}"和"v_{backup}"中。其中，k 代表由机器人端和云端交换数据导致的网络延迟。"Z_{backup}、v_{backup} 和 X_{t-k-1}"被用作网络延时补偿，下一节将会详细介绍。VI（见表 9-1 的第 3行）表示机器人是否从云端接收已识别的位置信息。当 $VI = 0$ 时（如当它并没有从云端接收到反馈），将使用表 9-1 所示的第 4～17 行去估计 t 时刻的机器人位置"X_t"。反之，额外的网络延迟补偿算法将会被实施，因为基于视觉的辅助算法将会引起不可忽略的网络延迟。

表 9-1 的第 5 行给出了单个粒子的运动模型，其中上标 $[m]$ 表示粒子 m，"T"是采样时间，"v_t"是机器人移动方向上的线速度。表 9-1 的第 4 行的"M"表示整个粒子集。表 9-1 的第 6 行描述了测量预测，其中模型"RTI_θ"和"RTI_α"是从云端下载的 RTI 模型，被认为是测量模型的一部分。"$\hat{d}_t^{[m]}$"是粒子 m 和点 $p(x, y, z)$ 之间的欧氏距离。其中，"$p(x_t^{[m]}, y_t^{[m]}, z_t^{[m]})$"表示粒子 m 的位置，"$p(x, y, z)$"表示从地图获取的最接近此粒子的机器人路径上的道路点。"$\hat{V}_t^{[m]}$"表示仅在成功图像匹配的情况下，从云端获得地理坐标中的机器人位置的测量预测（$VI = 1$）。然后，第 7～17 行描述了状态更新，其中"θ_t"和"α_t"是在时间 t 从机载 IMU 获得的偏航和俯仰的测量值。距离"d_t"不是真正的传感器测量值，而是为了在时间 t 保持所有采样点沿路径的虚拟测量值[177]。"V_t"是来自于云端的位置识别结果。表 9-1 的第 8 行描述了每一个粒子的权重计算，其中"$w_t^{[m]}$"表示粒子 m 的权重。

表 9-1　基于粒子滤波的定位算法伪代码

1	$(X_{t-1}, Z_t, v_t, X_{t-k-1}, Z_{\text{backup}}, v_{\text{backup}})$
2	$X_{t-1} = \langle \chi_{t-1}^{[1]}, \chi_{t-1}^{[2]}, \cdots, \chi_{t-1}^{[M]} \rangle, Z_t = \{\theta_t, \alpha_t, d_t, V_t\}, Q_t, \overline{X}_t = X_t = \varnothing,$ $X_{t-k-1} = \langle \chi_{t-k-1}^{[1]}, \chi_{t-k-1}^{[2]}, \cdots, \chi_{t-k-1}^{[M]} \rangle, Z_{\text{backup}} = \{Z_{t-k-1}, Z_{t-k}, \cdots, Z_t\},$ $v_{\text{backup}} = \{v_{t-k-1}, v_{t-k}, \cdots, v_t\}.$
3	if $VI = 0$ do
4	for $m = 1$ to M do
5	$\chi_t^{[m]} = \begin{bmatrix} x_t^{[m]} \\ y_t^{[m]} \\ z_t^{[m]} \end{bmatrix} = \begin{bmatrix} x_{t-1}^{[m]} + \cos\theta_{t-1} \cdot \cos\alpha_{t-1} \cdot v_{t-1} \cdot T \\ y_{t-1}^{[m]} + \sin\theta_{t-1} \cdot \cos\alpha_{t-1} \cdot v_{t-1} \cdot T \\ z_{t-1}^{[m]} + \sin\alpha_{t-1} \cdot v_{t-1} \cdot T \end{bmatrix}$ 　//采样新位姿
6	$\hat{Z}_t^{[m]} = \begin{bmatrix} \hat{\theta}_t^{[m]} \\ \hat{\alpha}_t^{[m]} \\ \hat{d}_t^{[m]} \\ \hat{V}_t^{[m]} \end{bmatrix} = \begin{bmatrix} RTI_\theta(x_t^{[m]}, y_t^{[m]}, z_t^{[m]}) \\ RTI_\alpha(x_t^{[m]}, y_t^{[m]}, z_t^{[m]}) \\ dist[p(x,y,z), p(x_t^{[m]}, y_t^{[m]}, z_t^{[m]})] \\ 0 \end{bmatrix}$ 　//测量预测
7	$Z_t - \hat{Z}_t^{[m]} = \begin{bmatrix} \theta_t - \hat{\theta}_t^{[m]} \\ \alpha_t - \hat{\alpha}_t^{[m]} \\ d_t - \hat{d}_t^{[m]} \\ V_t - \hat{V}_t^{[m]} \end{bmatrix}$
8	$w_t^{[m]} = \mid 2\pi Q_t \mid^{-\frac{1}{2}} \exp\left\{ -\frac{1}{2}(Z_t - \hat{Z}_t^{[m]})^T Q_t^{-1}((Z_t - \hat{Z}_t^{[m]})) \right\}$ 　//权重计算
9	add $\chi_t^{[m]}$ and $w_t^{[m]}$ to $\overline{X}_t$
10	endfor
11	if $\sum w_i > K$, for $m = 1$ to M do
12	draw i with probability $\propto w_t^{[i]}$
13	add $\chi_t^{[i]}$ to X_t
14	endfor

（续）

15	else	
16	*replace particles with more reliable ones*	//传感器重置
17	endif	
18	return $X_t = \langle \chi_t^{[1]}, \chi_t^{[2]}, \cdots, \chi_t^{[M]} \rangle$	
19	if $VI = 1$ do	
20	*network delay compensation*	
21	endif	

值得注意的是，如果 GPS 估计的位置离真实位置很远，机器人必须重新定位。而且，当移动机器人沿着非常长的并且在没有基于视觉辅助算法可识别特征的平路上移动，粒子集的分布可能远远偏离实际位置。这种情况类似机器人绑架问题，并且可能使粒子滤波的方法失败[200]。因此，为了适应这种情况，当检测到错误估计时，从传感器生成的额外假设将被插入到基于传感器重采样的粒子滤波算法中[201]。这个过程被称为传感器重置（见表 9-1 的第 16 行）。如果粒子权重和 $\sum w_i$ 超过阈值 K，则所有的采样被保留。反之，假设检测器已经得到错误的估计，基于传感器的重采样将会开始。依靠在某一范围内匹配传感器测量和 RTI 模型，一个最佳的匹配位置能够被找到。然后，重采样后一定固定数量的样本将被添加进粒子集。

9.3.2.2 网络延时补偿

本章假设云端和机器人能够通过无线网络互相连接。云服务器创建一个等待远程客户端连接的监听套接字（listener socket）。客户端发出连接套接字 connect（）以启动 TCP 握手。此套接字包含许多客户端参数，如 IP 地址、端口号等。如果这些参数与监听套接字中的参数相同，则云服务器发出 accept（）套接字函数以接受连接请求。由此，云端和机器人之间的通信能够成功建立。对于本章介绍的架构，即使大量的数据处理被放到云端进行，也并不会产生明显的延时，但是由于数据交换产生的网络延时仍然可能会影响机器人定位的实时性能。此外，随着云和机器人之间的数据交换量增加，网络延迟会更大。

在 9.2 节介绍的架构中，云端和机器人端之间主要交换两种数据，即本地 RTI 模型和基于视觉辅助算法部分的图像。由于大量的数据和算法被设计在云端执行，所以由本地 RTI 模型导致的网络延时一般可以忽略。另外，云端和机器人的数据交换也已经被最小化，以减少时间延迟到一个可以忽略的范围。但是另一方面，从机器人到云端的实时图像传输将导致不可忽略的网络延迟，而这部分延迟对定位具有显著的影响。因此，当 $VI = 1$ 时，这里使用一种网络延迟补偿算法（见表 9-1 的第 19、20 行）。表 9-2 给出了网络延时补偿算法伪代码。

表 9-2　网络延时补偿算法伪代码

1	$(X_{t-k-1}, Z_{\text{backup}}, v_{\text{backup}})$
2	for $i = t-k$ to t do　　　　　　　//网络延时间隙期望状态更新
3	for $m = 1$ to M do
4	$$\chi_i^{[m]} = \begin{bmatrix} x_i^{[m]} \\ y_i^{[m]} \\ z_i^{[m]} \end{bmatrix} = \begin{bmatrix} x_{i-1}^{[m]} + \cos\theta_{i-1} \cdot \cos\alpha_{i-1} \cdot v_{i-1} \cdot T \\ y_{i-1}^{[m]} + \sin\theta_{i-1} \cdot \cos\alpha_{i-1} \cdot v_{i-1} \cdot T \\ z_{i-1}^{[m]} + \sin\alpha_{i-1} \cdot v_{i-1} \cdot T \end{bmatrix}$$
5	$$\hat{Z}_{i\cdot}^{[m]} = \begin{bmatrix} \hat{\theta}_i^{[m]} \\ \hat{\alpha}_i^{[m]} \\ \hat{d}_i^{[m]} \\ \hat{V}_i^{[m]} \end{bmatrix} = \begin{bmatrix} RTI_\theta(x_i^{[m]}, y_i^{[m]}, z_i^{[m]}) \\ RTI_\alpha(x_i^{[m]}, y_i^{[m]}, z_i^{[m]}) \\ dist[p(x,y,z), p(x_i^{[m]}, y_i^{[m]}, z_i^{[m]})] \\ IL[p(x_i^{[m]}, y_i^{[m]}, z_i^{[m]})] \end{bmatrix}$$
6	$$Z_i - \hat{Z}_i^{[m]} = \begin{bmatrix} \theta_i - \hat{\theta}_i^{[m]} \\ \alpha_i - \hat{\alpha}_i^{[m]} \\ d_i - \hat{d}_i^{[m]} \\ V_i - \hat{V}_i^{[m]} \end{bmatrix}$$
7	$w_i^{[m]} = \left\| 2\pi Q_i \right\|^{-\frac{1}{2}} \exp\left\{ -\frac{1}{2}(Z_i - \hat{Z}_i^{[m]})^T Q_i^{-1}((Z_i - \hat{Z}_i^{[m]})) \right\}$
8	add $\chi_i^{[m]}$ and $w_i^{[m]}$ to $\overline{X}_i$

（续）

9	endfor
10	for $m = 1$ to M do
11	draw j with probability $\propto w_i^{[j]}$
12	add $\mathcal{X}_i^{[j]}$ to X_i
13	endfor
14	endfor
15	return $X_t = \langle \mathcal{X}_i^{[1]}, \mathcal{X}_i^{[2]}, \cdots, \mathcal{X}_i^{[M]} \rangle$

假设机器人在当前时刻 t 从云端接收到位置识别结果。然后，推断出该位置识别结果与 $t-k$ 时刻机器人车载摄像机拍摄到的图像关联。补偿的主要思想是，在延迟时间（拍摄图像的瞬间和从云端接收反馈的时刻之间的间隔）内利用备用传感器数据来重新更新系统状态。当机器人接收识别到的位置反馈时，使用另一个粒子滤波器去融合反馈和备份数据，并重新更新机器人的估计位置，见表 9-2。该算法类似表 9-1 所示的算法，主要的不同在于对视觉辅助算法部分引入了测量函数 "$IL[p(x_i^{[m]}, y_i^{[m]}, z_i^{[m]})]$"，这个函数实现了从 ENU 笛卡儿坐标到地理坐标的变换。转换可以通过以下两步完成：

（1）转换本地 ENU 坐标到以地球为中心的地球固定（ECEF）坐标

$$
\begin{bmatrix} X_i^{[m]} \\ Y_i^{[m]} \\ Z_i^{[m]} \end{bmatrix} = \begin{bmatrix} -\sin\lambda_r & -\sin\varphi_r\cos\lambda_r & \cos\varphi_r\cos\lambda_r \\ \cos\lambda_r & -\sin\varphi_r\sin\lambda_r & \cos\varphi_r\sin\lambda_r \\ 0 & \cos\varphi_r\sin\lambda_r & \sin\varphi_r \end{bmatrix} \begin{bmatrix} x_i^{[m]} \\ y_i^{[m]} \\ z_i^{[m]} \end{bmatrix} + \begin{bmatrix} X_r \\ Y_r \\ Z_r \end{bmatrix} \quad (9\text{-}1)
$$

式中，(X_r, Y_r, Z_r) 为机器人在 ECEF 坐标系下的初始坐标；λ_r 和 φ_r 分别为经度和纬度；$(X_i^{[m]}, Y_i^{[m]}, Z_i^{[m]})$ 为在 i 时刻粒子 m 在 ECEF 坐标系的位置。

（2）转换 ECEF 坐标到大地坐标

$$
\lambda_i^{[m]} = \arctan(Y_i^{[m]} / X_i^{[m]}) \quad (9\text{-}2)
$$

$$
\varphi_i^{[m]} = \arctan\left\{ \frac{Z_i^{[m]} + be'\sin^3 U}{\sqrt{(X_i^{[m]})^2 + (Y_i^{[m]})^2} - ae^2\cos^3 U} \right\} \quad (9\text{-}3)
$$

$$h_i^{[m]} = Z_i^{[m]} / \sin\varphi_i^{[m]} - N(\varphi_i^{[m]})(1-e^2) \tag{9-4}$$

式中，$N(\varphi_i^{[m]}) = a/\sqrt{1-e^2\sin^2\varphi_i^{[m]}}$，$U = \arctan(Z_i^{[m]}a/\sqrt{(X_i^{[m]})^2+(Y_i^{[m]})^2}\,b)$，

$b = \sqrt{(1-e^2)a^2}$；a 为椭球的长半轴；e 和 e' 分别为椭球的第一和第二
数值偏心率[34]。与网络延迟相比，此补偿算法的时间消耗相对可忽略
不计，因为前几个采样间隔中的所有传感器数据已自动添加到备份空
间。因此，此算法能够有效地消除网络延时而又不引入额外的延迟。

9.4 实验和讨论

9.4.1 方法和步骤

实验在户外移动机器人 Summit XL 上进行，该机器人具有一个智
能手机级的机载处理器。云服务运行在台式个人计算机上（Intel
Xeon CPU X5650 2.67GHz，4GB RAM），该个人计算机由国家超级计
算深圳中心提供。选择的网络是中国电信的 TD-LTE 和 FDD-LTE 网
络，其中理论上行链路（从用户到互联网）峰值速率为 50Mbit/s，
下行链路（从互联网到用户）峰值速率为 100Mbit/s。来自美国克尔
斯博科技公司的 NAV440 被用作惯性测量单元（IMU），该 IMU 被安
装在机器人的顶部表面上，以测量滚转角、俯仰角和横摆角。测量精
度在滚转和俯仰方向为 0.5°，在横摆方向为 1°。机器人的线速度由
编码器提供。安装在机器人顶部的标准相机能够输出像素为 640×480
大小的图像（30 帧/s）。此外，机器人还搭载了标准商用 GPS 模块，
仅为机器人提供初始估计位置（请注意，GPS 模块并不是所提方法
必需的器件，所有能够提供初始位置估计的方法都可以替代该器
件）。在所有实验中，采样周期为 0.1s，机器人以小于 3m/s 的速度
移动，并且当它每行进到 100m 时发送一个半径为 200m 的局部地图
请求。在深圳大学城附近选择了三个室外场景进行实验验证。所有实
验都是使用无线网络实时运行，并使用了两组其他定位方法作为对比
和讨论：一种是仅使用 GPS 定位；另一种是无云服务的包含 GPS 和

惯性传感器的传统基于粒子滤波器的方法（与本节"基于 GPS/INS 的粒子滤波"方法类似）。

场景#1：使用面积为 400m×200m 的室外环境进行性能评估，如图 9-4a 所示（R1→R2→R3→R4）。此场景下，首先测量定位性能。由于 GPS 初始化位置估计误差可能超过 10m，所以我们在 5～20m 的不同初始误差下进行了一系列实验，以评估本章讨论的方法在不同初始位置误差方面的鲁棒性。沿道路间隔 20m 标记一些人工标记点。然后，从道路网络图中单独计算这些标记的位置作为参考。此外，偶尔会观察到机器人和云端之间的网络断开。在此情况下，评估系统的性能。

场景#2：实验区域约为 700m×500m，如图 9-4b 所示。机器人 P1～P8 点穿越 1.8km，覆盖了几种不同类型的道路，如小主干道、服务性道路和城市峡谷。在场景#2 中进行的实验用于证明基于云的技术适用于在复杂道路类型上的移动机器人自主通行。

场景#3：第三个实验区域面积约为 2500m×6700m。机器人在几乎所有类型的道路上行驶超过 13km，包括城市高速公路、主干道、小主干道、服务性道路、城市峡谷及隧道。该实验用于演示基于云的架构在更具代表性的大型户外环境中的性能。

a) 场景#1　　　　　　　　　　　　b) 场景#2

图 9-4　实验区域图像

9.4.2　结果和讨论

场景#1：所选区域的道路网络是从谷歌地图中提取出来的，并在定位任务开始之前发送到云服务器。与之前保存的道路网络数据库（见图 9-5a）相比，发现当前道路网络中的道路#1 和#2 是新的（见图 9-5b）。因此，系统将会在云端自主更新道路网络信息。

当机器人开始在道路上移动时，初始 GPS 位置估计 E_1 被发送到云端。如图 9-5b 所示，系统获得了以点 E_1 为中心的半径 δ 区域内的道路。由于 GPS 的漂移，初始的位置估计可能不在道路上。在这种情况下，选择距离 E_1 最近的道路点作为 RTI 模型的起点。然后，沿之前规划的路径上的这个道路点开始的 RTI 模型在云端被计算，并发送回移动机器人端。最后，通过使用 9.3.2.2 节（见表 9-1 和表 9-2）介绍的粒子滤波方法实现机器人的定位。当机器人通过 200m 路段时，机器人在每一段结束点的位置估计（见图 9-5b 的 E_2 和 E_3）被再一次发送到云端，并且以上过程不断重复。在这个场景下，共使用了 25 个离散参考位置。

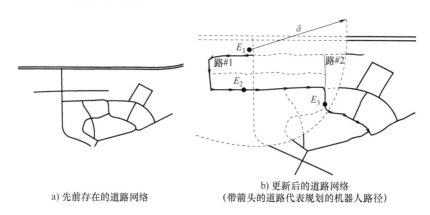

a) 先前存在的道路网络

b) 更新后的道路网络
（带箭头的道路代表规划的机器人路径）

图 9-5　导航区域道路网

图 9-6 给出了用不同的初始误差去模拟不同 GPS 分辨率，得到的位置估计误差。位置估计误差 Δd 被定义为估计位置和参考位置之间的三维欧氏距离。图 9-6a 和 b 分别给出了无、有传感器重置的定位性能。可以看出对于没有传感器重置的每一个场景，只有当 GPS 提供的初始误差小于 5m 时，定位性能才可以接受，但是当初始误差大于 5m 时，误差开始发散。相反，在算法中使用传感器复位后，即使

初始误差大于 20m，位置估计误差也迅速减少。因此，本章介绍的基于云的方法对于大的初始化位置误差是鲁棒的。

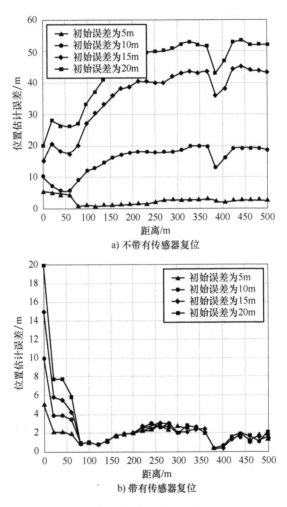

图 9-6 不同初始误差下的位置估计误差

图 9-7 给出了使用本章重点讨论的基于云的定位方法 CLAOR（实线）与仅 GPS 定位（点）的机器人位置估计之间的性能比较，另外还与基于 GPS/INS 的粒子滤波定位方法和参考点的位置进行了比较。

可以发现，通过 CLAOR 得到的位置更加接近参考点。区域#1（参考点 R1→R2）和区域#2（R3→R4）均被高楼围绕，并且 GPS 信号并不稳定。通过图 9-8 所示的情况也观察到了相同的现象，图 9-8 给出了使用 CLAOR 的位置估计和其他方法在笛卡儿坐标系下的估计误差对比。行进距离大概 360m 范围的最大位置估计误差如下：GPS 为（9m，6m），基于 GPS/INS 的粒子滤波方法为（6m，2.3m）。因为这个区域的 GPS 可能被部分遮挡，所以 GPS 的定位结果在某些区域已经偏离道路了。相比之下，使用 CLAOR 的估计误差仅为（0.2m，0.3m），这与实际情况一致。

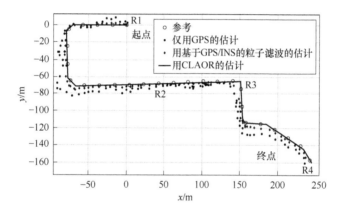

图 9-7　位置估计比较（场景#1）

在场景#1 中还评估了网络连接丢失的影响。当机器人移动距离超过某一圆形区域时（如半径超过 200m），它会向云端调用新的局部道路信息的请求。因此，如果机器人在这样的区域内移动，断开网络将不会对定位性能有很大的影响。这是因为基于地形的定位算法仍然可以在没有基于视觉的辅助算法的情况下工作。当机器人行进到该区域外时，机器人只能利用自身装载的 IMU 和编码器进行航迹推算。由于振动和传感器数据漂移，航迹推算误差随时间增大（见图 9-9）。一旦机器人重新连接到云，机器人就将先前估计的位置发送到云端。然后云端将附近的道路网络信息发送给机器人。由网络断开引起的位置估计误差可以被视为初始误差。根据前面的分析，本章提出的算法对

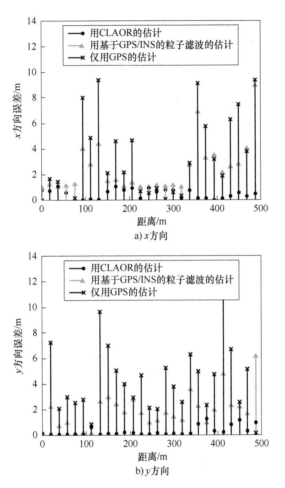

图 9-8　笛卡儿坐标系下的位置估计误差比较（场景#1）

大的初始误差是鲁棒的。因此，短时间的网络丢失不会影响整个系统的性能。

　　场景#2：图 9-10 给出了在大范围户外场景下使用 CLAOR（实线）、仅 GPS（点划线）和基于 GPS/INS 的粒子滤波方法的位置估计误差结果。机器人在几种不同类型的道路上穿越，其中 GPS 信号偶尔有偏离的情况发生。可以看到，当机器人穿越服务性道路（C 到 D，100m）和城市峡谷（G 到 H，230m）时，定位结果明显偏离道

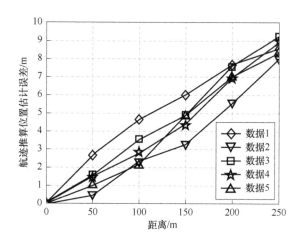

图 9-9　网络断开的航迹推算位置估计误差（5 条线代表 5 组不同的记录）

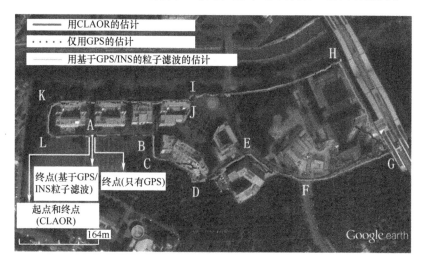

图 9-10　大型户外环境位置估计比较（场景#2）

路参考点，这是因为高层建筑严重遮挡了 GPS 信号。在这两个区域由 GPS 估计的位置误差超过了 30m，然而使用 CLAOR 得到的最大位置误差仅大约为 2m。还观察到，由 CLAOR 得到的目标终点位置估计更加接近期待的位置（0.5m），而使用 GPS 和基于 GPS/INS 的粒子滤波方法得到的终点位置远离期待值分别为 8m 和 4m。同时发现，当机器人沿着相对长、直，并且具有很少地形变化的服务性道路移动时，滤波粒子由于累计定位误差更倾向发散。这导致估计得到的位置落后于实际位置。然而，基于视觉的辅助算法能够有效地消除这种现象（见图 9-11）。根据图 9-11b 与 a 所示的比较，CLAOR 中视觉辅助方法有效地降低了转折点 E 周围的估计误差。

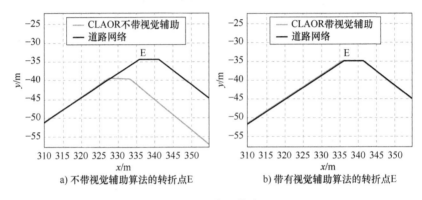

a) 不带视觉辅助算法的转折点E　　　b) 带有视觉辅助算法的转折点E

图 9-11　位置估计

在这个场景下，图像匹配性能也将被评估。对于典型的户外环境，由于不同的天气情况，光影会随机变化。例如，图 9-12a 左图所示为阴天拍摄的参考图像，而右图所示为机器人在晴天拍的。图 9-12b 给出了两个图像的匹配结果，其中不同颜色的小圆圈是特征点，通常用线条连接匹配的特征点。如图 9-12b 所示，匹配结果与建筑密切相关，因为这个部分产生了大多数可靠的匹配。不同天气引起的光照变化对图像中建筑物梯度的变化影响相对较小。因此，基于 SURF 的匹配在大多数情况下都没有受到影响，除非特殊的彩灯在建筑物的某个特定角度发光，导致两个图像之间的梯度明显变化。图 9-13 给出了参考图像的一个例子，地面上有一个舞台，建筑物上有其他装饰（图 9-13a 左图所示），而机器人拍摄的图像中舞台和装饰物已经被移除了（图 9-13a 右图所示）。图 9-13b 给出了匹配结果。由于建筑物的主要特征在两幅图像之间没有变化，因此如图 9-13b 所示，这种变化不会影响匹配结果。然而，在一些不常见的情况下，当物体（停在路边的车或周围的人）阻挡图像中的主要特征时，匹配过程将失败。一旦匹配失败，系统将放弃当前参考图像，并且结果将不会被发送回机器人。少数的匹配失败并不会对定位性能产生任何影响。

a) 阴天拍摄的参考图像(左)和机器人晴天拍摄的图像(右)

b) 图像匹配结果

图 9-12　光照条件改变下的图像匹配

a) 参考图像(左)和机器人拍摄的图像(右)

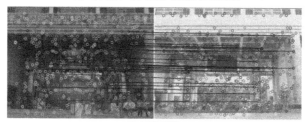

b) 匹配结果

图 9-13　图像中目标变化的图像匹配

　　机器人上的摄像机安装位置和仰角没有严格限制，只是在实验中它被设计为指向道路的侧面。图 9-14 给出了使用不同安装位置和不同仰角拍摄的图像。图 9-14a 所示为参考图像；图 9-14b 和 c 所示图像是在 0.5m 的高度拍摄的，具有不同的仰角；图 9-14d 和 e 所示图像是在 1.2m 的高度拍摄的，具有不同的仰角。所有四幅图像都能用本章提供的方法与参考图像成功匹配，因为建筑物的主要特征不会因摄像机安装位置和仰角的变化而改变。

a) 参考图像

图 9-14　图像的示例（图 b~e 所示图像采用了不同的
相机安装位置和仰角）

　　由于成功匹配的定义比较严格，所以大多数的错误匹配能够被避免，但是在某些特殊情况下，如两个几乎完全相同的建筑物或者其他物体处在不同的地方，仍然会出现错误的匹配。在这种情况下，本章将介绍架构中其他策略来处理这种问题。首先，仅在参考图像数据库中搜索当前局部道路网络的图像，并与实时图像匹配。第二，如果附近有候选匹配，备份的 IMU 和编码器数据将帮助系统回忆机器人拍摄这幅图像的位置，并与参考图的位置作比较。如果两幅图像的位置差距很大，则视为检测到错误匹配，且错误的匹配结果将不会发送到机器人端。匹配过程将会重启，但是不会对定位过程产生任何影响。

　　另一类情况是，当机器人移动到纹理极端相似的场景时（如一条只有树木和其他植物的道路），由于可以区分的特征太少，图像匹配可能会失败。在这种场景下，可以直接重置传感器。图 9-15 给出了当机器人靠近图 9-10 所示的道路转折点 G 时，是否进行传感器复位的定位结果比较。由于图像匹配失败，机器人接近转折点时误差会变大。但是，使用传感器重置方法，可以快速从失败误差中恢复，如图 9-15b 所示。

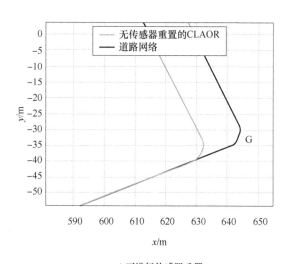

a) 不进行传感器重置

图 9-15　在相似纹理道路上的位置估计

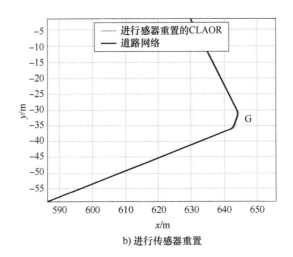

b) 进行传感器重置

图 9-15 在相似纹理道路上的位置估计（续）

场景#3：图 9-16 给出了在更常见的大型户外环境中 CLAOR 估计机器人位置的情况。这个场景的整个距离为 13.1km，并且覆盖了 GPS 严重受阻的几个区域。图 9-16 中，道路段 S1 是一个由图书馆覆盖的长走廊，长度为 230m，可以视为城市峡谷，因为 GPS 已经偏离了道路参考点。另外两个路段 S2 和 S3 是长度为 250m 和 450m 的长隧道，GPS 信号完全被遮挡。S4 和 S5 是 GPS 信号被道路旁边的树木严重阻挡的服务性道路。图 9-17 给出了三个区段 S1、S3 和 S4 的估计位置，其中三角形标记代表仅有 GPS 得到的估计位置、星号表示使用 GPS/INS 的粒子滤波方法得到的估计位置、正方形表示由 CLAOR 得到的位置估计以及点表示道路参考点。参考点是在离线阶段提取的道路网络点。移动机器人花了 3h8min 完成整个行程，平均速度为 1.21m/s。此外，整个过程中没有发生定位失败引起的系统崩溃。整个行程的位置估计误差如图 9-18 所示，该误差被定义为估计点与在离线阶段提取的参考道路网络点之间的欧几里得距离。这些参考点的准确度取决于 GIS，在实验中参考点的误差总是小于 1m。可以根据图 9-18 所示实验得出结论：即使在大规模复杂的户外环境中，在合理的估计误差范围内系统性能非常稳定。值得注意的是，因为使用的是笛卡儿坐标进行定位，当机器人在经度方向上移动长的距离（超过 10km 或 100km）时，地球半径的变化会影响定位精度。在这种情况下，当机器人在经度方向上移动超过 10km 时，将会在当前位置设置一个新的初始位置。

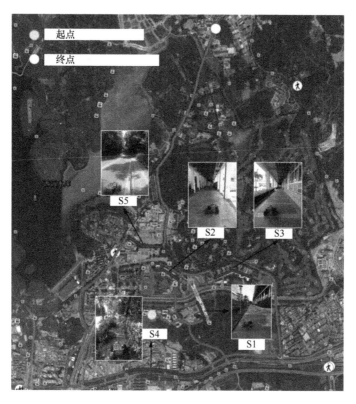

图 9-16　大范围户外环境位置估计（场景#3）

与传统在机器人端运行所有算法的方法相比较，此场景中的实验评估进一步说明本章介绍的云机器人架构的实时性。根据这个场景的面积（约 2500m×6700m），道路网络需要 1GB 存储空间，具有 108.7 万条记录，另外 4GB 空间用于参考图像数据库。计算负荷可分为两个主要部分：RTI 模型部分和基于视觉的辅助算法部分。RTI 模型部分包括搜索局部道路网络信息和 RTI 模型的计算。在云服务器（使

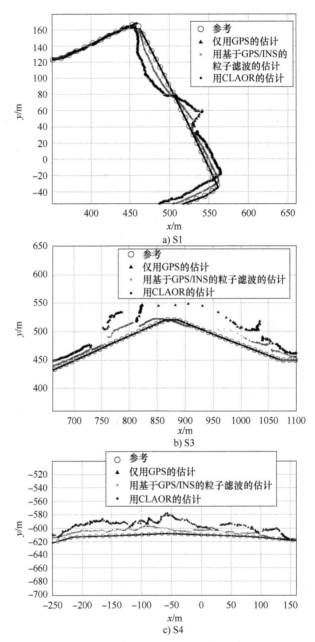

图 9-17 典型路段的位置估计比较（场景#3）

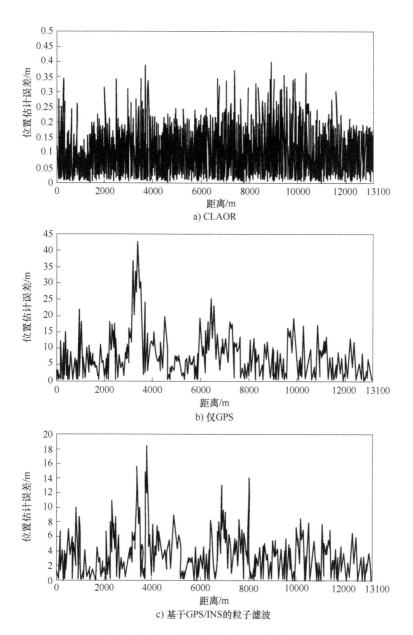

图 9-18　位置估计误差比较（场景#3）

用 MySQL）上搜索局部道路网络信息大约需要 1ms，而如果它是在机器人上运行而不是云服务器，移动机器人上搭载的机载处理器（使用 SQLite）需要超过 11s 才能完成搜索。在云服务上 RTI 模型的计算时间不到 20ms，而机载处理器则需要 3.5s。同样，基于云的架构中，在视觉辅助算法部分中的图像匹配消耗不到 450ms，并且网络延迟不超过 1.5s。但是机载处理器大约需要 6s。显然，为了满足实时性能的要求，随着移动区域变得越来越大，传统算法架构应该要求搭载更加昂贵的处理器。相反，本章介绍的基于云的架构，能够处理较大区域（如城市）的全程实时定位，且并不对机器人机载设备有过多的要求。

总之，本章介绍了一种基于云的外部定位架构，适用于在大范围户外环境中工作的移动机器人。它并不依赖 GPS，而是利用现有的外部道路网络地图和参考图像。计算和内存负载主要分布在云端，且网络延迟得到补偿。这种基于云的架构可以在环境范围变得越来越大的情况下实现精确的定位，而不对机器人硬件平台有太多的要求。正如前面章节所讲，作者进行了大量的综合实验，来评估不同因素如何影响该方法的性能。实验结果表明，此类云机器人架构可以在更复杂的大规模环境中得到应用。

参 考 文 献

1. George A. Bekey, *Autonomous Robots: From Biological Inspiration to Implementation and Control*, MIT Press, Cambridge, MA, 2005.
2. Richard Welch, Daniel Limonadi, and Robert Manning, Systems engineering the Curiosity rover: A retrospective, in *International Conference on System of Systems Engineering*, Maui, HI, June 2–6, 2013, pp. 70–75.
3. Thomas Hellström, Autonomous navigation for forest machines, A project pre-study in the Department of Computer Science, Umea University, Umeå, Sweden, 2002.
4. Kerry Hill, How are we going to log all our steeper slopes?—The "Kelly" harvesting machine, *New Zealand Journal of Forestry*, vol. 55, p. 3, 2010.
5. David Wooden, Matthew Malchano, Kevin Blankespoor, Andrew Howardy, Alfred A. Rizzi, and Marc Raibert, Autonomous navigation for BigDog, in *Proceedings of 2010 IEEE International Conference on Robotics and Automation*, Anchorage, AK, May 3–7, 2010, pp. 4736–4741.
6. Evan Ackerman, BigDog throws cinder blocks with huge robotic face-arm, IEEE Spectrum, New York, March 1, 2013.
7. Jueyao Wang, Xiaorui Zhu, Fude Tie, Tao Zhao, and Xu Xu, Design of a modular robotic system for archaeological exploration, in *Proceedings of 2009 IEEE International Conference on Robotics and Automation*, Kobe, Japan, May 12–17, 2009, pp. 1435–1440.
8. Jennifer Casper and Robin Roberson Murphy, Human-robot interactions during the robot-assisted urban search and rescue response at the World Trade Center, *IEEE Transactions on Systems Man and Cybernetics Part B Cybernetics A Publication of the IEEE Systems Man and Cybernetics Society*, vol. 33, pp. 367–385, 2003.
9. Hitoshi Kimura, Keisuke Shimizu, and Shigeo Hirose, Development of Genbu: Active-wheel passive-joint snake-like mobile robot, *Journal of Robotics and Mechatronics*, vol. 16, pp. 293–303, 2004.
10. http://tdworld.com/transmission/drones-power-line-inspections#slide-2-field_images-61661.
11. Fucheng Deng, Xiaorui Zhu, Xiaochun Li, and Meng Li, 3D digitisation of large-scale unstructured great wall heritage sites by a small unmanned helicopter, *Remote Sensing*, vol. 9, p. 423, 2017.
12. Chris Urmson, Joshua Anhalt, Drew Bagnell, Christopher Baker, Robert Bittner, M. N. Clark et al., Autonomous driving in urban environments: Boss and the urban challenge, *Journal of Field Robotics*, vol. 25, pp. 425–466, 2009.

13. Massimo Bertozzi, Alberto Broggi, Alessandro Coati, and Rean Isabella Fedriga, A 13,000 km intercontinental trip with driverless vehicles: The VIAC experiment, *IEEE Intelligent Transportation Systems Magazine*, vol. 5, pp. 28–41, 2013.

14. https://en.wikipedia.org/wiki/Waymo#/media/File:Google%27s_Lexus_RX_450h_Self-Driving_Car.jpg.

15. https://www.clearpathrobotics.com/husky-unmanned-ground-vehicle-robot/.

16. http://www.mobilerobots.com/ResearchRobots/P3AT.aspx.

17. http://www.robotnik.eu/mobile-robots/summit-xl-steel/.

18. Roland Siegwart, Illah R. Nourbakhsh, and Davide Scaramuzza, *Introduction to Autonomous Mobile Robots*, 2nd edition, MIT Press, Cambridge, MA, vol. 2, pp. 645–649, 2011.

19. Mieczyslaw G. Bekker, Vehicle with flexible frame, United States Patent 3,235,020, 1962.

20. Paul L. Spanski, Flexible frame vehicle, United States Patent 3,550,710, 1970.

21. Johann Borenstein, Control and kinematic design of multi-degree-of-freedom mobile robots with compliant linkage, *IEEE Transactions on Robotics and Automation*, vol. 11, pp. 21–35, 1995.

22. A. Kemurdjian, V. Gromov, V. Mishkinyuk, V. Kucherenko, and P. Sologub, Small Marsokhod configuration, in *Proceedings of 1992 IEEE International Conference on Robotics and Automation*, Nice, France, May 12–14, 1992, pp. 165–168.

23. Kenneth J. Waldron and Christopher J. Hubert, Control of contact forces in wheeled and legged off-road vehicles, in *Proceedings of Sixth International Symposium on Experimental Robotics*, Sydney, NSW, March 26–28, 1999, pp. 205–14.

24. Shigeo Hirose, Biologically inspired robots: Snake-like locomotors and manipulators, *Applied Mechanics Reviews*, vol. 48, p. B27, 1995.

25. Mark Yim, Kimon Roufas, David Duff, and Ying Zhang, Modular reconfigurable robots in space applications, *Autonomous Robots*, vol. 14, pp. 225–237, 2003.

26. Andres Castano and Peter Will, Representing and discovering the configuration of Conro robots, in *Proceedings of 2001 IEEE International Conference on Robotics and Automation*, vol. 4, Seoul, South Korea, May 21–26, 2001, pp. 3503–3509.

27. Makoto Mori and Shigeo Hirose, Three-dimensional serpentine motion and lateral rolling by active cord mechanism ACM-R3, in *Proceedings of 2002 IEEE/RSJ International Conference on Intelligent Robots and Systems*, Lausanne, Switzerland, September 30–October 4, 2002, pp. 829–834.

28. Tetsushi Kamegawa, Tatsuhiro Yamasaki, Hiroki Igarashi, and Fumitoshi Matsuno, Development of the snake-like rescue robot KOHGA, in *Proceedings of 2004 IEEE International Conference on Robotics and Automation*, New Orleans, LA, April 26–May 1, 2004, pp. 5081–5086.

29. Bernhard Klaassen and Karl L. Paap, GMD-SNAKE2: A snake-like robot driven by wheels and a method for motion control, in *Proceedings of 1999 IEEE International Conference on Robotics and Automation*, Detroit, MI, May 10–15, 1999, vol. 4, pp. 3014–3019.

30. Keith D. Kotay and Daniela L. Rus, Task-reconfigurable robots: Navigators and manipulators, in *Proceedings of 1997 IEEE/RSJ International Conference on Intelligent Robots and Systems*, New York, 1997, pp. 1081–1089.

31. Shinichi Kimura, Shigeru Tsuchiya, Shinichiro Nishida, and Tomoki Takegai, A module type manipulator for remote inspection in space, in *Proceedings of 1999 IEEE*

International Conference on Systems, Man, and Cybernetics, Tokyo, Japan, October 12–15, 1999, pp. 819–824.

32. Yuri L. Sarkissyan, Armen G. Kharatyan, Karo M. Egishyan, and Tigran F. Parikyan, Synthesis of mechanisms with variable structure and geometry for reconfigurable manipulation systems, in *Proceedings of 2009 ASME/IFTOMM International Conference on Reconfigurable Mechanisms and Robots*, London, UK, June 22–24, 2009, pp. 195–199.

33. Matteo-Claudio Palpacelli, Luca Carbonari, Giacomo Palmieri, and Massimo Callegari, Analysis and design of a reconfigurable 3-DoF parallel manipulator for multimodal tasks, *IEEE/ASME Transactions on Mechatronics*, vol. 20, pp. 1975–1985, 2015.

34. Simon Kalouche, David Rollinson, and Howie Choset, Modularity for maximum mobility and manipulation: Control of a reconfigurable legged robot with series-elastic actuators, in *Proceedings of 2015 IEEE International Symposium on Safety, Security, and Rescue Robotics*, October 18–20, 2015, pp. 1–8.

35. Amit Pamecha and Gregory Chirikjian, A useful metric for modular robot motion planning, in *Proceedings of 1996 IEEE International Conference on Robotics Automation*, Minneapolis, MN, April 22–28, 1996, pp. 442–447.

36. Satoshi Murata, Haruhisa Kurokawa, and Shigeru Kokaji, Self-assembling machine, in *Proceedings of 1994 IEEE International Conference on Robotics and Automation*, San Diego, CA, May 8–13, 1994, pp. 441–448.

37. Keith D. Kotay and Daniela L. Rus, Algorithms for self-reconfiguring molecule motion planning, in *Proceedings of 2000 IEEE/RSJ International Conference on Intelligent Robots and Systems*, Takamatsu, Japan, October 31–November 5, 2000, pp. 2184–2193.

38. Luenin Barrios, Thomas Collins, Robert Kovac, and Wei-Min Shen, Autonomous 6D-docking and manipulation with non-stationary-base using self-reconfigurable modular robots, in *Proceedings of 2016 IEEE/RSJ International Conference on Intelligent Robots and Systems*, Daejeon, South Korea, October 9–14, 2016, pp. 2913–2919.

39. Wenqiang Wu, Yisheng Guan, Yufeng Yang, and Biyun Dong, Multi-objective configuration optimization of assembly-level reconfigurable modular robots, in *Proceedings of 2016 IEEE International Conference on Information and Automation*, Ningbo, China, August 1–3, 2016, pp. 528–533.

40. Jie Huang, Weimin Ge, Xiaofeng Wang, and Jun Liu, Structure design and dynamic modelling of a novel modular self-reconfigurable robot, in *Proceedings of 2016 IEEE International Conference on Mechatronics and Automation*, Harbin, China, August 7–10, 2016, pp. 2284–2289.

41. Robert O. Ambrose, Martin P. Aalund, and Delbert Tesar, Designing modular robots for a spectrum of space applications, in *Proceedings of the SPIE*, Boston, MA, November 16–18, 1992, vol. 1829, pp. 371–381.

42. Egor Paul Popov, *Mechanics of Materials*, 2nd edition, Prentice-Hall, Englewood Cliffs, NJ, 1976.

43. Javier Urruzola, Juan Tomas Celigueta, and Javier Garcia de Jalon, Generalization of foreshortening through new reduced geometrically nonlinear structural formulation, *Journal of Guidance, Control, and Dynamics*, vol. 23, pp. 673–682, 2000.

44. Sungyong Park and Mark A. Minor, Modelling and dynamic control of compliant framed wheeled modular mobile robots, in *Proceedings of 2004 IEEE International*

Conference on Robotics and Automation, New Orleans, LA, April 26–May 1, 2004, pp. 3937–3943.

45. Roger W. Brockett, Asymptotic stability and feedback stabilization, in R. W. Brockett, R. S. Millman, and H. J. Sussmann, editors, *Differential Geometric Control Theory*, vol. 27 of Progress in Mathematics, Birkhauser, Boston, MA, 1983, pp. 181–191.

46. Alessandro Astolfi, On the stabilization of nonholonomic systems, in *Proceedings of 1994 IEEE Conference on Decision and Control*, vol. 4, New York, 1994, pp. 3481–3486.

47. Brian W. Albiston and Mark A. Minor, Curvature based point stabilization for compliant framed wheeled modular mobile robots, in *Proceedings of 2003 IEEE International Conference on Robotics and Automation*, Taipei, China, 2003, pp. 81–89.

48. Brian W. Albiston, Curvature Based Point Stabilization and Path Following for Compliant Framed Wheeled Modular Mobile Robots, Masters Thesis, Mechanical Engineering, University of Utah, Salt Lake City, UT, 2003.

49. Egbert Bakker, Lars Nyborg, and Hans B. Pacejka, Tyre modelling for use in vehicle dynamics studies, in SAE Technical Paper Series, Paper No. 870421, ed SAE, Detroit, MI, 1987, p. 15.

50. Sally Shoop, B. Young, R. Alger, and Julian Davis, Winter traction testing, *Automotive Engineering (Warrendale, Pennsylvania)*, vol. 102, pp. 75–78, 1994.

51. Cynthia Rawlins Vechinski, Clarence E. Johnson, and Randy L. Raper, Evaluation of an empirical traction equation for forestry tires, *Journal of Terramechanics*, vol. 35, pp. 55–67, 1998.

52. Rafael Fierro and Frank. L. Lewis, Control of a nonholonomic mobile robot: Backstepping kinematics into dynamics, *Journal of Robotic Systems*, vol. 14, pp. 149–163, 1997.

53. Jung Min Yang and Jong Hwan Kim, Sliding mode motion control of nonholonomic mobile robots, *IEEE Control Systems*, vol. 19, pp. 15–23, 1999.

54. Chin Pei Tang, Rajankumar Bhatt, and Venkat Krovi, Decentralized kinematic control of payload by a system of mobile manipulators, in *Proceedings of 2004 IEEE International Conference on Robotics and Automation*, New Orleans, LA, April 26–May 1, 2004, pp. 2462–2467.

55. Yasuhisa Hirata, Youhei Kume, Takuro Sawada, Zhi-Dong Wang, and Kazuhiro Kosuge, Handling of an object by multiple mobile manipulators in coordination based on caster-like dynamics, in *Proceedings of 2004 IEEE International Conference on Robotics and Automation*, New Orleans, LA, April 26–May 1, 2004, pp. 807–812.

56. Alejandro Rodriguez-Angeles and Henk Nijmeijer, Mutual synchronization of robots via estimated state feedback: A cooperative approach, *IEEE Transactions on Control Systems Technology*, vol. 12, pp. 542–554, 2004.

57. Arthur G. O. Mutambara and Hugh F. Durrant-Whyte, Estimation and control for a modular wheeled mobile robot, *IEEE Transactions on Control Systems Technology*, vol. 8, pp. 35–46, 2000.

58. Herbert G. Tanner, Savvas G. Loizou, and Kostas J. Kyriakopoulos, Nonholonomic navigation and control of cooperating mobile manipulators, *IEEE Transactions on Robotics and Automation*, vol. 19, pp. 53–64, 2003.

59. Kazuhiro Kosuge and Manabu Sato, Transportation of a single object by multiple decentralized-controlled nonholonomic mobile robots, in *Proceedings of 1999 IEEE/ RSJ International Conference on Intelligent Robots and Systems: Human and Environment Friendly Robots with High Intelligence and Emotional Quotients*, Gyeongju, South Korea, October 17–21, 1999, pp. 1681–1686.

60. Hitoshi Kimura, Shigeo Hirose, and Keisuke Shimizu, Stuck evasion control for active-wheel passive-joint snake-like mobile robot 'Genbu', in *Proceedings of 2004 IEEE International Conference on Robotics and Automation*, New Orleans, LA, April 26–May 1, 2004, pp. 5087–5092.
61. Todd D. Murphey and Joel W. Burdick, The power dissipation method and kinematic reducibility of multiple-model robotic systems, *IEEE Transactions on Robotics*, vol. 22, pp. 694–710, 2006.
62. Mark A. Minor, Brian Albiston, and Cory Schwensen, Simplified motion control of a two axle compliant framed wheeled mobile robot, *IEEE Transactions on Robotics*, vol. 22, pp. 491–506, 2006.
63. Youngshik Kim and Mark A. Minor, Decentralized kinematic motion control for multiple axle compliant framed modular wheeled mobile robots, in *Proceedings of 2006 IEEE/RSJ International Conference on Intelligent Robots and Systems*, Beijing, China, October 9–15, 2006, pp. 392–397.
64. Xiaorui Zhu, Youngshik Kim, and Mark A. Minor, Cooperative distributed robust control of modular mobile robots with bounded curvature and velocity, in *Proceedings of 2005 IEEE/ASME International Conference on Advanced Intelligent Mechatronics*, Monterey, CA, July 24–28, 2005, pp. 1151–1157.
65. Mark A. Minor and Roy Merrell, Instrumentation and algorithms for posture estimation in compliant framed modular mobile robots, *International Journal of Robotics Research*, vol. 26, pp. 491–512, 2007.
66. Xiaorui Zhu and Mark A. Minor, Distributed robust control of compliant framed wheeled modular mobile robots, *Journal of Dynamic Systems Measurement and Control*, vol. 128, pp. 489–498, 2006.
67. Xiaorui Zhu, Roy Merrell, and Mark A. Minor, Motion control and sensing strategy for a two-axle compliant framed wheeled modular mobile robot, in *Proceedings of 2006 IEEE International Conference on Robotics and Automation*, Orlando, FL, May 15–19, 2006, pp. 3526–3531.
68. Xiaorui Zhu, Youngshik Kim, R. Merrell, and M. A. Minor, Cooperative motion control and sensing architecture in compliant framed modular mobile robots, *IEEE Transactions on Robotics*, vol. 23, pp. 1095–1101, 2007.
69. Youngshik Kim and Mark A. Minor, Path manifold-based kinematic control of wheeled mobile robot considering physical constraints, *International Journal of Robotics Research*, vol. 26, pp. 955–975, 2007.
70. Giuseppe Oriolo, Alessandro De Luca, and Marilena Vendittelli, WMR control via dynamic feedback linearization: Design, implementation, and experimental validation, *IEEE Transactions on Control Systems Technology*, vol. 10, pp. 835–852, 2002.
71. Michele Aicardi, Giuseppe Casalino, Antonio Bicchi, and Aldo Balestrino, Closed loop steering of unicycle like vehicles via Lyapunov techniques, *IEEE Robotics and Automation Magazine*, vol. 2, pp. 27–35, 1995.
72. Youngshik Kim and Mark A. Minor, Bounded smooth time invariant motion control of unicycle kinematic models, in *Proceedings of IEEE International Conference on Robotics and Automation*, Barcelona, Spain, April 18–22, 2005, pp. 3687–3692.
73. Abdelhamid Tayebi and Ahmed Rachid, A unified discontinuous state feedback controller for the path-following and the point-stabilization problems of a unicycle-like mobile robot, in *Proceedings of International Conference on Control Applications*, New York, October 5–7, 1997, pp. 31–35.

74. Claude Samson, Time-varying feedback stabilization of car-like wheeled mobile robots, *International Journal of Robotics Research*, vol. 12, pp. 55–64, 1993.

75. Claude Samson, Control of chained systems application to path following and time-varying point-stabilization of mobile robots, *IEEE Transactions on Automatic Control*, vol. 40, pp. 64–77, 1995.

76. Abdelhamid Tayebi, Mohamed Tadjine, and Ahmed Rachid, Path-following and point-stabilization control laws for a wheeled mobile robot, in *Proceedings of UKACC International Conference on Control*, Exeter, UK, 2–5 September, 1996, pp. 878–883.

77. Jean-Michel Coron and Brigitte D'Andrea-Novel, Smooth stabilizing time-varying control laws for a class of nonlinear systems. Application to mobile robots, in *Proceedings of 1992 IFAC Symposium Nonlinear Control Systems Design*, Bordeaux, France, June 24–26, 1993, pp. 413–418.

78. Pascal Morin and Claude Samson, Control of nonlinear chained systems: From the Routh-Hurwitz stability criterion to time-varying exponential stabilizers, *IEEE Transactions on Automatic Control*, vol. 45, pp. 141–146, 2000.

79. Carlos Canudas De Wit and Ole Jakob Sørdalen, Exponential stabilization of mobile robots with nonholonomic constraints, *IEEE Transactions on Automatic Control*, vol. 37, pp. 1791–1797, 1992.

80. Essameddin Badreddin and M. Mansour, Fuzzy-tuned state-feedback control of a non-holonomic mobile robot, in *Proceedings of the 12th Triennial World Congress of IFAC*, Sydney, NSW, July 18–23, 1993, pp. 769–772.

81. Alessandro Astolfi, Exponential stabilization of a wheeled mobile robot via discontinuous control, *Transactions of the ASME: Journal of Dynamic Systems, Measurement and Control*, vol. 121, pp. 121–127, 1999.

82. Jurgen Sellen, Planning paths of minimal curvature, in *Proceedings of IEEE International Conference on Robotics and Automation*, Nagoya, Japan, May 21–27, 1995, pp. 1976–1982.

83. Andrei M. Shkel and Vladimir J. Lumelsky, Curvature-constrained motion within a limited workspace, in *Proceedings of IEEE International Conference on Robotics and Automation*, Albuquerque, NM, October 5–7, 1997, pp. 1394–1399.

84. Ti-Chung Lee, Kai-Tai Song, Ching-Hung Lee, and Ching-Cheng Teng, Tracking control of unicycle-modeled mobile robots using a saturation feedback controller, *IEEE Transactions on Control Systems Technology*, vol. 9, pp. 305–318, 2001.

85. Giovanni Indiveri, Kinematic time-invariant control of a 2D nonholonomic vehicle, in *Proceedings of IEEE International Conference on Decision and Control*, Phoenix, AZ, December 7–10, 1999, pp. 2112–2117.

86. Christfried Webers and Uwe R. Zimmer, Practical trade-offs in robust target following, in *Proceedings of International Congress on Intelligent Systems and Applications, International Symposium on Industrial Systems*, University of Wollongong, NSW, December 12–15, 2000.

87. Roland Siegwart and Illah R. Nourbakhsh, *Introduction to Autonomous Mobile Robots*, MIT Press, Cambridge, MA, 2004.

88. Gianluca Antonelli, Stefano Chiaverini, and Giuseppe Fusco, Real-time path tracking for unicycle-like mobile robots under velocity and acceleration constraints, in *Proceedings of American Control Conference*, Arlington, VA, June 25–27, 2001, pp. 119–124.

89. Dieter Fox, Wolfram Burgard, and Sebastian Thrunf, The dynamic window approach to collision avoidance, *IEEE Robotics and Automation Magazine*, vol. 4, pp. 23–33, 1997.

90. Oliver Brock and Oussama Khatib, High-speed navigation using the global dynamic window approach, in *Proceedings of IEEE International Conference on Robotics and Automation*, Detroit, MI, May 10–15, 1999, pp. 341–346.

91. Matthew Spenko, Yoji Kuroda, Steven Dubowsky, and Karl Iagnemma, Hazard avoidance for high-speed mobile robots in rough terrain, *Journal of Field Robotics*, vol. 23, pp. 311–331, 2006.

92. Dongkyoung Chwa, Sliding-mode tracking control of nonholonomic wheeled mobile robots in polar coordinates, *IEEE Transactions on Control Systems Technology*, vol. 12, pp. 637–644, 2004.

93. Jurgen Guldner and Vadim I. Utkin, Sliding mode control for an obstacle avoidance strategy based on an harmonic potential field, in *Proceedings of IEEE Conference on Decision and Control*, San Antonio, TX, December 15–17, 1993, pp. 424–429.

94. Andrea Bacciotti, *Local Stabilizability of Nonlinear Control Systems*, vol. 8, World Scientific, Singapore, 1991.

95. Tae Ho Jang and Youngshik Kim, Effects of the sampling time in motion controller implementation for mobile robots, *Journal of Korea Industrial and Systems Engineering*, vol. 37, pp. 154–161, 2014.

96. Tae Ho Jang, Youngshik Kim, and Hyeontae Kim, Comparison of PID controllers by using linear and nonlinear models for control of mobile robot driving system, *Journal of the Korean Society for Precision Engineering*, vol. 33, pp. 183–190, 2016.

97. Yoshihiko Nakamura, Hideaki Ezaki, Yuegang Tan, and Woojin Chung, Design of steering mechanism and control of nonholonomic trailer systems, *IEEE Transactions on Robotics and Automation*, vol. 17, pp. 367–374, 2001.

98. Stamatis Manesis, Gregory Davrazos, and Nick T. Koussoulas, Controller design for off-tracking elimination in multi-articulated vehicles, in *15th IFAC World Congress*, Barcelona, Spain, July 21–26, 2002, pp. 379–384.

99. Claudio Altafini, Path following with reduced off-tracking for multibody wheeled vehicles, *IEEE Transactions on Control Systems Technology*, vol. 11, pp. 598–605, 2003.

100. Jinyan Shao, Guangming Xie, Junzhi Yu, and Long Wang, Leader-following formation control of multiple mobile robots, in *2005 IEEE International Symposium on Intelligent Control and 13th Mediterranean Conference on Control and Automation*, Limassol, Cyprus, June 27–29, 2005, pp. 808–813.

101. Atsushi Fujimori, Takeshi Fujimoto, and Gabor Bohatcs, Distributed leader-follower navigation of mobile robots, in *International Conference on Control and Automation*, Budapest, Hungary, June 26–29, 2005, pp. 960–965.

102. Michel Abou-Samah, Chin Pei Tang, Rajankumar Bhatt, and Venkat Krovi, A kinematically compatible framework for cooperative payload transport by nonholonomic mobile manipulators, *Autonomous Robots*, vol. 21, pp. 227–242, 2006.

103. Thomas Sugar and Vijay Kumar, Decentralized control of cooperating mobile manipulators, in *Proceedings of 1998 IEEE International Conference on Robotics and Automation*, Leuven, Belgium, May 16–20, 1998, pp. 2916–2921.

104. Masafumi Hashimoto, Fuminori Oba, and Satoru Zenitani, Coordinative object-transportation by multiple industrial mobile robots using coupler with mechanical compliance, in *Proceedings of International Conference on Industrial Electronics, Control, and Instrumentation*, Maui, HI, November 15–19, 1993, pp. 1577–1582.

105. Johann Borenstein, The OmniMate: A guidewire- and beacon-free AGV for highly reconfigurable applications, *International Journal of Production Research*, vol. 38, pp. 1993–2010, 2000.

106. Hassan K. Khalil, *Nonlinear Systems*, 3rd edition, Prentice Hall, Upper Saddle River, NJ, 2002.

107. James Alexander Reeds III and Lawrence A. Shepp, Optimal paths for a car that goes both forwards and backwards, *Pacific Journal of Mathematics*, vol. 145, no. 2, pp. 367–393, 1990.

108. Johann Borenstein, Experimental results from internal odometry error correction with the OmniMate mobile robot, *IEEE Transactions on Robotics and Automation*, vol. 14, pp. 963–969, 1998.

109. Takashi Maeno, Shinichi Hiromitsu, and Takashi Kawai, Control of grasping force by detecting stick/slip distribution at the curved surface of an elastic finger, in *Proceedings of 2000 IEEE International Conference on Robotics and Automation*, San Francisco, CA, April 24–28, 2000, pp. 3895–3900.

110. Antonino S. Fiorillo, A piezoresistive tactile sensor, *IEEE Transactions on Instrumentation and Measurement*, vol. 46, pp. 15–17, 1997.

111. Kouji Murakami and Tsutomu Hasegawa, Novel fingertip equipped with soft skin and hard nail for dexterous multi-fingered robotic manipulation, in *Proceedings of 2003 IEEE International Conference on Robotics and Automation*, Taipei, China, September 14–19, 2003, pp. 708–713.

112. Akio Namiki, Yoshiro Imai, Masatoshi Ishikawa, and Makoto Kaneko, Development of a high-speed multifingered hand system and its application to catching, in *Proceedings of 2003 IEEE/RSJ International Conference on Intelligent Robots and Systems*, Las Vegas, NV, October 27–31, 2003, pp. 2666–2671.

113. Farshad Khorrami and Shihua Zheng, Vibration control of flexible-link manipulators, in *American Control Conference*, San Diego, CA, May 23–25, 1990, pp. 175–180.

114. J. Carusone, K. S. Buchan, and G. M. T. D'Eleuterio, Experiments in end-effector tracking control for structurally flexible space manipulators, *IEEE Transactions on Robotics and Automation*, vol. 9, pp. 553–560, 1993.

115. Jean-Claude Piedboeuf and Sharon J. Miller, Estimation of endpoint position and orientation of a flexible link using strain gauges, *IFAC Proceedings Volumes*, vol. 27, pp. 675–680, 1994.

116. Constantinos Mavroidis, P. Rowe, and Steven Dubowsky, Inferred end-point control of long reach manipulators, in *Proceedings of 1995 IEEE/RSJ International Conference on Intelligent Robots and Systems*, Pittsburgh, PA, August 5–9, 1995, pp. 2071–2071.

117. Constantinos Mavroidis and Steven Dubowsky, Optimal sensor location in motion control of flexibly supported long reach manipulators, *Journal of Dynamic Systems Measurement and Control*, vol. 119, pp. 726–726, 1999.

118. Dieter Vischer and Oussama Khatib, Design and development of high-performance torque-controlled joints, *IEEE Transactions on Robotics and Automation*, vol. 11, pp. 537–544, 1995.

119. Xiaoping Zhang, Wenwei Xu, Satish S. Nair, and Vijay Sekhar Chellaboina, PDE modeling and control of a flexible two-link manipulator, *IEEE Transactions on Control Systems Technology*, vol. 13, pp. 301–312, 2005.

120. Paul T. Kotnik, Stephen Yurkovich, and Umit Ozguner, Acceleration feedback control for a flexible manipulator arm, in *Proceedings of 1988 IEEE International Conference on Robotics and Automation*, Philadelphia, PA, April 24–29, 1988, pp. 181–196.

121. Yoshiyuki Sakawa, Fumitoshi Matsuno, Yoshiki Ohsawa, Makoto Kiyohara, and Toshihisa Abe, Modelling and vibration control of a flexible manipulator with three axes by using accelerometers, *Advanced Robotics*, vol. 4, pp. 42–51, 1989.
122. Farshad Khorrami and Shihua Zheng, An inner/outer loop controller for rigid-flexible manipulators, *Journal of Dynamic Systems Measurement and Control*, vol. 114, pp. 580–588, 1992.
123. Kourosh Parsa, Jorge Angeles, and Arun Misra, Estimation of the flexural states of a macro-micro manipulator using acceleration data, in *Proceedings of 2003 IEEE International Conference on Robotics and Automation*, Taipei, China, September 14–19, 2003, pp. 3120–3125.
124. Kenneth L. Hillsley and Stephen Yurkovich, Vibration control of a two-link flexible robot arm, in *Proceedings of 1991 IEEE International Conference on Robotics and Automation*, Sacramento, CA, April 9–11, 1991, pp. 261–280.
125. Kourosh Parsa, Jorge Angeles, and Arun Misra, Estimation of the flexural states of a macro–micro manipulator using point-acceleration data, *IEEE Transactions on Robotics*, vol. 21, pp. 565–573, 2005.
126. Roy Merrell and Mark A. Minor, Internal posture sensing for a flexible frame modular mobile robot, in *Proceedings of 2003 IEEE International Conference on Robotics and Automation*, Taipei, China, September 14–19, 2003, pp. 452–457.
127. Fumitoshi Matsuno, Eigclian Kim, and Yoshiyuki Sakawa, Dynamic hybrid position/force control of a flexible manipulator which has two degrees of freedom and flexible second link, in *Proceedings of 1991 International Conference on Industrial Electronics, Control and Instrumentation*, Kobe, Japan, October 28–November 1, 1991, pp. 1031–1036.
128. Kyungsang Cho, Nouriyuki Hori, and Jorge Angeles, On the controllability and observability of flexible beams under rigid-body motion, in *Proceedings of 1991 International Conference on Industrial Electronics, Control and Instrumentation*, Kobe, Japan, October 28–November 1, 1991, pp. 455–460.
129. Alessandro De Luca and Bruno Siciliano, Closed-form dynamic model of planar multilink lightweight robots, *IEEE Transactions on Systems Man and Cybernetics*, vol. 21, pp. 826–839, 1991.
130. Mark Whalen and H. J. Sommer III, Modal analysis and mode shape selection for modelling an experimental two-link flexible manipulator, *Robotics Research-1990, ASME Dynamics Systems Control Division*, vol. 26, pp. 47–52, 1990.
131. Toyoshiroh Inamura, Yoshitaka Morimoto, and Kenji Mizoguchi, Dynamic control of a flexible robot arm by using experimental modal analysis, *Transactions of the Japan Society of Mechanical Engineers*, vol. 33, pp. 634–640, 1990.
132. Vicente Feliu Batlle, Jose A. Somolinos, Andres J. Garcia, and Luis Sánchez, Robustness comparative study of two control schemes for 3-DOF flexible manipulators, *Journal of Intelligent and Robotic Systems*, vol. 34, pp. 467–488, 2002.
133. Clarence W. De Silva, *Mechatronics: An Integrated Approach*, CRC Press, Boca Raton, FL, 2004.
134. Omar A. A. Orqueda and Rafael Fierro, A vision-based nonlinear decentralized controller for unmanned vehicles, in *Proceedings of 2006 IEEE International Conference on Robotics and Automation*, Orlando, FL, May 15–19, 2006, pp. 1–6.
135. Zhiguang Zhong, Jianqiang Yi, Dongbin Zhao, and Yiping Hong, Novel approach for mobile robot localization using monocular vision, *Proceedings of SPIE*, vol. 5286, pp. 159–162, 2003.

136. Seung-Yong Kim, Kim Jeehong, and Chang-goo Lee, Calculating distance by wireless ethernet signal strength for global positioning method, in *Proceedings of SPIE*, Chongqing, China, September 20–23, 2005, pp. 60412H. 1–60412H. 6.

137. Kevin J. Krizman, Thomas E. Biedka, and Theodore S. Rappaortt, Wireless position location: Fundamentals, implementation strategies, and sources of error, in *Proceedings of IEEE 47th Vehicular Technology Conference*, Phoenix, AZ, May 4–7, 1997, pp. 919–923.

138. Simon J. Julier and Jeffrey K. Uhlmann, A non-divergent estimation algorithm in the presence of unknown correlations, in *Proceedings of 1997 American Control Conference*, Albuquerque, NM, June 4–6, 1997, pp. 2369–2373.

139. Pablo O. Arambel, Constantino Rago, and Raman K. Mehra, Covariance intersection algorithm for distributed spacecraft state estimation, in *American Control Conference*, Arlington, VA, June 25–27, 2001, pp. 4398–4403.

140. Thomas Dall Larsen, Karsten Lentfer Hansen, Nils A. Andersen, and Ole Ravn, Design of Kalman filters for mobile robots; evaluation of the kinematic and odometric approach, in *Proceedings of 1999 IEEE International Conference on Control Applications*, Kohala Coast, HI, August 22–27, 1999, pp. 1021–1026.

141. Johann Borenstein, Internal correction of dead-reckoning errors with a dual-drive compliant linkage mobile robot, *Journal of Field Robotics*, vol. 12, pp. 257–273, 1995.

142. Egor Paul Popov, *Engineering Mechanics of Solids*, Prentice Hall, Upper Saddle River, NJ, 1990.

143. Joono Cheong, Kyun Chung Wan, and Youngil Youm, PID composite controller and its tuning for flexible link robots, in *Proceedings of IEEE/RSJ International Conference on Intelligent Robots and Systems*, Lausanne, Switzerland, September 30–October 4, 2002, pp. 2122–2127.

144. Xiaoyun Wang and James K. Mills, A FEM model for active vibration control of flexible linkages, in *Proceedings of 2004 IEEE International Conference on Robotics and Automation*, New Orleans, LA, April 26–May 1, 2004, pp. 189–192.

145. Abdelhamid Tayebi, Mohamed Tadjine, and Ahmed Rachid, Invariant manifold approach for the stabilization of nonholonomic systems in chained form: Application to a car-like mobile robot, in *Proceedings of the 36th IEEE Conference on Decision and Control, 1997*, San Diego, CA, December 10–12, 1997, pp. 235–251.

146. Rafael Fierro and Frank L. Lewis, Control of a nonholonomic mobile robot: Backstepping kinematics into dynamics, in *Proceedings of the 34th IEEE Conference on Decision and Control*, New Orleans, LA, December 13–15, 1995, pp. 149–163.

147. Sheng Lin and A. Goldenberg, Robust damping control of wheeled mobile robots, in *Proceedings of 2000 IEEE International Conference on Robotics and Automation*, San Francisco, CA, April 24–28, 2000, pp. 2919–2924.

148. Z. P. Wang, Shuzhi Sam Ge, and Tong H. Lee, Robust motion/force control of uncertain holonomic/nonholonomic mechanical systems, *IEEE/ASME Transactions on Mechatronics*, vol. 9, pp. 118–123, 2004.

149. David G. Wilson and Rush D. Robinett, Robust adaptive backstepping control for a nonholonomic mobile robot, in *IEEE International Conference on Systems, Man, and Cybernetics*, Tucson, AZ, October 7–10, 2001, pp. 3241–3245.

150. Min-Soeng Kim, Jin-Ho Shin, and Ju-Jang Lee, Design of a robust adaptive controller for a mobile robot, in *Proceedings of 2000 IEEE/RSJ International Conference on Intelligent Robots and Systems*, Takamatsu, Japan, October 31–November 5, 2000, pp. 1816–1821.

151. Rafael Fierro and Frank L. Lewis, Control of a nonholonomic mobile robot using neural networks, *IEEE Transactions on Neural Networks*, vol. 9, pp. 589–600, 1998.
152. Rafael Fierro and Frank L. Lewis, Practical point stabilization of a nonholonomic mobile robot using neural networks, in *Proceedings of the 35th IEEE Conference on Decision and Control*, Kobe, Japan, December 11–13, 1996, pp. 1722–1727.
153. Yutake Kanayama, Yoshihiko Kimura, Fumio Miyazaki, and Tetsuo Noguchi, A stable tracking control method for an autonomous mobile robot, in *Proceedings of 1990 IEEE International Conference on Robotics and Automation*, Cincinnati, OH, May 13–18, 1990, pp. 384–389.
154. Sebastian Thrun, Wolfram Burgard, and Dieter Fox, *Probabilistic Robotics*, MIT Press, Cambridge, MA, 2005.
155. Hartmut Surmann, Andreas Nüchter, and Joachim Hertzberg, An autonomous mobile robot with a 3D laser range finder for 3D exploration and digitalization of indoor environments, *Robotics and Autonomous Systems*, vol. 45, pp. 181–198, 2003.
156. Zhuang Yan, Wang Wei, Wang Ke, and Xu Xiao-Dong, Mobile robot indoor simultaneous localization and mapping using laser range finder and monocular vision, *Acta Automatica Sinica*, vol. 31, pp. 925–933, 2005.
157. Christian Brenneke, Oliver Wuif, and Bernard Wagner, Using 3D laser range data for SLAM in outdoor environments, in *Proceedings of 2003 IEEE/RSJ International Conference on Intelligent Robots and Systems*, Las Vegas, NV, October 27–31, 2003, pp. 188–193.
158. Keiji Nagatani, Hiroshi Ishida, Satoshi Yamanaka, and Yutaka Tanaka, Three-dimensional localization and mapping for mobile robot in disaster environments, in *Proceedings of 2003 IEEE/RSJ International Conference on Intelligent Robots and Systems*, Las Vegas, NV, October 27–31, 2003, pp. 3112–3117.
159. Darius Burschka and Gregory D. Hager, V-GPS(SLAM): Vision-based inertial system for mobile robots, in *Proceedings of 2004 IEEE International Conference on Robotics and Automation*, New Orleans, LA, April 26–May 1, 2004, pp. 409–415.
160. Aldo Cumani, Sandra Denasi, Antonio Guiducci, and Giorgio Quaglia, Integrating monocular vision and odometry for SLAM, *WSEAS Transactions on Computers*, vol. 3, pp. 625–630, 2004.
161. Stefano Panzieri, Federica Pascucci, I. Santinelli, and Giovanni Ulivi, Merging topological data into Kalman based slam, in *Proceedings of 2004 World Automation Congress*, Seville, Spain, June 28–July 1, 2004, pp. 57–62.
162. Albert Diosi and Lindsay Kleeman, Advanced sonar and laser range finder fusion for simultaneous localization and mapping, in *Proceedings of 2004 IEEE/RSJ International Conference on Intelligent Robots and Systems*, Sendai, Japan, September 28–October 2, 2004, pp. 1854–1859.
163. Yong-Ju Lee and Jae-Bok Song, Three-dimensional iterative closest point-based outdoor SLAM using terrain classification, *Intelligent Service Robotics*, vol. 4, pp. 147–158, 2011.
164. Paul J. Besl and Neil D. Mckay, Method for registration of 3-D shapes, *IEEE Transactions on Pattern Analysis and Machine Intelligence*, vol. 14, pp. 239–256, 1992.
165. Andreas Nuchter, Hartmut Surmann, Kai Lingemann, Joachim Hertzberg, and Sebastian Thrun, 6D SLAM with an application in autonomous mine mapping, in *Proceedings of 2004 IEEE International Conference on Robotics and Automation*, New Orleans, LA, April 26–May 1, 2004, pp. 1998–2003.

166. Rainer Kümmerle, Rudolph Triebel, Patrick Pfaff, and Wolfram Burgard, Monte Carlo localization in outdoor terrains using multilevel surface maps, *Journal of Field Robotics*, vol. 25, pp. 346–359, 2008.

167. Patrick Pfaff, Rudolph Triebel, and Wolfram Burgard, An efficient extension to elevation maps for outdoor terrain mapping and loop closing, *International Journal of Robotics Research*, vol. 26, pp. 217–230, 2007.

168. Andreas Nüchter, Kai Lingemann, Joachim Hertzberg, and Hartmut Surmann, 6D SLAM with approximate data association, in *Proceedings of 2005 International Conference on Advanced Robotics*, Seattle, WA, July 18–20, 2005, pp. 242–249.

169. Andreas Nüchter, Kai Lingemann, Joachim Hertzberg, and Hartmut Surmann, 6D SLAM—3D mapping outdoor environments, *Journal of Field Robotics*, vol. 24, pp. 699–722, 2007.

170. Janusz Bedkowski and Andrzej Maslowski, On-line data registration in outdoor environment, in *Proceedings of 2011 International Conference on Methods and Models in Automation and Robotics*, Miedzyzdroje, Poland, August 22–25, 2011, pp. 266–271.

171. Xiaorui Zhu and Mark A. Minor, Terrain feature localization for mobile robots in outdoor environments, in *Proceedings of 2009 International Conference on Information and Automation*, Zhuhai, Macau, China, June 22–24, 2009, pp. 1074–1080.

172. Huan-huan Chen, Xing Li, and Wen-xiu Ding, Twelve kinds of gridding methods of surfer 8.0 in isoline drawing, *Chinese Journal of Engineering Geophysics*, vol. 4, pp. 52–57, 2007.

173. Frank Dellaert, Dieter Fox, Wolfram Burgard, and Sebastian Thrun, Monte Carlo localization for mobile robots, in *Proceedings of 1999 IEEE International Conference on Robotics and Automation*, Detroit, MI, May 10–15, 1999, pp. 1322–1328.

174. Christian Mandel and Tim Laue, Particle filter-based position estimation in road networks using digital elevation models, in *Proceedings of 2010 IEEE/RSJ International Conference on Intelligent Robots and Systems*, Taipei, China, October 18–22, 2010, pp. 5744–5749.

175. Zhengbin He and Yongrui Tian, Filtering algorithm for non-ground point from airborne laser scanner data, *Journal of Geodesy and Geodynamics*, vol. 29, pp. 97–101, 2009.

176. Szymon Rusinkiewicz and Maic Levoy, Efficient variants of the ICP algorithm, in *Proceedings of 2001 IEEE International Conference on 3-D Digital Imaging and Modeling*, Quebec City, QC, May 28–June 1, 2001, pp. 145–152.

177. Nabil M. Drawil, Haitham M. Amar, and Otman A. Basir, GPS localization accuracy classification: A context-based approach, *IEEE Transactions on Intelligent Transportation Systems*, vol. 14, pp. 262–273, 2013.

178. Philippe Bonnifait, Pascal Bouron, Paul Crubillé, and Dominique Meizel, Data fusion of four ABS sensors and GPS for an enhanced localization of car-like vehicles, in *Proceedings of 2001 IEEE International Conference on Robotics and Automation*, Seoul, South Korea, May 21–26, 2001, pp. 1597–1602.

179. Miguel Cazorla and Boyan Bonev, Large scale environment partitioning in mobile robotics recognition tasks, *Journal of Physical Agents*, vol. 4, pp. 11–18, 2010.

180. Xiaorui Zhu, Chunxin Qiu, and Mark A. Minor, Terrain inclination aided three-dimensional localization and mapping for an outdoor mobile robot, *International Journal of Advanced Robotic Systems*, vol. 10, pp. 257–271, 2013.

181. Xiaorui Zhu, Chunxin Qiu, and Mark A. Minor, Terrain-inclination based three-dimensional localization for mobile robots in outdoor environments, *Journal of Field Robotics*, vol. 31, pp. 477–492, 2014.
182. Danfei Xu, Hernan Badino, and Daniel Huber, Topometric localization on a road network, in *Proceedings of 2014 IEEE/RSJ International Conference on Intelligent Robots and Systems*, Chicago, IL, September 14–18, 2014, pp. 3448–3455.
183. András L. Majdik, Damiano Verda, Yves Albers-Schoenberg, and Davide Scaramuzza, Air-ground matching: Appearance-based GPS-denied urban localization of micro aerial vehicles, *Journal of Field Robotics*, vol. 32, pp. 1015–1039, 2015.
184. Benjamin Kuipers and Yung Tai Byun, A robot exploration and mapping strategy based on a semantic hierarchy of spatial representations, *Robotics and Autonomous Systems*, vol. 8, pp. 47–63, 1991.
185. Nicolas Vandapel, Raghavendra Donamukkala, and Martial Hebert, Experimental results in using aerial LADAR data for mobile robot navigation, in S. Yuta, H. Asama, E. Prassler, T. Tsubouchi, and S. Thrun, editors, *Springer Tracts in Advanced Robotics*, Springer, Berlin, Heidelberg, pp. 103–112, 2013.
186. Sebastian Thrun, Mike Montemerlo, Hendrik Dahlkamp, David Stavens, Andrei Aron, James Diebel et al., Stanley: The robot that won the DARPA Grand Challenge, *Journal of Field Robotics*, vol. 23, pp. 1–43, 2004.
187. Axel Lankenau and Thomas Rofer, Mobile robot self-localization in large-scale environments, in *Proceedings of 2002 International Conference on Robotics and Automation*, Washington, DC, May 11–15, 2002, pp. 1359–1364.
188. David M. Bradley, Rashmi Patel, Nicolas Vandapel, and Scott M. Thayer, Real-time image-based topological localization in large outdoor environments, in *Proceedings of 2005 IEEE/RSJ International Conference on Intelligent Robots and Systems*, Edmonton, AB, August 2–6, 2005, pp. 3670–3677.
189. Christoffer Valgren and Achim J. Lilienthal, SIFT, SURF and seasons: Long-term outdoor localization using local features, in *Proceedings of 2007 European Conference on Mobile Robots*, Freiburg, Germany, September 19–21, 2007.
190. Jianping Xie, Fawzi Nashashibi, Michel Parent, and Olivier Garcia Favrot, A real-time robust global localization for autonomous mobile robots in large environments, in *Proceedings of 2010 International Conference on Control Automation Robotics and Vision*, Singapore, December 7–10, 2010, pp. 1397–1402.
191. Ken Goldberg and Ben Kehoe, Cloud robotics and automation: A survey of related work, EECS Department, University of California, Berkeley, Technical Report. UCB/EECS-2013-5, 2013.
192. James Kuffner, Cloud-enabled robots, in *IEEE RAS International Conference on Humanoid Robotics*, Nashville, TN, December 6–8, 2010.
193. Rajesh Arumugam, Vikas Reddy Enti, Liu Bingbing, Wu Xiaojun, Krishnamoorthy Baskaran, Foong Foo Kong et al., DAvinCi: A cloud computing framework for service robots, in *Proceedings of 2010 IEEE International Conference on Robotics and Automation*, Anchorage, AK, May 3–7, 2010, pp. 3084–3089.
194. Luis Riazuelo, Javier Civera, and J. M. Martínez Montiel, C² TAM: A cloud framework for cooperative tracking and mapping, *Robotics and Autonomous Systems*, vol. 62, pp. 401–413, 2014.

195. Ben Kehoe, Akihiro Matsukawa, Sal Candido, James Kuffner, and Ken Goldberg, Cloud-based robot grasping with the google object recognition engine, in *Proceedings of 2013 IEEE International Conference on Robotics and Automation*, Karlsruhe, Germany, May 6–10, 2013, pp. 4263–4270.

196. Kevin Lai and Dieter Fox, Object recognition in 3D point clouds using web data and domain adaptation, *International Journal of Robotics Research*, vol. 29, pp. 1019–1037, 2010.

197. Guoqiang Hu, Wee Peng Tay, and Yonggang Wen, Cloud robotics: Architecture, challenges and applications, *IEEE Network*, vol. 26, pp. 21–28, 2012.

198. Lujia Wang, Ming Liu, and Max Q. -H. Meng, Towards cloud robotic system: A case study of online co-localization for fair resource competence, in *Proceedings of IEEE International Conference on Robotics and Biomimetics*, Guangzhou, China, December 11–14, 2012, pp. 2132–2137.

199. Herbert Bay, Andreas Ess, Tinne Tuytelaars, and Luc Van Gool, Speeded-up robust features, *Computer Vision and Image Understanding*, vol. 110, pp. 404–417, 2008.

200. Sean P. Engelson and Drew V. Mcdermott, Error correction in mobile robot map learning, in *Proceedings of 1992 IEEE International Conference on Robotics and Automation*, Nice, France, May 12–14, 1992, pp. 2555–2560.

201. Scott Lenser and Manuela Veloso, Sensor resetting localization for poorly modelled mobile robots, in *Proceedings of 2000 International Conference on Robotics and Automation*, San Francisco, CA, April 24–28, 2000, pp. 1225–1232.

Autonomous mobile robots in unknown outdoor environments/Xiaorui Zhu, Youngshik Kim, Mark Andrew Minor, Chunxin Qiu/ISBN: 9781498740555.

北京市版权局著作权合同登记图字：01-2018-1874 号。

图书在版编目（CIP）数据

户外未知环境中的自主移动机器人/朱晓蕊等著；朱晓蕊，尹路译.
—北京：机械工业出版社，2021.6
书名原文：Autonomous Mobile Robots in Unknown Outdoor Environments
ISBN 978-7-111-68352-0

Ⅰ.①户… Ⅱ.①朱… ②尹… Ⅲ.①移动式机器人 Ⅳ.①TP242

中国版本图书馆 CIP 数据核字（2021）第 102404 号

机械工业出版社（北京市百万庄大街 22 号　邮政编码 100037）
策划编辑：王　欢　责任编辑：王　欢
责任校对：郑　婕　封面设计：马精明
责任印制：单爱军
北京虎彩文化传播有限公司印刷
2021 年 9 月第 1 版第 1 次印刷
148mm×210mm · 8 印张 · 225 千字
0001—1800 册
标准书号：ISBN 978-7-111-68352-0
定价：69.00 元

电话服务　　　　　　　　　　网络服务
客服电话：010-88361066　　机 工 官 网：www.cmpbook.com
　　　　　010-88379833　　机 工 官 博：weibo.com/cmp1952
　　　　　010-68326294　　金 书 网：www.golden-book.com
封底无防伪标均为盗版　　机工教育服务网：www.cmpedu.com